技能検定

電気機器組立て

シーケンス制御作業

学科・実技　合格テキスト

1〜3級対応

オーム社 [編]

OHM
Ohmsha

はじめに

　技能検定は，働くうえで身につける，または必要とされる技能の習得レベルを評価する国家検定制度です．技能に対する社会一般の評価を高め，働く人々の技能と地位の向上を図ることを目的として，職業能力開発促進法に基づき，130職種の試験が実施されています．

　職種「電気機器組立て」は，電気機器の組立てや，それに伴う電気系メカニズムの調整や検査等の仕事に就く方を対象としています．この職種は，「シーケンス制御作業」，「配電盤・制御盤組立て作業」，「変圧器組立て作業」などに分かれており，それぞれ「学科試験」と「実技試験」によって構成されています．

　学科試験の出題範囲は広く，実技試験については仕様（動作条件）は公表されているものの解答例が提示されていないなど，出題傾向や合格レベルを把握することが困難な検定だといえます．

　こうした現状を踏まえ，学業や仕事により時間の制約を受ける受検者にとって，少しでも効率的かつ効果的に勉強を進められるよう，本書では学科試験・実技試験の対策を次のようにまとめました．

■学科試験
・過去問題から出題頻度の高い問題を厳選し，練習問題としてまとめています．
・練習問題を繰り返し解くことで，短期間で合格レベルの知識を習得できます．
■実技試験
・計画立案等作業試験（ペーパーテスト）の対策として，過去問題を厳選し，解き方を説明しています．
・製作等作業試験に対応できるよう，プログラミングの基礎から試験に対応したプログラム作成までを解説しています．
・練習問題の解説では，具体的なプログラム例を記載し，プログラムの組立て方法を説明しています．

　本書により，一人でも多くの受検者が合格され，技能や地位の向上に加え，現場のリーダーとして活躍されることを願っています．

2022年9月

著者しるす

目　次

> PLC プログラミングの基礎 編

> 製作等作業試験 編

▌計画立案等作業試験 編

▌学 科 試 験 編

受検ガイダンス

→ 1. 試験の概要

1.1 技能検定とは

技能検定は，「働く人々の有する技能を一定の基準により検定し，国として証明する国家検定制度」です．技能検定の合格者には合格証書が交付され，合格者は「技能士」と称することができます．

技能検定には造園，機械加工，配管，建築大工，菓子製造など全部で130職種の試験があります．特級，1級および単一等級の技能検定の合格者に対しては厚生労働大臣名の，その他の等級の技能検定の合格者に対しては都道府県知事名または指定試験機関名の合格証書が交付されます．

1.2 技能検定の等級区分と合格基準および試験実施時期

技能検定には，職種に応じて，特級，1級，2級，3級に区分するもの，単一等級として等級を区分しないものがあります．それぞれの試験の程度は次のとおりです．

等級区分，技能レベルおよび受検資格

等級	技能レベル	受検資格（年数は実務経験年数を表す）
特級	管理者または監督者が通常有すべき技能の程度	1級合格後，5年以上
1級および単一等級	上級技能者が通常有すべき技能の程度	7年以上 単一等級は3年以上
2級	中級技能者が通常有すべき技能の程度	2年以上 **3級合格者は実務経験なしで受験可能**
3級	初級技能者が通常有すべき技能の程度	検定職種に関し実務の経験を有する者 （工業高校生や職業訓練施設の学生向け）

合格基準は，100点満点として，学科試験65点以上，実技試験60点以上です．実技試験は職種によって5時間を要するものもあり，限られた時間内に課題を作り上げる技術だけでなく，緊張した中で作業を正確に進められる精神力も必要となります．

試験実施時期

	前期	後期
受検申請	4月上旬～中旬	10月上旬～中旬
学科試験	7月～9月上旬	1月～2月中旬
実技試験	8月～9月上旬	1月～2月上旬
合格発表	8月（3級），10月（1，2級）	3月

各級とも年1回実施され，**シーケンス制御作業1～3級は後期に実施**されます．

1.3 シーケンス制御作業とは

（1）職種および作業名

130 職種の各々に応じて技能検定で評価する作業名が決められています．職種「電気機器組立て」の作業の１つに，シーケンス制御作業があります．試験実施機関は都道府県職業能力開発協会です．

職種と作業名

職種	作業名
電気機器組立て	配電盤・制御盤組立て作業
	シーケンス制御作業
	開閉制御器具組立て作業
	回転電機組立て作業
	変圧器組立て作業
	回転電機巻線製作作業

（2）シーケンス制御作業の試験内容

試験区分	試験方法	合格基準点
学科試験 （マークシート方式）	**3 級**　全 30 問（試験時間：1 時間） 　・真偽法 30 問（○，×） **1 級および 2 級**　全 50 問（試験時間：1 時 40 分） 　・真偽法 25 問（○，×） 　・四肢択一法 25 問（イロハニから選択）	65 点以上
実技試験	**3 級** 　・製作等作業試験（100 点） 　標準時間：1 時間 35 分，打ち切り時間：1 時間 55 分 **1，2 級** 　・製作等作業試験（70 点） 　2 級　標準時間：2 時間，打ち切り時間：2 時間 20 分 　1 級　標準時間：2 時間 10 分，打ち切り時間：2 時間 30 分 　・計画立案等作業試験（30 点）ペーパーテスト 　1，2 級　試験時間：1 時間	60 点以上

（3）シーケンス制御作業の概要

電気機器組立て職種は，電気機器を組み立てたり，それに伴う電気系やメカニズム系の調整や検査を行ったりする仕事を対象としています．電気機器は，回転電機，変圧器，配電盤・制御盤などの産業用機器を対象としています．「シーケンス制御作業」では，指示されたとおりに正確に配線すること，仕様どおりに制御ユニットを動作させることが試験で要求されます．

学科試験は，プログラマブルコントローラシステムの企画・設計・製作・動作試験・保全などの制御作業に関する知識と，併せて，電気機器組立て一般，電気，製図，機械工作法，材料，関係法規，安全衛生などに関する知識について問われます．

製作等作業試験は，指示された仕様に基づいてプログラマブルコントローラ（PLC）と試験用盤の配線作業を行います．回路を完成させた後，PLC にプログラムを入力し，試

験用盤のスイッチ等を操作した場合に，ベルトコンベア，表示灯が仕様どおりに動作するかを確認されます．

　計画立案等作業試験は，PLC について，フローチャート，タイムチャート，プログラミング，システム設計等に関することについて問われます．

> ▶検定に関する情報は今後，変更される可能性があります．受検する場合は必ず，中央職業能力開発協会（https://www.javada.or.jp/index.html）や各都道府県職業能力開発協会などの公表する最新情報をご確認ください．

→ 2. 勉強の進め方

2.1　学科試験対策の進め方（必要時間数：20 時間以上）

　シーケンス制御作業の学科試験の出題範囲は，上記のとおり広いため，全分野を掘り下げて勉強するのは大変です．本書の練習問題を繰り返し解き，効率的に勉強を進めましょう．

2.2　実技試験対策の進め方（必要時間数：50 時間以上）

（1）製作等作業試験の配線作業

　製作等作業試験の配線作業では，PLC と試験用盤の配線を行います．配線方法，作業手順を把握し，配線作業を 5 回程度練習しておくことで合格レベルの作業スピードが身に付きます．

（2）製作等作業試験のプログラミング

　製作等作業試験のプログラミングでは，仕様に応じて制御プログラムの作成を行います．問題文の動作仕様書の解釈の仕方を理解したうえで，基本的なプログラム技法を身に付け，制限時間内に作業を完了できるレベルまで練習を繰り返す必要があります．

　製作等作業試験の練習には，試験用盤および PLC と試験用盤をつなぐ配線ケーブルが必要となります．

① **試験用盤**：検定試験では，オムロン株式会社製の作業盤を使用しており，同等品を購入することで実技試験に必要な機器を一式そろえることができます．

② **配線ケーブル**：PLC と試験用盤をつなぐ配線ケーブルも販売されていますが，自作することをお勧めします．自作するとチューブマークの印字をわかりやすい表記にできるため，作業効率が上がります．自作する場合，必要な電材は下記のとおりです．

・電線（IV 線）0.3 ～ 1.25mm² × 1m 程度を 40 本
・圧着端子（1.25Y-3）100 個／箱を 1 箱

（3）計画立案等作業試験

　計画立案等作業試験は実技作業を伴わない作業要素試験（ペーパーテスト）で，プログラミングとシステム設計に関する知識を問われます．本書の練習問題を繰り返し解くことで，出題の傾向に慣れ，得点源となるようにしておきましょう．

PLC プログラミングの基礎

編

プログラミングソフトの構成

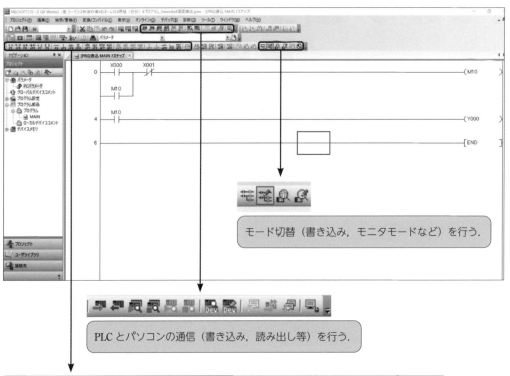

モード切替（書き込み，モニタモードなど）を行う.

PLC とパソコンの通信（書き込み，読み出し等）を行う.

プログラムを作成，修正する.

　　PLC プログラミングソフト（GX Works2）の画面構成は上図のようになります．プログラム作成・修正，PLC へデータの転送・読み出しができます．

基本プログラム

検定試験に出題される仕様に対応した PLC 制御に必要な, 基本的な制御プログラム技法を身に付けましょう. 例) 三菱電機 (株) PLC プログラミングソフト：GX Works2, PLC の機種：FX2N

2-01 > 自己保持回路

▶1. 自己保持回路 (通常の入力)

X0 の立上り後, Y0 は ON 状態を維持します. その後, X2 の立上りで Y0 は OFF になります. こうしたタイムチャートには, 自己保持回路により対応します.

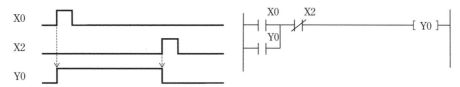

▶2. 自己保持回路 (立上りパルス入力, 立下りパルス入力)

X0 の立上りパルス (1 スキャンのみ ON にする) で自己保持回路をつくります. X0 を押したままの状態でも, 自己保持された Y0 の状態を OFF にすることができます.

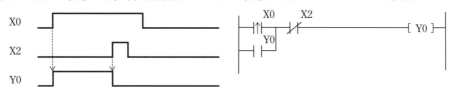

[通常の入力と立上りパルス入力との違い]

自己保持回路 (通常の入力) でプログラムを作成した場合, タイムチャートは次のようになります.

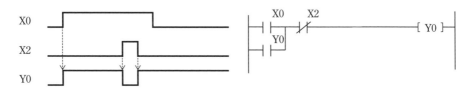

X2 を放すと, Y0 は再び, ON になります. しかし, X0 の立上りパルスを入力信号とするとこのようことがなくなります. 本書の実技試験の練習問題では, 自己保持回路の入力は, 立上りパルス入力により説明をしていきます.

> ▶立下りパルス入力を使用した自己保持回路も理解しておきましょう.

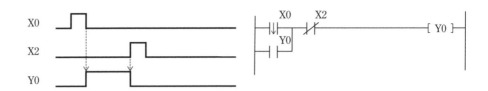

　X0 が OFF になったときに，立下りパルス入力（1 スキャンのみ ON）により，Y0 は自
己保持します．このような場合は，立上りパルス，立下りパルス出力を利用しましょう．
次項でプログラム方法を確認しましょう．

［FX2N の場合］

　パルス入力の b 接点 ┤ X0 ├ は，PLC の機種によって使用できるものもありますが，本
書で使用する PLC（FX2N）では，使用できません．そのため，使用する場合は，リレー
の接点を使用します．M0 の b 接点は，X0 のパルス入力により，1 スキャンのみ OFF に
なります．

▶3. 自己保持回路（1 スキャンのみ ON）

　X0 の立上りパルス・立下りパルス（1 スキャンのみ ON）を出力側で行います．2. 自
己保持回路（立上りパルス入力，立下りパルス入力）と比較してみましょう．

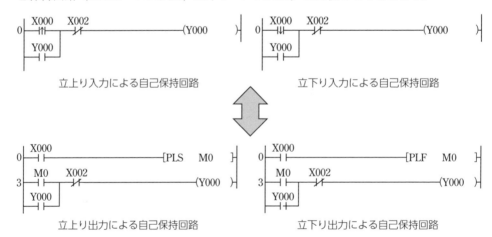

　M0 は PLC 内部にある補助リレーです．PLC の出力端子に接続された機器へ，Y0 の接
点を ON，OFF にすることで動作させることができる，出力リレーです．

　[PLS M0]，[PLF M0] により，入力信号を立上りパルス，立下りパルスにして出力しま
す．上と下のどちらの回路も，Y0 を自己保持させることができます．

［パルス入力・出力の 1 スキャン］

　PLC の RUN 中は，プログラムを左から右へ，1 行目のプログラムから順番に [END] ま
で処理しています．[END] まで処理を終えると，また，1 行目から [END] までプログラム
を処理して行きます．PLC の機種が FX2N の場合，1 回の処理時間（1 行目から [END] ま
での処理時間）は 10ms 程度です．1 スキャンとは，1 回分のプログラム処理という意味

になります.

　パルス入力・出力は，一度状態変化を確認後，次に読み込みに行くまでの間，ON 状態を保持しています．①，②……⑥は 1 スキャンを表しています.

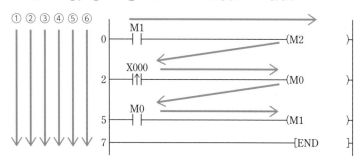

　①は 1 回目の処理（1 スキャン目），②は 2 回目の処理（2 スキャン）です．常時，このような処理を PLC は繰り返しています．では，上のラダー図は X0 に立上り信号が入った場合，どのような処理になるか考えてみましょう.

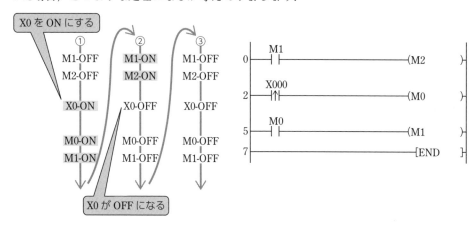

　1 回目の処理では ─┤↑├─ は ON になりますが，2 回目の処理では ─┤↑├─ は OFF になります.

[自己保持回路のルール]

　本書では，自己保持回路の ON は立上り・立下りパルス入力とします．一方，自己保持を OFF にする場合，通常の b 接点でプログラムを作成します.

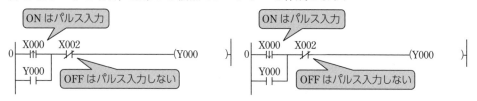

> ▶自己保持回路の ON はパルス入力で行い，自己保持回路の OFF は b 接点入力で行います．b 接点入力をパルス化しない理由は，X0 と X2 が両方とも ON のとき，自己保持回路が ON しないためです．また，X2（停止）を優先した回路であるため，このような自己保持回路を**停止優先回路**といいます.

◆ 4. SET 命令，RST 命令

　　自己保持回路と同様の制御を SET 命令，RST 命令で行うことができます．自己保持回路と混同して使用するとプログラム作成が複雑になり，わかりにくくなります．また，SET 命令と RST 命令の書き込む位置が離れると，いつ ON になって，いつ RST されるかがわかりにくくなります．そのため，シーケンス制御作業の実技試験においては，[SET 命令，RST 命令] を自己保持回路と同様に使用することを控え，**複数の工程で ON にする必要のある出力機器**（サイクル動作中点灯する表示灯等）についての使用に留めます．

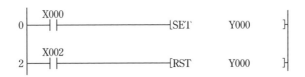

　　[SET　Y0] 命令すると，[RST　Y0] 命令するまで，Y0 は ON 状態を保持します．RST を書き忘れると，Y0 は ON 状態を保持し続けるということです．自己保持回路と混同して，次のような誤ったプログラムを作成しないように注意しましょう．下図のプログラムでは，X0 を ON にすると Y0 が ON になりますが，X2 を ON にしても Y0 は OFF になりません．

2-02 ▷ オルタネイト回路

　　X0 入力が入るたびに出力の ON/OFF が切り替わります．PLC によってオルタネイト機能の有無が異なるため，2 つのプログラム方法を例示します．

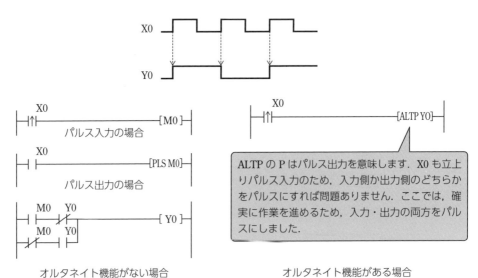

パルス入力またはパルス出力にしないで X0 を 100ms の時間で押して放した場合，1 スキャン（約 10ms）ごとに目で追うことができない速さで，Y0 の ON/OFF が切り替わります．このようなミスがないよう，気を付けましょう．

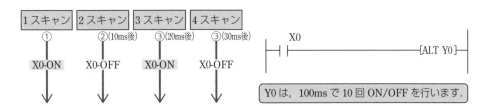

2-03 > 先押し優先回路・順序回路

1. 先押し優先回路（インターロック回路）

X0 の入力信号が X1 の入力信号より先に入ると，Y0 が ON になります．Y0 の b 接点を出力リレー Y1 の前に，Y1 の b 接点を出力リレー Y0 の前に書き込むことで，先に ON になった出力リレーの b 接点より，もう一方の自己保持回路は，ON にできなくなります．このような回路を**先押し優先回路（インターロック回路）**といいます．

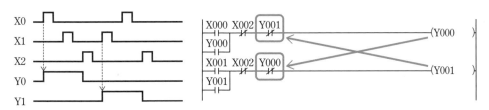

Y0 と Y1 の b 接点を各々のリレーの前に配置することで，Y0 と Y1 が同時に ON になることはなく，どちらか先に ON になった側を優先します．X2 が ON になるまで，Y0 または Y1 は ON 状態を保ちます．

2. 順序回路

入力信号の入った順番により，自己保持回路が ON になっていく，順序回路です．X0 → X1 の順に入力信号が入ったときに，Y0 は ON になります．

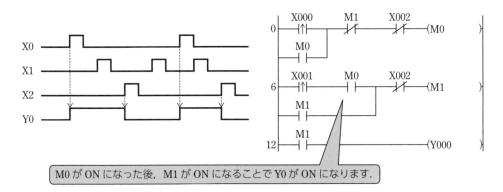

M0 が ON になった後，M1 が ON になることで Y0 が ON になります．

▶3. タイマを使用した順序回路

X0 を 1s 以上 ON にした後，X1 を ON にすると，Y0 が自己保持します．X0 を ON にした時間により，X1 を ON にした場合の Y0 の制御内容が異なります．

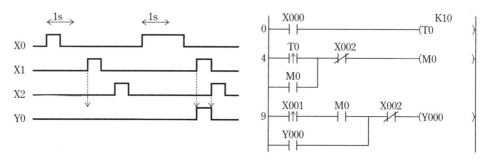

X0 を 1 秒以上 ON にしたときに M0 は ON になります．M0 が ON になった後，X1 をON にすることで Y0 が ON になります．

2-04 ▷ タイマ回路

▶1. オンディレイタイマ回路

X0 を ON にしてから，一定時間後に Y0 が ON になる回路です．ON が遅れる（オンディレイ）回路です．

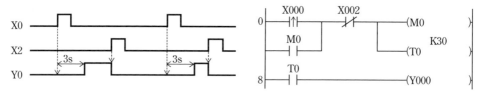

▶ (T0　K30) の K は 10 進数を意味します．0.1s 秒タイマのため，K30 は 30 × 0.1s = 3s になります．時間単位が 0.1s であることに注意しましょう．

▶.2.オフディレイタイマ回路

X0 を ON から OFF にしてから，一定時間後に Y0 が OFF になる回路です．OFF が遅れる（オフディレイ）回路です．

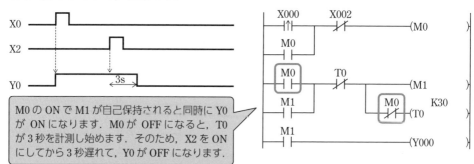

M0 の ON で M1 が自己保持されると同時に Y0 が ON になります．M0 が OFF になると，T0 が 3 秒を計測し始めます．そのため，X2 を ON にしてから 3 秒遅れて，Y0 が OFF になります．

　次のラダー図でもタイムチャートどおりに制御できます．X0 と X2 の ON による自己保持回路を 2 つ作ることで，オフディレイ回路と同様の回路とすることができます．

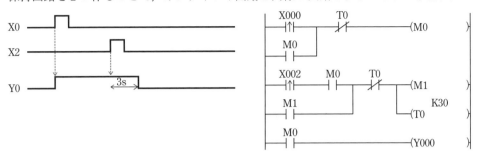

3. フリッカ回路

　フリッカ回路とは，一定時間ごとに交互に ON，OFF を繰り返す回路です．試験では「非常停止中は 1 秒ごとに PL**（表示灯）を点滅させること」のように出題されます．

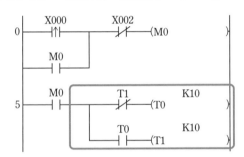

　X0 が ON になると，T0 の a 接点は，1 秒ごとに ON，OFF を繰り返します．T0 の a 接点，b 接点を使用することで表示灯をフリッカ（点滅）させることができます．このラダー図の型を覚えておきましょう．

　T0, T1 の時間を変更することで，点滅時間を変更できます．点灯時間と消灯時間の比をデューティ比と表現することもあります．デューティ比が 80%の場合，点灯時間と消灯時間の比が，8：2 となります．

［T0 の a 接点と b 接点によるフリッカの違い］

　M0 を ON にしたときと T0 の a 接点と b 接点を使用したときとでは，フリッカ（点滅）のタイミングが異なります．2 つの違いを確認しましょう．

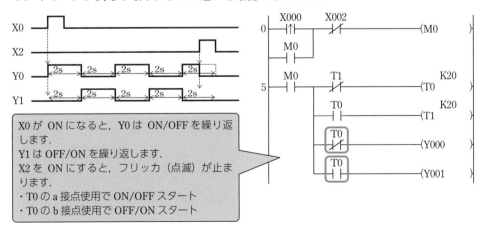

X0 が ON になると，Y0 は ON/OFF を繰り返します．
Y1 は OFF/ON を繰り返します．
X2 を ON にすると，フリッカ（点滅）が止まります．
・T0 の a 接点使用で ON/OFF スタート
・T0 の b 接点使用で OFF/ON スタート

2-05 ▶ カウント回路

▶ 1. カウンタ使用

　X0 を押した回数をカウントし，2 回以上 ON になると，Y0 を ON にします．PLC のカウンタ機能を使用した場合のプログラムです．

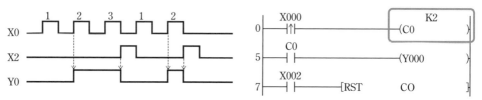

　C0 はカウンタ機能をもつリレーです．K2 の K は 10 進数を意味し，K2 は 10 進数の 2 となります．C0 はカウント値が「2」になると，ON になります．カウント値が「3」になっても ON 状態を保持します．X2 を ON にすることで，C0 のカウント値はリセットされ「0」に戻ります．

　カウンタ機能をもつリレー C0 は，1 つで 1 つのカウント値に応じた制御しかできません．

　次のようなタイムチャートの場合，カウンタがいくつ必要となるかを考えてみましょう．

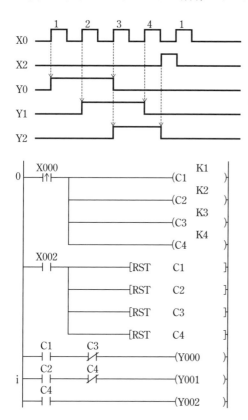

X0 を ON にした回数が「1」のとき Y0 は ON になり，回数が「3」になると Y0 は OFF になります．
X0 を ON にした回数が「2」のとき Y1 は ON になり，回数が「4」になると Y1 は OFF になります．
X0 を ON にした回数が「3」のとき Y2 は ON になり，X2 を ON にすると Y2 は OFF になります．
X2 を ON にすると，X0 の押した回数がリセットされます（「0」）．

　カウンタリレーが 4 つ必要となり，さらにプログラムも読みにくくなります．本書では，データレジスタ（D**）を使用したプログラム作成を勧めます．

▶2. データレジスタの使用

　X0 を ON にするたびに，ON にした回数をデータレジスタの値に 1 加算していきます．データレジスタ（D***）の値と比較して，値に応じて制御プログラムを実行します．

　データレジスタは 16 ビットのデータを格納でき，最上位ビットが符号（＋，－）に割り当てられているため，－32 768 ～ 32 767 までの数値を表現できます．

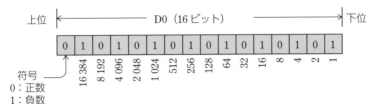

　PLC では，10 進数の数値をデータレジスタ（D***）に格納する場合，2 進数で格納されます．そのため，データレジスタ（D***）では，10 進数の値を 2 進数に変換して格納します．

10 進数と 2 進数の対応例

10 進数	2 進数（16bit）	変換方法
0	0000 0000 0000 0000	
1	0000 0000 0000 0001	0bit $(2^0) \times 1 = 1$
2	0000 0000 0000 0010	1bit $(2^1) \times 1 = 2$
3	0000 0000 0000 0011	1bit $(2^1) \times 1 +$ 0bit $(2^0) \times 1 = 2 + 1 = 3$
4	0000 0000 0000 0100	2bit $(2^2) \times 1 = 4$
5	0000 0000 0000 0101	2bit $(2^2) \times 1 +$ 0bit $(2^0) \times 1 = 4 + 1 = 5$
6	0000 0000 0000 0110	2bit $(2^2) \times 1 +$ 1bit $(2^1) \times 1 = 4 + 2 = 6$
7	0000 0000 0000 0111	2bit $(2^2) \times 1 +$ 1bit $(2^1) \times 1 +$ 0bit $(2^0) \times 1 =$ $4 + 2 + 1 = 7$
8	0000 0000 0000 1000	3bit $(2^3) \times 1 = 8$
9	0000 0000 0000 1001	3bit $(2^3) \times 1 +$ 0bit $(2^0) \times 1 = 8 + 1 = 9$
10	0000 0000 0000 1010	3bit $(2^3) \times 1 +$ 1bit $(2^1) \times 1 = 8 + 2 = 10$
20	0000 0000 0001 0100	4bit $(2^4) \times 1 +$ 2bit $(2^2) \times 1 = 16 + 4 = 20$
46	0000 0000 0010 1110	5bit $(2^5) \times 1 +$ 3bit $(2^3) \times 1 +$ 2bit $(2^2) \times 1 +$ 1bit $(2^1) \times 1 = 32 + 8 + 4 + 2 = 46$
83	0000 0000 0101 0101	6bit $(2^6) \times 1 +$ 4bit $(2^4) \times 1 +$ 2bit $(2^2) \times 1 +$ 0it $(2^0) \times 1 = 64 + 16 + 4 + 1 = 85$

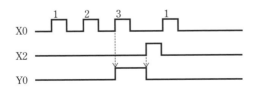

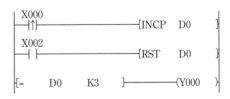

　[INCP　D0] は X0 が ON になるたびに，データレジスタ D0 の値に 1 加算します．INCP の P は，パルス出力を表します．入力側 X0 をパルス入力にするか，出力側 INCP でパルス出力するか，どちらか一方をパルスにすれば問題ありません．パルスにしないと X0 が ON のとき，1 スキャンごとに D0 に 1 加算されます．D0 は － ～ ＋ の数値を取り扱うことができます．D0 は 16bit を使用して − 32 768 ～ 32 767 までの数値を格納できます．

　[=　　D0　K3] は，D0 ＝ 3（D0 の値が 3）のとき ON になる a 接点です．＝ 以外に演算処理方法として，＞（より大きい），＜（より小さい），＞ ＝（以上），＜ ＝（以下），＜ ＞（以外）があります．

[演算処理記号と内容]

　[＞　　D0　K3]　→　D0 ＞ 3 のとき ON

　[＜　　D0　K3]　→　D0 ＜ 3 のとき ON

　[＞ ＝　D0　K3]　→　D0 ≧ 3 のとき ON

　[＜ ＝　D0　K3]　→　D0 ≦ 3 のとき ON

　[＜ ＞　D0　K3]　→　D0 ≠ 3　のとき ON

[悪い例]

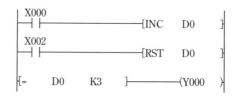

　パルス入力，またはパルス出力にしないと，X0 を 100ms 程度の時間で ON してから OFF した場合，1 スキャン（約 10ms）ごとに目で追うことができない速さで演算処理されるため，X0 を 1 回押したつもりが，D0 の値は 10 スキャン分の「10」となります．そのため，入力側を ──┤↑├── か，出力側を INCP のようにパルス化しましょう．

　次のタイムチャートでデータレジスタを使用した場合と比較してみましょう．カウンタを使用した例は，p.10 に記載しています．

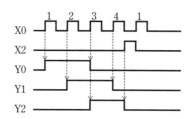

出力リレー（Y0 ～ Y2）の規則性
Y0 は押した回数が 1 以上 3 未満で ON．
Y1 は押した回数が 2 以上 4 未満で ON．
Y2 は押した回数が 3 以上で ON，X2 を ON すると Y0 は OFF になる．

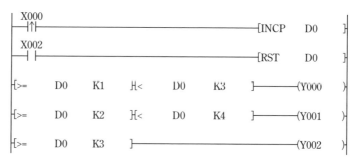

> ▶カウンタを使用した場合と比較すると，プログラムは5行で制御でき，シンプルで読みやすくなります．データレジスタによるプログラム技法をしっかり理解しておくと便利です．

3. データレジスタ使用（パルス入力＋データレジスタの自己保持回路）

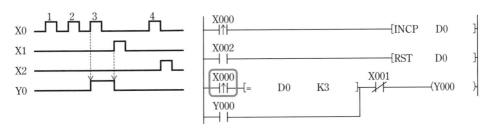

[= D0 K3]はD0の値が「3」のときのみ，ONを維持します．

そのため，X1をONにしても，[= D0 K3]はON状態を続けます．そのため，

X000
──┤↑├──[= D0 K3]とパルス入力を追加し，自己保持回路にします．これにより，D0の値が「4」になったとき，Y0がOFFにならないようにします．

パルス入力を追加しないと次のようなタイムチャートになります．

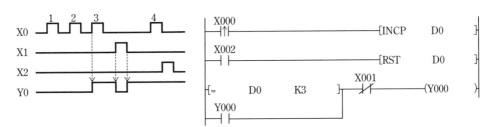

D0の値が「3」のとき，ONを維持するため，このプログラムでは制御がうまくいきません．

X000
──┤↑├──[= D0 K3]のセットでプログラムを作成すると便利です．

2-06 ▶ 演算命令

▶1. 加算回路 （＋）

X0をONにするたびに「＋1」する回路です．2種類の命令があります．

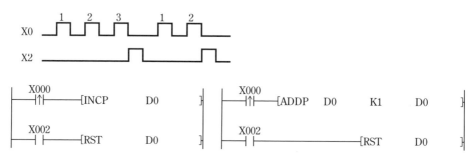

INC命令は「1」加算します．D0の値に「1」加算する場合のみ，この命令を使用できます．[INCP]のPは，パルス出力を意味します．

ADD命令は，加算処理をします．[ADDP]のPは，パルス出力を意味します．

[ADDP　D0　K1　D0]は，D0 = D0 + 1の処理を行います．K3とした場合，D0 = D0 + 3となります．

▶2. 減算回路 （－）

X0をONにするたびに「－1」する回路です．2種類の命令があります．

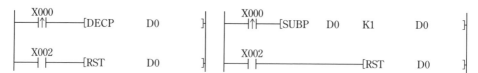

DEC命令は1減算します．1減算する場合のみ，この命令を使用できます．[DECP]のPは，パルス出力を意味します．

SUB命令は減算に使用します．[SUBP]のPは，パルス出力を意味します．

[SUBP D0 K1 D0]は，D0 = D0 － 1の処理を行います．K3とした場合，D0 = D0 － 3となります．

▶3. 乗算回路 （×）

MUL命令は乗算処理をします．X0をONにすると，データレジスタD0に「＋1」します．X1をONにすると，D0の値に3をかけて，D1（下位16ビット），D2（上位16ビット）へ演算した結果を格納します．

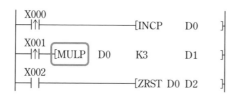

> Pはパルス出力を意味します．
> [ZRST D0 D2] はD0〜D2を一括リセット
> （初期値「0」に戻す）します．

X1 を ON にすると，D0 × 3 = D2（上位），D1（下位）と演算処理されます．演算結果は D1，D2 に格納されます．MUL 命令をした場合，データレジスタを 2 つ分使用することを覚えておきましょう．

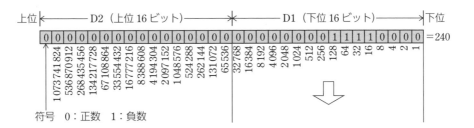

符号　0：正数　1：負数

▶演算結果が 16bit の範囲内（0 〜 + 32 767）であれば，D2（上位 16 ビット）はすべて 0 となり，D1（下位 16 ビット）にのみ数値が格納されます．そのため，D1（下位 16 ビット）の演算結果をそのまま使用することができます．D2（上位 16 ビット）の最上位ビットが符号を表します．

▶4. 除算回路（÷）

X0 を ON にすると，データレジスタ D0 に 1 加算します．X1 を ON にすると，D0 の値を 2 で割ります．商の値を D1 に，余りの値を D2 に格納します．ある数字を 2 で除算し，余りが「0」か「1」かで，偶数・奇数の判断をするときにも使用できます．

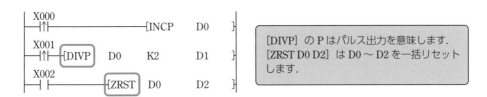

[DIVP] の P はパルス出力を意味します．
[ZRST D0 D2] は D0 〜 D2 を一括リセットします．

X1 を ON にすると，D0 ÷ 2 = D1（商）…D2（余り）と演算処理されます．演算結果は商を D1 に，余りを D2 に格納します．DIV 命令をした場合，MUL 命令と同様に，データレジスタを 2 つ分使用することを覚えておきましょう．

▶5. 転送命令

MOV 命令はデータ転送を行います．X1 を ON にすると，X0 を ON にした回数を格納している D0 の値が D1 へデータ転送されます．

[MOVP] の P はパルス出力を意味します．
[ZRST D0 D1] は D0 〜 D1 を一括リセットします．

X1 を ON にすると，D0 → D1 へデータ転送されます．

例）D0 に「45」が格納されている場合，転送命令により，D1 に 45 が転送されます．格納される数値は，2 進数の値になります．

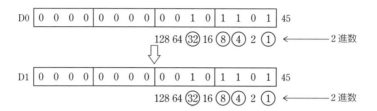

▶ 6. 接点比較命令

X0 の押した回数と X1 の押した回数が等しい場合，Y0 が ON になります．D0 と D1 の値を比較し，一致したときに Y0 へ出力しています．

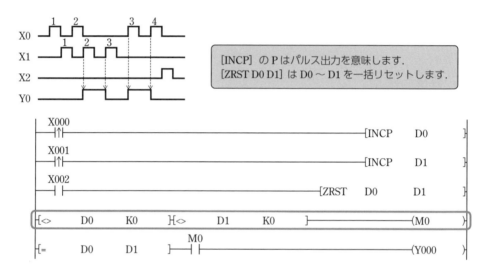

> [INCP] の P はパルス出力を意味します．
> [ZRST D0 D1] は D0 〜 D1 を一括リセットします．

D0 = D1 のとき，[= D0 D1] は ON になります．ただし，D0 = D1 = 0 のときも ON になります．そのため，[<> D0 K0] と [<> D1 K0] 命令により，D0 ≠ 0 かつ D1 ≠ 0 のとき ON になる補助リレー M0 の a 接点を介して，Y0 を ON にしています．

2-07 ＞ ローテーション命令

▶ 1. ローテーション命令とは

16 ビット，または 32 ビットのデータについて，各ビットを左右に回転させる命令です．命令は，左に回転する場合は「ROL」，右に回転させる場合は「ROR」を使用します．

例）データレジスタ D0 の値を 4 ビット上位へシフトする場合

[ROLP D0 K4] の L は，左（上位）へ各ビットを回転することを意味します．[RORP D0 K4] とした場合は，R は右（下位）へ各ビットを回転することを意味します．

Pはパルス出力を意味します.

[ROLP　D0　K6]は,「D0（16ビット）」の各ビットを「K4（10進数の4）」により,左（上位）へ4ビットシフトすることを意味しています.

[ROLP　D0　K4]により,「D0 = 6」の場合,各ビットは次のようになります.

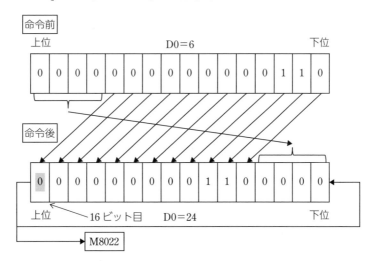

X0がONになるたびに,D0の各ビットの左（上位）回転が行われます.上位4ビットは下位4ビットへ値がシフトします.このとき,最上位ビット（16ビット目）の値に「1」がある場合は,M8022がONになります.

2. ローテーション命令を使用しない方法

16ビット,または32ビットのデータについて,乗算回路・除算回路（p.14〜15参照）を使用します.

左にデータをシフトする場合,1ビットシフトすると,「データの値×2^1」した値と同じになります.左に4ビットシフトすると,「データの値×2^4（2×2×2×2）」と同じ値となります.

また,右にデータをシフトする場合,1ビットシフトすると,「データの値÷2^1」した値と同じになります.左に4ビットシフトすると,「データの値÷2^4（2×2×2×2）」と同じ値となります.

例）データレジスタD0の値を4ビット上位へシフトする場合

[MULP　D0　K16　D0]のPはパルス出力を意味します.D0×16 = D0の乗算命令となります.

「D0×16」することで,D0のデータを上位へ4ビットシフトしたこと場合と同じ値になります.演算結果は32ビットの値となるため,上位16ビットの値はD1へ,下位16ビットの値はD0に格納されます.乗算命令はデータレジスタを2つ使用するため,注意しましょう.

2-08 ▶ BIN 命令と BCD 命令

1. BIN 命令

　　転送元のデータ（例：DSW の数値）を 2 進数に変換して取り込みます．PLC 内部では数値は BIN 値（2 進数）で取り扱われます．試験用盤の DSW（デジタルスイッチ）の値を 2 進数でデータレジスタに取り込む場合に使用します．

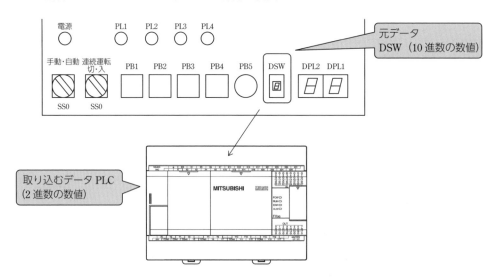

　　試験用盤では，DSW は 1 桁分しかないため，この命令を使用しなくても制御できますが，2 桁分以上の DSW の値を取り込む場合は必要な命令となります．

　　例）X0 を ON にすると，DSW2 桁分の数値を 2 進数に変換して PLC へ取り込む．

```
  X000
──┤├──────────────────────────────[BIN    K2X010    D0 ]──
```

　　DSW の 1 桁で，PLC の入力ビットを 4 つ使用します．そのため，2 桁表示する場合は，入力ビットを 8 つ（X10 ～ X17 に割り当て）使用します．

　　10 進数の「78」を 2 進数として PLC のデータレジスタ D0 に取り込む場合，次のようになります．

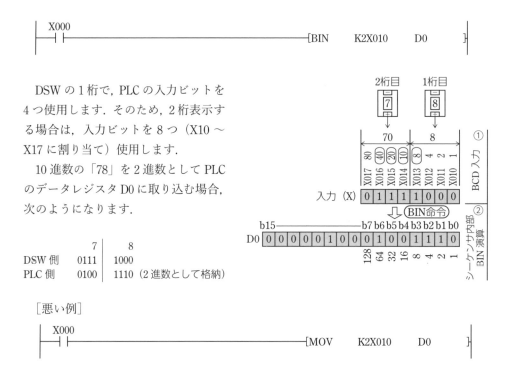

	7	8
DSW 側	0111	1000
PLC 側	0100	1110（2 進数として格納）

　［悪い例］

```
  X000
──┤├──────────────────────────────[MOV    K2X010    D0 ]──
```

MOV命令でPLCへDSWの数値を取り込むと，PLC側では，2桁の数値「78」は，

「0111 ｜ 1000」 = 6bit (2^6) × 1 + 5bit (2^5) × 1 + 4bit (2^4) × 1 + 3bit (2^3) × 1

= 64 + 32 + 16 + 8 = 120

として取り扱います．

▶2. ビットデバイスをワードデバイスとして扱う方法

入力リレーX，出力リレーY，補助リレーMのようなON/OFF情報のみを扱うビットデバイスであっても，これを1桁4点単位（4ビットで1桁の数値0～9を表示する）とし，1～8桁の組合せにより，32ビット以下の数値（8桁の数字）を扱うことができます．

例）4桁数値を扱う場合

DSWにより，4桁の数値を扱う場合，1桁で4ビットのビットデバイス（例：X0～X17）を使用するため，全部で16のビットデバイスが必要になります．DSWを使用する場合，1桁に対して，入力デバイス（ビットデバイス）を4つ使用するため，命令「K*X***」を使用します．

[K4X000の例]

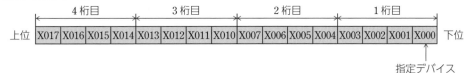

①桁指定を行うためには必ずKを用います．
②16ビット演算ではK1～K4の4桁以下，32ビット演算ではK1～8の8桁以下が指定できます．
③X, Y, M, Sのデバイス記号を指定します（ビットデバイス）．
④最下位ビットのデバイス番号です．

K4で4桁分の16ビットを使用することを意味します．X000により，X000～X017の16ビット分を割り当てています．PLCの入力デバイスが8進数で割り当てられているため，「X008」の入力デバイスはなく，「X010」になっています．

[デジタルスイッチ4桁のビット単位で桁指定する方法]

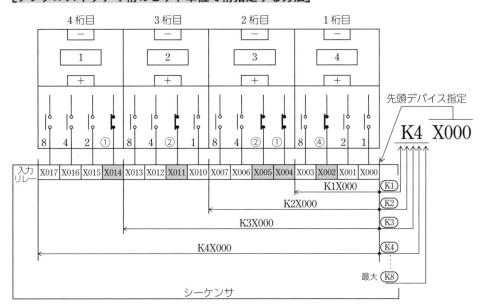

例）1桁分入力デバイスの数値をデータレジスタ D0 に取り込む場合

[ビットデバイス]→[ワードデバイス] への転送

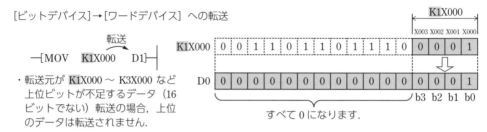

―[MOV　K1X000　D1]―

・転送元が K1X000 ～ K3X000 など
上位ビットが不足するデータ（16
ビットでない）転送の場合，上位
のデータは転送されません．

[BIN 命令と MOV 命令の違い]

次の2つのプログラムを比較してみましょう（例：2桁の数値 78 を取り込む場合）．

・BIN 命令

入力ビットデバイスの数値を2進数に変換して PLC へ取り込む.

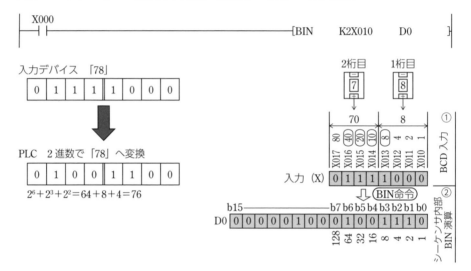

・MOV 命令

入力ビットデバイスの数値をそのまま PLC へ取り込む.

▶ 3. BCD 命令

　DPL1, 2（7 セグメント表示器）へ出力するときに, PLC 内部の数値は BIN 値（2 進数）で取り扱われているため, BCD 値（数値を表示するため, 出力ビットデバイス 4 点により 1 桁の数値を表示する）へ変換します.

　例）出力ビットデバイス Y010 〜 017 により, 7 セグメント表示器に出力

　X0 を ON にすると, データレジスタ D0 の値「78（2 進数）」を, BCD 値「78（10 進数）」に変換（1 桁分を 4 ビットで表示）して, 2 桁の 7 セグメント表示器に出力する.

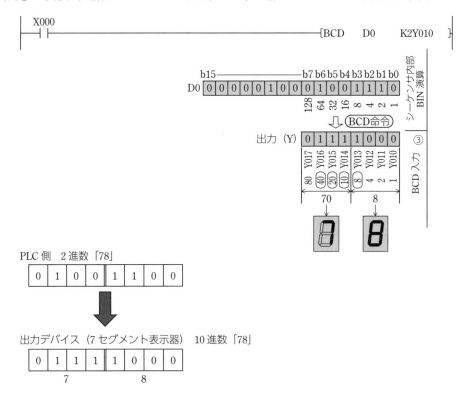

[MOV 命令にした場合]

　データレジスタ D0 の値（2 進数を）を出力デバイスへ転送する.

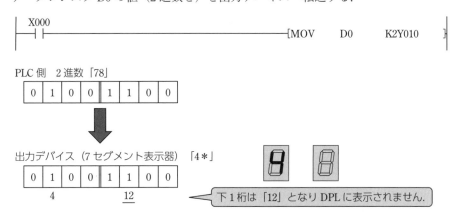

◤ 4. PLC で扱う数値

　　三菱電機製 PLC（FX シリーズ）で扱う数値は，2 進数，8 進数，10 進数，16 進数です．
表記の違いを確認しておきましょう．

FX シーケンサで扱う数値（10 進数と各数値の対応）

10 進数 （DEC）	8 進数 （OCT）	16 進数 （HEX）	2 進数（BIN）		BCD	
0	0	00	0000	0000	0000	0000
1	1	01	0000	0001	0000	0001
2	2	02	0000	0010	0000	0010
3	3	03	0000	0011	0000	0011
4	4	04	0000	0100	0000	0100
5	5	05	0000	0101	0000	0101
6	6	06	0000	0110	0000	0110
7	7	07	0000	0111	0000	0111
8	10	08	0000	1000	0000	1000
9	11	09	0000	1001	0000	1001
10	12	0A	0000	1010	0001	0000
11	13	0B	0000	1011	0001	0001
12	14	0C	0000	1100	0001	0010
13	15	0D	0000	1101	0001	0011
14	16	0E	0000	1110	0001	0100
15	17	0F	0000	1111	0001	0101
16	20	10	0001	0000	0001	0110
…	…	…	…	…	…	…
99	143	63	0110	0011	1001	1001
…	…	…	…	…	…	…

③章

試験で役立つプログラミング

3-01 > 工程歩進制御

　工程歩進制御とは各工程を順番に実行していく，シーケンス制御の要となるプログラム技法です．ここでは**自己保持回路を用いた方法**と**データレジスタを用いた方法**について解説します．

　リレーシーケンス回路で工程歩進制御を行う場合，自己保持回路を用いた方法が使われており，PLCでもこの方法を用いて工程歩進制御を行う場合があります．

　各工程で動作中の状態を，自己保持回路を使用して維持します．前工程が動作中，かつ次工程へ移行する条件が成立（LSがON，時間経過など）した場合，次工程へ移行します．各工程が移行する際に，「1つ前の工程（自己保持回路）」を「OFF」にすることで，常時，「1つの工程（自己保持回路）のみ」が「ON」になっている状態にします．こうすることで，現在の工程がどこか，どの工程のプログラムを修正するのか，など，プログラムのデバックを効率的に行うことができます．

　下記の仕様のとき，自己保持回路を用いた方法とデータレジスタを用いた方法を説明します．

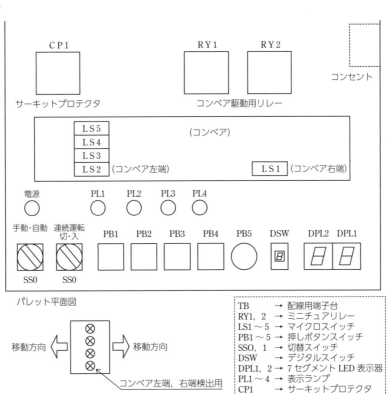

パレット平面図

移動方向 ← ⊗⊗⊗⊗ → 移動方向

コンベア左端，右端検出用

TB	→ 配線用端子台
RY1, 2	→ ミニチュアリレー
LS1～5	→ マイクロスイッチ
PB1～5	→ 押しボタンスイッチ
SS0, 1	→ 切替スイッチ
DSW	→ デジタルスイッチ
DPL1, 2	→ 7セグメントLED表示器
PL1～4	→ 表示ランプ
CP1	→ サーキットプロテクタ

3-02 ▶ 工程歩進制御（自己保持回路の使用）

　「SS0」が"自動"の場合，「パレット」がコンベア右端にあるときのみ，「PB1」を押すと①〜④の順序で動作します．この一連の動作を**サイクル動作**と呼びます．

　① 「パレット」が左行する．

　② 「パレット」がコンベア左端に到達すると，「コンベア」は2秒間停止する．

　③ 「パレット」が右行する．

　④ パレットがコンベア右端に到達すると，「コンベア」は1秒間停止する．

　サイクル動作中は，「PL1」を点灯させます．

　非常停止ボタン「PB5」が押された場合，サイクル動作を直ちに停止します．非常停止が働いている間は，「PL4」を点灯させます．また，サイクル動作中に「SS0」を手動に切り替えた場合も，非常停止が働いた状態となります．「PB4」を押すことで，非常停止を解除して，「PL4」を消灯させます．

I／O表

入力デバイス	入力機器名	出力デバイス	出力機器名
X0	SS0（ON：自動）	Y0	RY1（コンベア左行）
X1	PB1（a接点）	Y1	RY2（コンベア右行）
X2	PB4（a接点）	Y2	PL1（運転灯）
X3	PB5（b接点）	Y3	PL4（異常灯）
X4	LS1（右端）	—	—
X5	LS2（左端）	—	—

補助リレー（M***）の割り当て例

M10	手動モード	M200〜M249	自動モードでのプログラム
M20	自動モード	M250	サイクル動作中，ON
M30〜M39	非常停止時	M8001	PLC が RUN の間，常時 OFF
M100〜M199	手動モードでのプログラム	—	—

　プログラムを読みやすくするため，次のように構成します．

　①手動・自動切替　→　②非常停止　→　③非常停止解除　→　④自動モード（工程歩進制御プログラム）　→　⑤出力

▷ 1. 手動・自動切替

M8001 は PLC が RUN している間，常時 OFF 状態の接点です．プログラムを読みやすくするため，各構成のラダー図の先頭に M8001 の b 接点 —M8001／／— を描きます．下図のように，リレーシーケンス回路の場合，回路の先頭に非常停止ボタン（b 接点）を描くように，ラダー図の先頭にも同様に b 接点を描いています．M8001 を a 接点に変更することで，その部分のプログラムを動作させないことができるため，プログラムの修正の際に便利です．

M10 を手動モード，M20 を自動モードとして，割り当てました．M20 が ON のとき，自動モードとして，制御プログラムを描き込んでいきます．

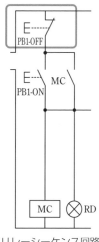

リレーシーケンス回路

▶2. 非常停止

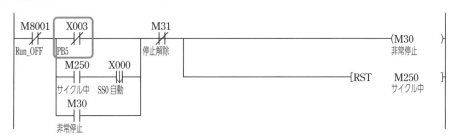

「PB5」は b 接点のため，押さない限り常時導通しています．「PB5（b 接点）」を押したとき OFF するため， —X003／／— は導通し PLC への入力信号は ON となるため，ラダー図で —X003／／—（PB5）と描きます．

「PB5」を押すと，非常停止が解除されるまで，非常停止状態を保つため，自己保持回路にします．

M30 を非常停止時に ON にする補助リレーとして割り当てました．

また，サイクル動作中に，「SS0」が手動に切り替えられた場合も非常停止状態にします．

—M250—X000／／—（サイクル中 SS0自動）により，M250 が ON かつ，SS0（X000）が OFF（手動）になったとき，非常停止状態になります．非常停止状態のとき，「サイクル動作中であっても直ちに停止する」の条件を満たすため，M250 を 0FF にします．

▶3. 非常停止解除

非常停止状態（M30 が ON）のとき，「PB4」を押すことで，非常停止状態を解除します．M31 が ON になると，M30 の自己保持回路が OFF になります．

4. 自動モード（工程歩進制御プログラム）

　自動モードのプログラムでは，M200〜を割り当てました．

　サイクル動作の条件成立を M200 として，工程 1 を M201，工程 2 を M202，……，工程 5（サイクル動作終了）を M205 に割り当てました．非常停止状態（M30 が OFF）でなく，かつ「SS0」が自動（M20 が ON）のとき，自動モードのプログラムが動作します．

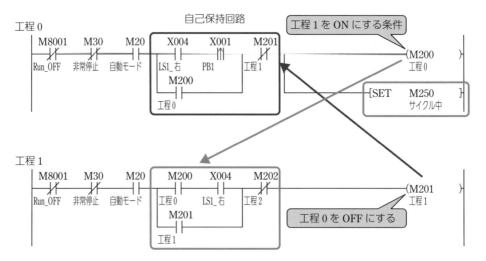

　M200 の自己保持回路が ON することで，サイクル動作の条件成立（工程 0）となります．このとき，サイクル動作中を表す補助リレーを M250 に割り当て，M250 を ON にします．M250 は，工程 1〜5 まで ON なため，「SET 命令」を使用しています．そのため，M250 は一度 ON にすると「RESET 命令」が実行されるまで，ON 状態を保ちます．サイクル動作中のように，複数の工程で ON 状態を保持する必要がある場合は，「SET 命令，RESET 命令」を使用します．

　自己保持回路を OFF にする b 接点には，次の工程の補助リレー（例 M201）を割り当てます．こうすることで，常時，1 つの工程（自己保持回路）が ON になっている状態をつくり，次の工程（自己保持回路）に移行すると，1 つ前の工程（自己保持回路）を OFF にします．

工程 0 ⇒ M200 が ON でサイクル動作条件成立．M200 が ON になると，[SET　M250] により，出力「PL1（サイクル動作中）」が ON になる．

工程 1 ⇒サイクル動作条件成立かつ，「パレット」がコンベア右端にあるとき，「コンベア」が左行する．M201 が ON のとき，出力「RY1（コンベア左行）」を ON にする．

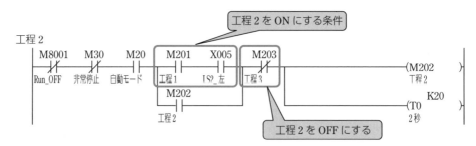

工程1 ⇒サイクル動作条件成立かつ，「パレット」がコンベア右端にあるとき，「コンベア」が左行する．

工程2 ⇒「パレット」がコンベア左端に到達すると，「コンベア」は2秒間停止する．

工程1で「コンベア」が左行します．「パレット」がコンベア左端に到達すると，LS2（X005）がONになり，工程2へ移行します．

工程2の移行条件は，工程1がONかつ，LS2（X005）がONとなります．M202（自己保持回路）がONになると，M201（自己保持回路）がOFFになります．工程2は，2秒間を計測します．

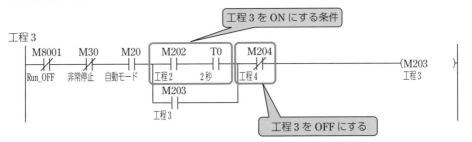

工程2 ⇒「パレット」がコンベア左端に到達すると，「コンベア」は2秒間停止する．

工程3 ⇒「コンベア」が2秒間停止後，右行する．

工程2で「コンベア」が2秒間停止します．2秒経過後，工程3へ移行します．

工程3の移行条件は，工程2がONかつ，タイマ（2秒経過）がONとなります．M203（自己保持回路）がONになると，M202（自己保持回路）がOFFになります．工程3は，「コンベア」が右行します．

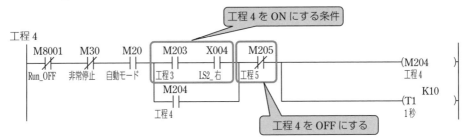

工程3 ⇒「コンベア」が右行する．

工程4 ⇒「パレット」がコンベア右端に到達すると，「コンベア」は1秒間停止する．

工程3で「コンベア」が右行します．「パレット」がコンベア右端に到達すると，LS1（X004）がONし，工程4へ移行します．

工程4の移行条件は，工程3がONかつ，LS1（X004）がONとなります．M204（自己保持回路）がONになると，M203（自己保持回路）がOFFになります．

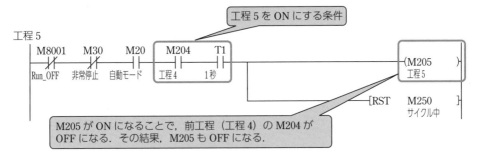

27

工程 4 ⇒「パレット」がコンベア右端に到達すると,「コンベア」は 1 秒間停止する.

工程 5 ⇒「パレット」がコンベア右端にあり, 1 秒経過すると,「サイクル動作」終了処理をする.

　工程 5 の移行条件は, 工程 4 が ON かつ, 1 秒間経過となります. M205 が ON になると, M250（サイクル動作中）が OFF になるとともに, M204（自己保持回路）が OFF になります. M204 が OFF になることで, M205 も OFF になり, すべての工程が OFF になります.

　工程 5 も自己保持回路とする場合は, 次のようにプログラムを組みます. 終了処理として待ち時間（0.1 秒）を設けるなどして M205（自己保持回路）を OFF にします. こうすることで, サイクル動作が終了します.

（T2 $\overset{K1}{}$ ）により, 終了処理時間として 0.1 秒の待ち時間を設けています.

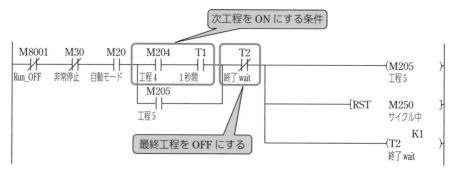

　自己保持回路を使用した工程歩進制御は, ON 状態の自己保持回路が, 順に移っていくようにプログラムを作ります.

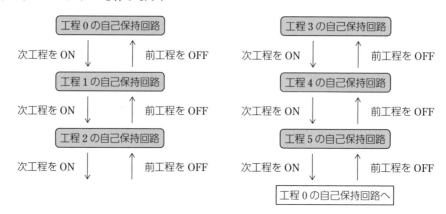

5. 出力

　出力部分はラダー図を読みやすくすることおよび2重コイルを防ぐことを目的に，プログラムの最後に描きます．

　出力するデバイスの種類（コンベア駆動，表示灯）に応じて，M8001のb接点を描くことで，ラダー図を読みやすくしています．

[コンベアの動作]

　工程1のとき，コンベアが左行します．

　工程3のとき，コンベアが右行します．

[PL1，PL4の点灯]

　サイクル動作中のとき，「PL1」が点灯します．

　非常停止状態のとき，「PL4」が点灯し，解除されると消灯します．

3-03 > 工程歩進制御（データレジスタの使用）

　データレジスタを使用した方法では，データレジスタの値を工程番号とすることで工程歩進制御を実現しています．データレジスタに格納する工程番号の値によって，各工程の動作を行い，次の工程へ移行する条件が成立したときに，データレジスタに格納する工程番号の値を書き換えます．最後の工程が終了したときにデータレジスタの値を工程番号の初期値"0"にします．

　動作の仕様は3-2 工程歩進制御（自己保持回路の使用）と同じにします（p. 24参照）．

　プログラムを読みやすくするため，3-2 工程歩進制御（自己保持回路を使用）の例と同様の構成にします．

　①手動・自動切替 → ②非常停止 → ③非常停止解除 → ④自動モード（工程歩進制御プログラム） → ⑤出力

　「SS0」が"自動"の場合，「パレット」がコンベア右端にあるときのみ，「PB1」を押すと，①～④の順序で動作します．この一連の動作を**サイクル動作**と呼びます．

　① 「パレット」が左行する．

　② 「パレット」がコンベア左端に到達すると，「コンベア」は2秒間停止する．

　③ 「パレット」が右行する．

　④ 　パレットがコンベア右端に到達すると，「コンベア」は1秒間停止する．

　サイクル動作中は，「PL1」を点灯させます．

　非常停止ボタン「PB5」が押された場合，サイクル動作を直ちに停止します．非常停止が働いている間は，「PL4」を点灯させます．また，サイクル動作中に「SS0」を手動に切り替えた場合も，非常停止が働いた状態となります．「PB4」を押すことで，非常停止を解除して，「PL4」を消灯させます．

I／O表

入力デバイス	入力機器名	出力デバイス	出力機器名
X0	SS0（ON：自動）	Y0	RY1（コンベア左行）
X1	PB1	Y1	RY2（コンベア右行）
X2	PB4	Y2	PL1（運転灯）
X3	PB5（b接点）	Y3	PL4（異常灯）
X4	LS1（右端）	―	―
X5	LS2（左端）	―	―

補助リレー（M***）およびデータレジスタ（D***）の割当て例

M10	手動モード	M200～M249	自動モードでのプログラム
M20	自動モード	M250	サイクル動作中，ON
M30～M39	非常停止時	M8001	PLCがRUNの間，常時OFF
M100～M199	手動モードでのプログラム	D20～	工程番号を格納

▶ 1. 手動・自動切替

工程歩進制御（自己保持回路を使用）の例と同様にします.

M8001はPLCがRUNしている間，常時OFFしている接点です.

プログラムを読みやすくするため，各構成のラダー図の先頭にM8001のb接点
$\dfrac{M8001}{}$ ╢╟ を描きます.

▶ 2. 非常停止

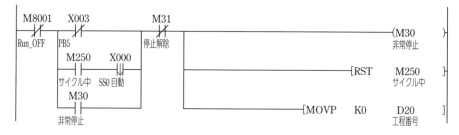

工程歩進制御（自己保持回路を使用）の例と同様にします.

「D20」に工程番号の数値を格納する（数値を書込む）ため，非常停止状態になった
とき，「D20」に「0」の値を入れます. こうすることで，サイクル動作中に，「PB5」が
押された場合，またはサイクル動作中に，「SS0」が"手動"に切り替えられた場合に，
「D20」の工程番号を初期値「0」に戻します.

▶3. 非常停止解除

工程歩進制御（自己保持回路を使用）の例と同様にします.

非常停止状態（M30 が ON）のとき，「PB4」を押すことで，非常停止状態を解除します．M31 が ON すると，M30 の自己保持回路を OFF します.

▶4. 自動モード（工程歩進制御プログラム）

データレジスタを使用した工程歩進制御プログラムでは，「D20」に工程番号を入れていきます．「D20 = 0（工程 0）」かつ，"サイクル動作"条件成立のとき，M200 を ON にします．「D20 = 1（工程 1）」のとき，M201 を ON，……「D20 = 4（工程 4）」のとき，M204 を ON にします．「D20 = 5（工程 5）」のとき，サイクル動作終了として M205 を割り当てました．非常停止状態でなく，かつ「SS0」が"自動"のとき，自動モードのプログラムが動作します．データレジスタ「D20」の値により，各工程へプログラムが順に移行していきます.

入力接点として，[= D20 K0]〜[= D20 K5]（D20 = 0〜5 のとき，ON になる接点）を使用します．このことで，D20 の値（工程番号）によって，次の工程へと移行することに加え，D20 の値により，現在，どの工程をプログラムが処理しているか，確認することができます．データレジスタを使用することで，プログラムのデバック（修正）が効率的になります.

上記のようなラダー図では，「D20 = 1」のとき，M201 が ON になります．また，「D20 = 2」のとき，M202 が ON になります.

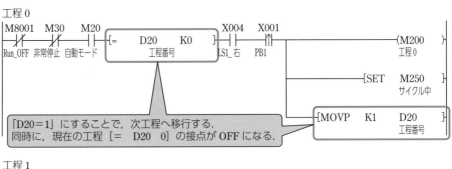

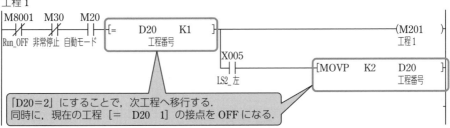

31

「D20 ＝ 0」で，「パレット」がコンベア右端（LS1 が ON）にあり，「PB1」を押すことで，サイクル動作の条件成立（工程 0）となります．このとき，サイクル動作中を表すリレーを M250 に割り当て，M250 を ON にします．M250 は，工程 1 〜 5 まで ON 状態なので，「SET 命令」を使用しています．そのため，M250 は一度 ON になると「RESET M250」命令が実行されるまで，ON 状態を保持します．サイクル動作中のように，複数の工程番号で ON し続ける必要がある場合は，「SET，RESET 命令」を使用します．「D20」の値を変更していくことで，工程を移行していきます．「D20」の値により，M200 〜 M205 を ON にすることで，各工程で動作する出力機器（コンベア駆動，表示灯点灯等）を ON にします．

工程 0 ⇒ 「D20 ＝ 0」のとき，M200 が ON になり，**サイクル動作条件成立で工程 1（D20 ＝ 1）へ移行する．このとき，[SET　M250] により，出力「PL1（サイクル動作中）」が点灯する．**

工程 1 ⇒ 「D20 ＝ 1」のとき，M201 が ON になる．
　　　　 M201 が ON のとき，出力「RY1（コンベア左行）」を ON にする．LS2（リミットスイッチ左端）が ON になると，工程 2（D20 ＝ 2）へ移行する．

工程 2

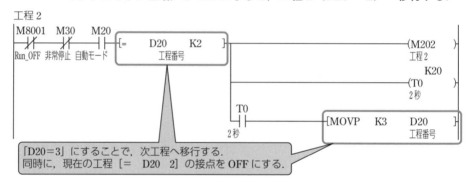

工程 2 ⇒ **「パレット」がコンベア左端に到達すると，「コンベア」は 2 秒間停止する．**
「パレット」がコンベア左端に到達し，2 秒間停止（T0 が ON）すると，工程 3（D20 ＝ 3）へ移行します．

工程 3

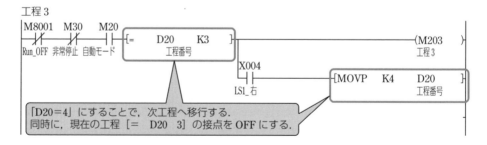

工程 3 ⇒ **「コンベア」が右行する．**
工程 3 のとき，M203 が ON になり，「コンベア」が右行します．「パレット」がコンベア右端（LS1 が ON）に到達すると，工程 4（D20 ＝ 4）へ移行する．

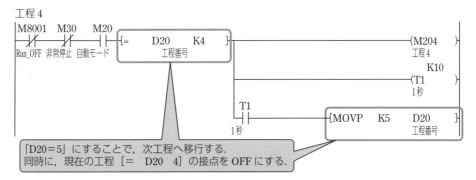

工程4

「D20＝5」にすることで，次工程へ移行する．
同時に，現在の工程 [＝ D20 4] の接点を OFF にする．

工程4 ⇒「パレット」がコンベア右端に到達すると，「コンベア」は1秒間停止する．

「パレット」がコンベア右端（LS1 が ON）に到達し，1秒間停止すると工程5（D20 ＝
5）へ移行します．

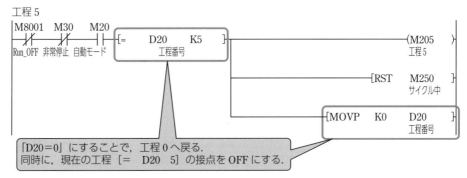

工程5

「D20＝0」にすることで，工程0へ戻る．
同時に，現在の工程 [＝ D20 5] の接点を OFF にする．

**工程5 ⇒「サイクル動作」終了処理として，M250 を RESET し，「D20」の値を「0（初
期値）」に戻す．**

「D20」の値を「0」にすることで，サイクル動作が終了します．

▶ 5. 出力

[コンベアの動作]

・工程1のとき，「コンベア」が左行します．
・工程3のとき，「コンベア」が右行します．

[PL1，PL4 の点灯]

・"サイクル動作"中のとき，「PL1」が，点灯します．
・"非常停止状態"のとき，「PL4」が，点灯し，解除されると消灯します．

3-04 ▶ デバイス番号および仕様の確認とデバイス使用時のルール化

1. デバイス番号と仕様の確認

　　PLC 製造メーカの製品仕様を確認し，どの番号の補助リレー，タイマ，カウンタ，データレジスタを使用するかを決めます．三菱電機 FX3U の例を次に示します．

デバイス名	内容		
入出力リレー			
入力リレー	X000 〜 X367	248 点	シーケンサの入力 / 出力端子の番号で 8 進数の割付けがされています
出力リレー	Y000 〜 Y367	248 点	
補助リレー			
一般用	M0 〜 M499	500 点	シーケンサの内部のリレーで外部には出力できません
キープ用	M500 〜 M1023	524 点	
キープ用	M1024 〜 M7679	6 656 点	
特殊用	M8000 〜 M8511	512 点	
タイマ（オンディレイタイマ）			
100ms	T0 〜 T191	192 点	0.1 〜 3 276.7 秒
100ms［サブルーチン，割込みルーチン用］	T192 〜 T199	8 点	0.1 〜 3 276.7 秒
10ms	T200 〜 T245	46 点	0.01 〜 327.67 秒
1ms 積算形	T246 〜 T249	4 点	0.001 〜 32.767 秒
100ms 積算形	T250 〜 T255	6 点	0.1 〜 3 276.7 秒
1ms	T256 〜 T511	256 点	0.001 〜 32.767 秒
カウンタ			
一般用アップ（16 ビット）	C0 〜 C99	100 点	0 〜 32 767 カウント
キープ用アップ（16 ビット）	C100 〜 C199	100 点	
一般用双方向（32 ビット）	C200 〜 C219	20 点	− 2 147 483 648 〜 + 2 147 483 647 カウント
キープ用双方向（32 ビット）	C220 〜 C234	15 点	
データレジスタ（ペア使用で 32 ビット）			
一般用（16 ビット）	D0 〜 D199	200 点	数値データなどを格納するためのレジスタです
キープ用（16 ビット）	D200 〜 D511	312 点	
キープ用（16 ビット）〈ファイルレジスタ〉	D512 〜 D7999〈D1000 〜 D7999〉	7 488 点〈7 000 点〉	
特殊用（16 ビット）	D8000 〜 D8511	512 点	
インデックス用（16 ビット）	V0 〜 V7, Z0 〜 Z7	16 点	
定数			
10 進数（K）	16 ビット	− 32 768 〜 + 32 767	
	32 ビット	− 2 147 483 648 〜 + 2 147 483 647	
16 進数（H）	16 ビット	0 〜 FFFF	
	32 ビット	0 〜 FFFFFFFF	

計時用のタイマでタイマによって計時範囲があります

計数用のカウンタで 32 ビットカウンタはアップ / ダウンの切換えがあります

補助リレー，データレジスタには**一般用**と**キープ用**（**停電保持用**）があります．

一般用は停電時（PLCの電源が切になった場合）に，「**停電前**」**の状態を保持しません**．

キープ用は停電時（PLCの電源が切になった場合）に，「**停電前**」**の状態を保持します**．1級では停電後の動作仕様もあるので，キープ用のデバイス番号を確認しておきましょう．

タイマは100ms用を選択します（T0～T191）．

▶2. デバイス使用時のルール化

参考例として，製品仕様から使用するデバイスを次のように決めます．

PLCのデバイス（補助リレー，タイマ，データレジスタ等）の使用方法を次のように決めます．

| モード切替や仕様全体に関するプログラム |

　補助リレー：M0～M9，タイマ：T0～T9

| 非常停止に関するプログラム |

　補助リレー（停電保持なし）：M30～M39，M300～M399
　　　　　　　（停電保持あり）：M900～M999

| 手動モード |

　補助リレー（停電保持なし）：M10～M19，M100～M199，タイマ：T10～T19

| 自動モード |

　補助リレー（停電保持なし）：M20～M29，
　工程歩進制御用
　補助リレー（停電保持なし）：M200～M299，
　　　　　　　（停電保持あり）：M500～M599
　タイマ：T20～T29
　データレジスタ（停電保持なし）：D20～D29，D100～D199
　　　　　　　　（停電保持あり）：D200～D299

| フッリカ回路（PLの点滅，コンベアの断続運転等） |

　タイマ：T30～T39

▶シーケンス制御作業で提示される動作仕様には，手動モード，自動モードがあります．また，どちらのモードにも共通する動作仕様もあります．

　各モードについて，使用するデバイス番号を決めておくことで，プログラムを効率的に進められます．また，ダブルコイル（同一番号の補助リレーやタイマなどのデバイスを誤って2回以上プログラムに書き込むこと）の防止にも役立ちます．

3-05 ▶ デバイスのコメント表示

　プログラミングソフトにコメント入力と表示設定をします．コメント表示をすることで，プログラム作成を効率的に行います（例：三菱電機 GX Works2）．

◤ 1. グローバルデバイスコメント

① デバイス名：X0 と入力

コメント入力（例：LS1_ 右端）

② デバイス名：Y0 と入力

コメント入力（例：RY1）

2. デバイスの表示設定

表示→デバイスコメント表示形式

画面に表示できるプログラムの行数を多くしたいため，デバイスコメントは1行にします．

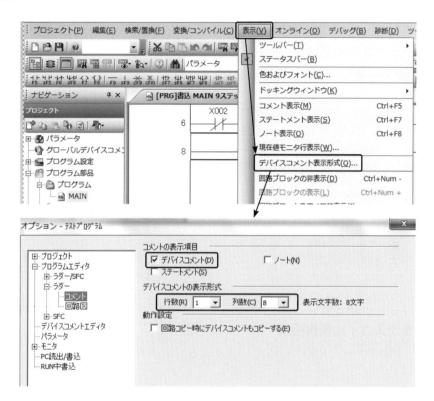

デバイスコメントの表示形式を2行以上にすると，画面に表示できるプログラムの行数が少なくなり，プログラム作成がしにくくなります．

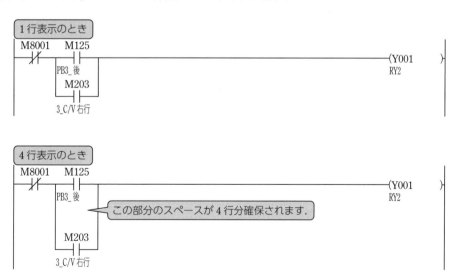

3-06 ▶ ダブルコイルへの警告

　誤ってダブルコイルとなるプログラムを作成した際に，警告メッセージが表示されるように設定します．このことでダブルコイルによる制御トラブルを防止します．

▶1. デバイスの表示設定

　表示→デバイスコメント表示形式

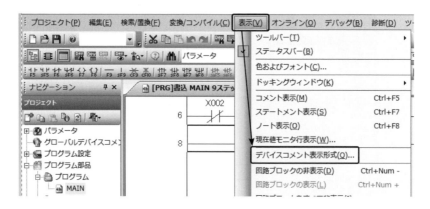

▶2. ダブルコイル警告設定

　回路入力→［2重コイルにチェックする］にレ点を入れる．

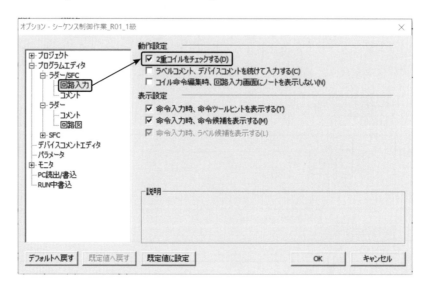

製作等作業試験

編

仕様 1：試験用盤と PLC への配線作業

1-01 仕様 1 の作業内容

仕様 1 の問題文は毎年，下記の内容で出題されています．

仕様 1
　指示された「I/O 割付」に従って，装置間の配線を行う．入出力の配線は，「試験用盤の配線図」を参考にする．配線は適切な長さとし，試験用盤端子への接続は，圧着端子を使用してねじ止めする．端子台の同一箇所に 2 本配線する場合は圧着端子を背面合わせにして接続する．指示された以外の配線は行ってはならない（片側配線も含む）．
　配線後，各自 I/O の確認を行い，試験用盤に異常がある場合は申し出る．

1-02 使用機器・工具など

▶1. 試験会場に準備されているもの

金属製の盤の上に，部品が p.41 図のように配置されています．

区分	品名	寸法・規格	数量	備考
機材	試験用盤	表示ランプ（DC24V 用）	5	PL1 ～ PL4
		押しボタンスイッチ（自動復帰接点）	5	PB1 ～ PB5
		切替スイッチ	2	SS0，SS1
		デジタルスイッチ 1 桁（DC24V 用）	1	BCD 入力用，DSW
		7 セグメント LED 表示器 2 桁（DC24V 用）	2	BCD 出力用，DPL1，DPL2
		配線用端子台	1	ねじ寸法 3.5mm
		DC24V 直流電流 （PLC の主電源としての使用不可）	1	―
		サーキットプロテクタ	1	CP1
		ミニチュアリレー	2	RY1，RY2
		リレー用ソケット	2	―
		コンベアキット（モーター付）	1 式	―
		マイクロスイッチ	5	LS1 ～ LS5
		AC100V3P コンセント（2 口）	1	予備用
		AC100V3P プラグ（1m）	1	電源用
その他	メモ用紙	―	適量	プログラム等記入用

試験用盤（入力 16 点，出力 14 点）のほかに，コンセントが 2 口（パソコン用と PLC 用）とメモ用紙が準備されています．

試験用盤の概略図および実際の試験用盤の写真を次に示します．

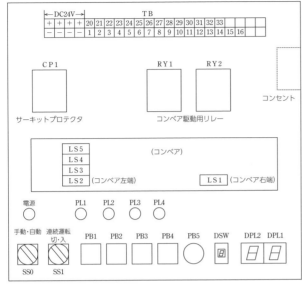

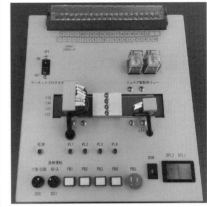

製作等作業試験　編

2. 受検者が持参するもの

区分	品名	寸法・規格	数量	備考
機材等	PLC（プログラミングツールおよびツール接続ケーブル含む）	入力：DC24V 　　16 点以上 出力：接点式または 　　DC24V オープンコ 　　レクタ式 14 点以上 （供給電源　AC100V）	1	次の演算機能を有するもの 論理・数値・タイマ・カウンタなど AC100V 用の電源コード 1m 程度を含む 他受検者との共用不可
	電線	0.3 〜 1.25mm² 電線色は問わない ねじ寸法 3.5mm Y 形圧着端子付き	40 本程度	各 1m 程度 （配線図参照） I/O の識別用マークは自由とする
工具類	ドライバ	+ドライバ2番絶縁タイプ 端子台に応じたもの	1 適宜	電動式不可 電動式不可
	回路計（テスタ）	―	適宜	デジタル式可
その他	筆記用具	―	1 式	―

（注意事項）

1 AC 電源部はむき出しにしない（PLC，サーキットプロテクタの AV 端子等）．

2 電線は束ねない．また，束ねた電線は使用禁止とする（フラットケーブル・多芯ケーブルは不可）．

3 PLC と試験用盤との接続が確認できること．

4 入出力モジュールの接続部は端子台が望ましい（配線の片方がコネクタ式の PLC を使用する場合は，中継の端子台を設け，中継端子台と試験用盤の配線作業ができるようにしておくこと）．

5 PLC の主電源が AC100V 以外の場合，変換器を併せて持参すること．

6 PLC は，RUN 状態で電源を OFF → ON した時，CPU が自動的に RUN するよう，あらかじめスイッチやパラメータを設定しておくこと．

7 PLC は，メモリバックアップ用バッテリ等の有寿命部品の保守をし，電源 OFF ではバッテリバックアップ対象のメモリのデータが消えない状態であること．

　　PLC本体の電源がDC24Vの場合，会場にはAC100Vの電源しか準備されていないため，別途，AC100VをDC24Vへ変換する電源装置が必要となります．試験用盤の電源（DC24V）をPLCの電源として使用することはできません．

　　配線用電線は，入力用16本，出力用14本，電源用4本程度，予備2本程度準備し，効率的に配線作業を進められるよう，電線には印字されたマークチューブを取り付けておきましょう．

1-03 ▶ 試験前日および試験会場での準備

▶ 1. 試験前日までに準備しておくこと

・持参するPLCとパソコンとの通信確認（PLCへプログラムの書込みができればOK）
・配線用電線（マークチューブ付き）の準備
・工具，機材の確認（＋ドライバのサイズは＃2，テスタの予備電池および交換用ヒューズなど）

▶ 2. 試験会場で準備すること

　　試験会場に入ると，製作等作業試験を開始する前に準備時間が設けられています．準備の流れは会場の検定委員により異なる可能性がありますが，おおまかには次項の通りです．

　　パソコン，PLCおよび使用する機器・工具などを作業台上に準備します．このとき，工具の配置や試験用盤の位置を調整し，作業しやすい環境を整えます．パソコンとPLCを試験用盤の左側，工具類を右側に配置し，使用頻度の少ない工具は作業の妨げにならないスペースに置いておくと効率的に作業を行うことができます．機器の配置例を次に示します．左利きの場合は左右逆にするとよいでしょう．

▶ 3. PLCメモリ内に書き込まれているプログラムの消去

　　PLCメモリ内に書き込まれているプログラムなどを消去する作業です．通信ケーブルでパソコンとPLCを接続し，メモリ内のプログラムなどのデータを消去します．**空プログラム（END命令のみ）をPLCへ書き込むか，PLCメモリ内に書き込まれているプログラムデータを消去するコマンド（メモリクリアなど）により行います**．プログラム消去を終えたら，検定委員の指示で「PLCメモリ内のデータ読出し」を行います．読み出されたデータにプログラムがなければ，PLCメモリ内にデータがないことの確認作業が完了となります．

　三菱電機 PLC プログラミングソフト：GX Works2，PLC の機種：FX3U を例に，手順を解説します．

[確認作業の手順]

①　プログラミングソフトの起動

　[新規作成]　→　[シリーズ：FXCPU]　→　[機種：FX3U]　を選択します．

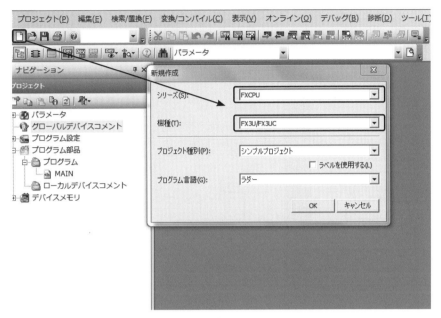

製作等作業試験 編

②　パソコンと PLC を通信ケーブルで接続

　パソコンと PLC を通信ケーブルで接続します．

③　通信ポートの確認

　[スタートボタンをマウスで右クリック]　→　[デバイスマネジャー]　→　[ポート（COM と LPT）]の順に選択し，COM 番号を確認します（例：COM4）．

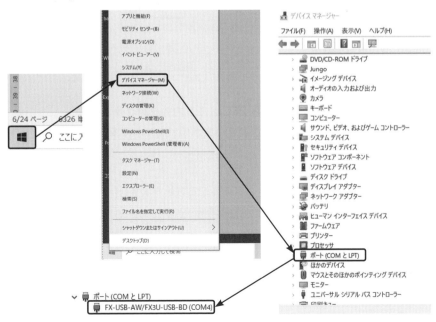

ポートを認識しない場合は，ドライバをインストールしましょう．試験前に必ず，**試験会場へ持ち込むパソコンと PLC を通信ケーブルで接続**し，通信ポートの **COM 番号が表示**されていることを確認しておきましょう．プログラムを PLC へ書き込めるかまで確認しておくと安心です．

④　**通信テスト**

プログラミングソフトを使用し，通信テストをします．

例）接続先　→　[Connection1]　→　[シリアル USB]　→　[RS-232C]　→　[COM3]　→　[通信テスト]　→　[FX3UCPU（PLC の機種名＋CPU）との接続に成功しました]

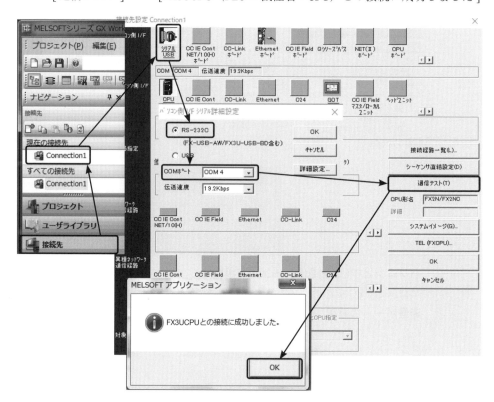

⑤　**検定委員の呼出**

通信テストを終えたら，検定委員を呼び出し，検定委員立ち合いのもと，次のプログラム消去作業を行います．

⑥　**プログラミングソフトから PLC メモリ内のプログラム消去**

PLC メモリ内にプログラムが書き込まれていないことを確かめるため，プログラムを消去する作業を行います．

例）空プログラムを書き込む場合

[END] 命令のみの「空プログラム」を書込みます．[オンライン]　→　[PC 書込み]

例) プログラムを消去するコマンドを使用する場合

［オンライン］ → ［PCメモリ操作］ → ［PCメモリクリア］

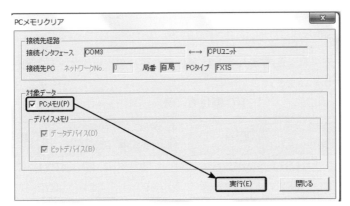

⑦ プログラムの読出し

PLCメモリ内にプログラムが書き込まれていないことを確認するため、PLCメモリ内のプログラムをパソコンへ読み出す操作を行います。

読み出した際に、[END]命令のみがプログラミングソフトに表示されていれば、PLCメモリ内にプログラムがないことを確認できます。

［オンライン］ → ［PC読出］ → ［END命令のみ表示］

⑧ プログラムの仮保存の打診

パソコンの不具合による再起動などのトラブルがあったときのため、試験時間中のみデスクトップ上にファイルを保存できないか、検定委員へ確認してみましょう。

⑨ PLCの電源を切る

確認作業後、PLCの電源を確実にOFFにしましょう。PLCの電源を切らずに配線作業をした場合、危険作業とみなされ**大きく減点**されるので注意しましょう。

PLC の電源ランプ.
PC メモリ内を消去したら,
忘れずに電源を切りましょう.

1-04 ▶ I/O 割付表

1. I/O 割付表の例

　配線作業は試験当日に配布される I/O 割付表に従って行います. I/O 割付表には下記の項目が記載されています.

I/O 割付表（例）

PLC ビット位置	試験用盤 端子番号	入力機器	PLC ビット位置	試験用盤 端子番号	出力機器
4	1	LS1：コンベア右端	8	20	RY1：コンベア左行
5	2	LS2：コンベア左端	9	21	RY2：コンベア右行
0	3	LS3	10	22	PL1
1	4	LS4	11	23	PL2
2	5	LS5	12	24	PL3
9	6	PB1	13	25	PL4
10	7	PB2	0	26	DPL1：1
11	8	PB3	1	27	DPL1：2
12	9	PB4	2	28	DPL1：4
6	10	PB5	3	29	DPL1：8
配線不要	11	SS1：入側で ON	4	30	DPL2：1
8	12	SS0：自動側で ON	5	31	DPL2：2
配線不要	13	DSW：1	6	32	DPL2：4
配線不要	14	DSW：2	7	33	DPL2：8
配線不要	15	DSW：4			
配線不要	16	DSW：8			

▶ PLC ビット位置は, PLC 入出力側の一番小さい端子番号から, 0, 1, 2……（三菱 FX シリーズでは, 入力側：X000, X001, X002……, 出力側：Y000, Y001, Y002 ……）となります.

　端子番号は, 試験用盤の端子番号を表しています. 各端子番号には, 試験用盤内の入出力機器が配線されています.

　配線不要については, 配線する必要がありません. PLC 側のみ配線（片側配線）すると減点されますので, 不要な配線は取り外します.

2. ビット位置と PLC のデバイス

ビット位置は PLC 側の端子番号を表します．ビット位置は 10 進数表記となっているため使用する PLC の端子番号が 8 進数や 16 進数表記の場合，読み替える必要があります．三菱電機製 PLC の FX シリーズ（8 進数）および Q シリーズ（16 進数）の例を以下に示します．

PLC ビット位置	FX シリーズ 8 進数	Q シリーズ 16 進数
0	0	0
1	1	1
2	2	2
3	3	3
4	4	4
5	5	5
6	6	6
7	7	7
8	10	8
9	11	9
10	12	A
11	13	B
12	14	C
13	15	D
14	16	E
15	17	F

▶ PLC が 8 進数で入出力デバイスを割り振っている場合，**8 ～ 15 番目**に気を付けましょう．

PLC が 16 進数で入出力デバイスを割り振っている場合，**10 ～ 15 番目**に気を付けましょう．

配線間違い 1 箇所につき＊＊点と減点されます．例えば，配線を 3 箇所間違えると，＊＊×3 点減点されます．シーケンス制御作業はプログラム内容に関する減点が大きく，配線間違いによる減点があると合格点を得ることが難しくなるので注意しましょう．

3. I/O 割付表の PLC ビット位置

p.47 で示した I/O 割付表（例）について，三菱電機製 PLC の FX シリーズ（8 進数）および Q シリーズ（16 進数）の PLC ビット位置を見ていきましょう．

入力側のPLCビット位置

PLC			試験用盤 端子番号	入力機器
ビット位置	8進数	16進数		
4	X004	X000	1	LS1：コンベア右端
5	X005	X005	2	LS2：コンベア左端
0	X000	X000	3	LS3
1	X001	X001	4	LS4
2	X002	X002	5	LS5
9	X011	X009	6	PB1
10	X012	X00A	7	PB2
11	X013	X00B	8	PB3
12	X014	X00C	9	PB4
6	X006	X006	10	PB5
配線不要			11	SS1: 入側ON
8	X010	X008	12	SSO: 自動側ON
配線不要			13	DSW:1
配線不要			14	DSW:2
配線不要			15	DSW:4
配線不要			16	DSW:8

　試験用盤の入出力機器に配線します．配線不要の端子番号には電線を接線しません．そのため，空き端子にも電線を接続するなどして，端子番号がずれてしまうミスがないよう確実に配線をしましょう．

　DSW（デジタルスイッチ）に配線する場合，PLCビット位置（4ビット分）は，連続するビット番号になるように割り振られます．例えば，DSWに配線する場合のPLCビット位置は次表のとおりです．

PLC			試験用盤 端子番号	入力機器
ビット位置	8進数	16進数		
配線不要	X000	X000	13	DSW:1
配線不要	X001	X001	14	DSW:2
配線不要	X002	X002	15	DSW:4
配線不要	X003	X003	16	DSW:8

　マークチューブ（下写真）に印字する文字は，PLC側の入出力デバイスに合わせ，入力：X000, X001，出力：Y000, Y001とするとわかりやすいです．

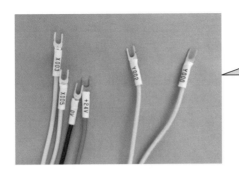

マークチューブは入出力用電線を黄色，電源 DC+24V を赤色，電源 0V を黒色にするなど，制御線と電源線の色を変えると，配線がわかりやすくなります．

製作等作業試験編

出力側の PLC ビット位置

PLC			試験用盤端子番号	出力機器
ビット位置	8 進数	16 進数		
8	Y010	Y008	20	RY1：コンベア左行
9	Y011	Y009	21	RY2：コンベア右行
10	Y012	Y00A	22	PL1
11	Y013	Y00B	23	PL2
12	Y014	Y00C	24	PL3
13	Y015	Y00D	25	PL4
0	Y000	Y000	26	DPL1：1
1	Y001	Y001	27	DPL1：2
2	Y002	Y002	28	DPL1：4
3	Y003	Y003	29	DPL1：8
4	Y004	Y004	30	DPL2：1
5	Y005	Y005	31	DPL2：2
6	Y006	Y006	32	DPL2：4
7	Y007	Y007	33	DPL2：8

▶ DPL1，DPL2（7 セグメント表示器，2 つ使用することで 2 桁の数字を表示）に配線する場合，PLC ビット位置（8 ビット分）は，連続するビット番号になるように割り振られます．

1-05 ▷ 試験用盤と PLC の配線

　製作等作業試験は，仕様 1 と仕様 2 の 2 つを満足させる必要があります．仕様 1 は試験当日に配布される I/O 割付表に従った配線作業となります．仕様 2 は動作条件を満たすプログラムの作成となります．

1. 試験用盤の配線図

　　試験用盤の配線図と I/O 割付表に従って，PLC の入出力ユニットと試験用盤へ配線を行います．試験用盤の配線図の中央に描かれている**入力モジュール**および**出力モジュール**は PLC の入出力ユニットを表しています．**試験用盤の入力機器**の片側は，試験用盤の電源 DC 0V へ配線されています．**試験用盤の出力機器**の片側は，試験用盤の電源 DC +24V へ配線されています．この部分を考慮して，PLC 側の配線をする必要があります．

　　試験用盤の配線図を次に示します．

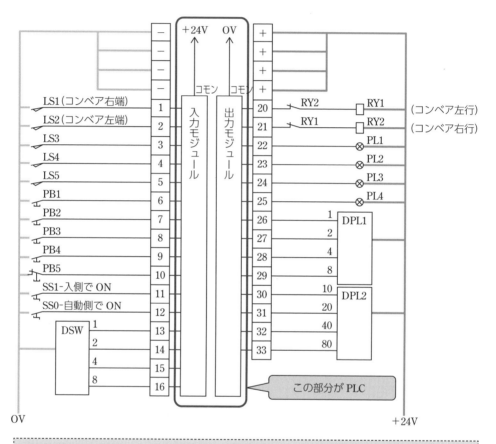

　　▶ PLC の入力側は，シンク入力配線（PLC 側の入力端子が PLC 内部電源の DC24V に配線されている状態）となります．

　　　PLC の出力側は，リレー出力またはトランジスタ出力でシンク仕様になります．

2. PLC の入力側への配線

　　試験用盤の入力機器（押しボタンスイッチ，リミットスイッチ，DSW）の片側は試験用盤の電源 0V に配線されています．そのため，シンク仕様の入力配線にする必要があります．

　　三菱電機製 FX3U を例に解説します（この機種はシンク仕様の入力配線とソース仕様の入力配線が選択できます）．

　　シンク仕様で配線する場合，2 つの配線方法があります．

［PLC の内部電源 DC24V を使用する場合］

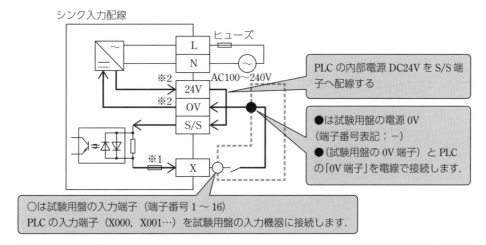

シンク入力配線

PLC の内部電源DC24V をS/S端子へ配線する

●は試験用盤の電源 0V（端子番号表記：−）

●（試験用盤の 0V 端子）と PLC の「0V 端子」を電線で接続します．

〇は試験用盤の入力端子（端子番号 1 〜 16）
PLC の入力端子（X000，X001…）を試験用盤の入力機器に接続します．

▶グレーの破線で囲った部分が試験用盤の入力機器になります．試験用盤の入力機器（端子番号 1 〜 16）は PLC の入力端子に接続します．

試験用盤の 0V（端子番号：−）は PLC の 0V 端子へ接続します．この配線を忘れると，PLC へ試験用盤の入力機器（押しボタンスイッチ・リミットスイッチ，DSW）の ON/OFF の信号が認識できません．

［試験用盤の電源 DC＋24V を利用する場合］

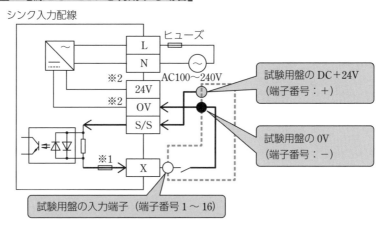

シンク入力配線

試験用盤の DC＋24V（端子番号：＋）

試験用盤の 0V（端子番号：−）

試験用盤の入力端子（端子番号 1 〜 16）

▶グレーの破線で囲った部分が試験用盤の入力機器になります．試験盤の入力機器（端子番号 1 〜 16）は PLC の入力端子に接続します．

この配線方法の場合，試験用盤の電源 DC＋24V を使用しているため，**試験用盤の 0V（端子番号−）は PLC の 0V 端子へ接続しません**．

3. PLC の出力側への配線

　試験用盤の出力機器（コンベア駆動用リレー，PL1 〜 4，DPL1 〜 2）の片側は試験用盤の電源 DC＋24V に配線されています．そのため，PLC は**リレー出力仕様**か**トランジスタ出力でシンク出力仕様**のものを準備する必要があります．**トランジスタ出力でソース出力仕様の PLC は使用できない**ため，注意してください．三菱電機製 FX3U の例で，PLC

がリレー出力仕様の場合，次のようになります．

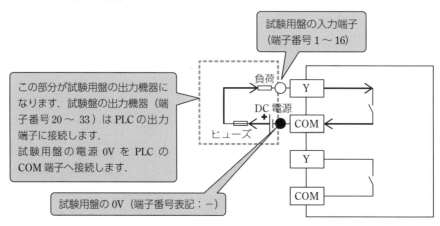

この部分が試験用盤の出力機器になります．試験盤の出力機器（端子番号20〜33）はPLCの出力端子に接続します．
試験用盤の電源0VをPLCのCOM端子へ接続します．

試験用盤の入力端子（端子番号1〜16）

負荷

DC電源

ヒューズ

試験用盤の0V（端子番号表記：−）

1-06 ▶ 配線手順

▶ 1. 試験用盤の端子台の配置

　　試験用盤の端子台は，下段に**電源＋24V**と**出力機器**につながった端子が並んでいます．上段に**電源0V**と**入力機器**につながった端子が並んでいます．**下段側の端子への配線を先**にしましょう．

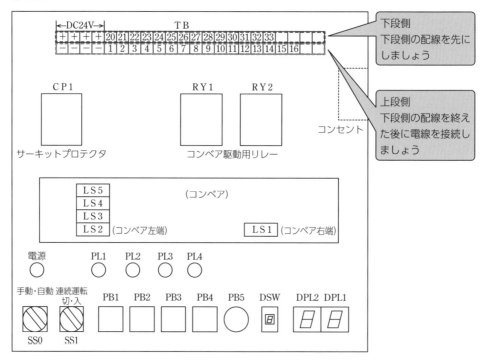

下段側
下段側の配線を先にしましょう

上段側
下段側の配線を終えた後に電線を接続しましょう

▶ 2. 出力機器（下段側）への配線

　　1.3節1項のI/O割付表（例）（p.47参照）の場合，出力機器への配線例は次のようになります（三菱電機製FX3U32MRまたはFX3U32MT（AC電源／DC入力タイプ）の場合）．

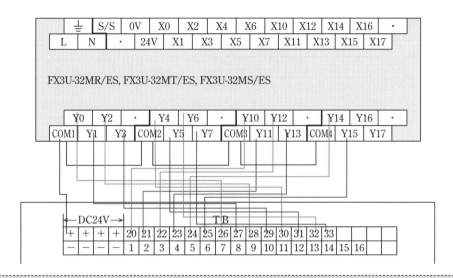

	⏚	S/S	0V	X0	X2	X4	X6	X10	X12	X14	X16	·
L	N	·	24V	X1	X3	X5	X7	X11	X13	X15	X17	

FX3U-32MR/ES, FX3U-32MT/ES, FX3U-32MS/ES

	Y0	Y2	·		Y4	Y6	·		Y10	Y12	·		Y14	Y16	·
COM1	Y1	Y3		COM2	Y5	Y7		COM3	Y11	Y13		COM4	Y15	Y17	

←DC24V→ TB
| + | + | + | + | 20 | 21 | 22 | 23 | 24 | 25 | 26 | 27 | 28 | 29 | 30 | 31 | 32 | 33 |
| − | − | − | − | 1 | 2 | 3 | 4 | 5 | 6 | 7 | 8 | 9 | 10 | 11 | 12 | 13 | 14 | 15 | 16 |

▶ PLC の COM 端子と試験用盤の電源 0V 端子を配線します.

3. 入力機器（上段側）への配線

I/O 割付表（例）（p.46 参照）の場合，入力機器への配線例は次のようになります.

［PLC の内部電源 DC24V を使用する場合］

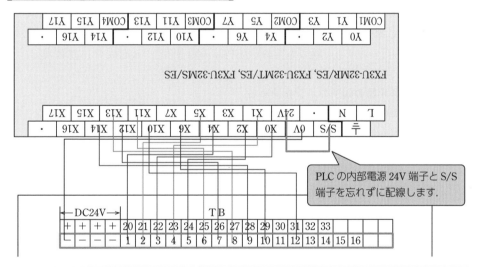

PLC の内部電源 24V 端子と S/S 端子を忘れずに配線します.

▶ この I/O 割付表では，端子番号 11，13~16 に配線をしません．PLC の 0V 端子と試験用盤の電源 0V 端子を接続します.

［試験用盤の電源 DC＋24V を利用する場合］

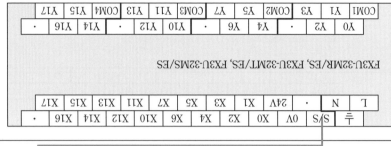

▶試験用盤の電源 DC＋24V 端子と PLC の S/S 端子を配線します．試験用盤の電源 0V 端子から PLC の 0V 端子へ配線はしません．その他については，① PLC の内部電源 DC24V を使用する場合と同じです．

▶4. 配線手順

　PLC の入出力と試験用盤の端子台を I/O 割付表に従って接続していきます．以下の手順で配線作業を行っていくと効率的です．

①　PLC 端子番号の記入

　I/O 割付表のビット番号を持参した PLC の端子番号（8 進数や 16 進数表記）に読み替え，余白部分に記入します．

②　試験用盤の端子のネジを緩める

　試験用盤入出力ユニットの端子のネジを緩めていきます．3 周程度回すと，ちょうど Y 端子が入るようになります．

③　PLC 入出力端子へ配線

　先に PLC 側で使用する端子（入力端子，出力端子，出力側 COM 端子，電源端子）へ配線を行います．PLC の端子台が上下の 2 段に分かれている場合は下段側から配線を行っていきます．

　PLC の写真を次に示します．

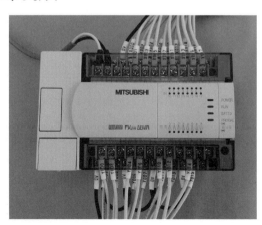

④　**試験用盤の下段側（電源 DC＋24V，出力機器）へ配線**

I/O 割付表の**出力機器**を参照しながら，PLC 側に配線した電線の片側を**試験用盤の電源 DC24V** および**出力機器の端子台**に接続していきます.

⑤　**試験用盤の上段側（電源 0V，入力機器）へ配線**

I/O 割付表の**入力機器**を参照しながら，先に PLC 側へ配線した電線の片側を**試験用盤の電源**および**入力機器の端子台**に配線していきます.

配線後の試験盤の端子を次に示します.

1-07 I/O チェック

1. I/O チェックの作業内容

I/O チェックとは，配線作業に誤りがないか，断線等の不具合がないかを PLC 側からチェックする作業です.配線作業が終わったら，必ず I/O チェックをしましょう.この作業を怠ると，仕様どおりに試験用盤が動作しない場合に，配線が間違っているのかプログラムに誤りがあるのか，判断できないため，デバックにかなりの時間を要することになります.

次の手順で I/O チェックを進めます.

①　**デバイス / バッファメモリ一括モニタを開く.**

例）三菱電機　GX Works2　デバイス一括モニター　を実施

［オンライン］ → ［モニタ］ → ［デバイス / バッファメモリ一括モニタ］

② デバイス名に X0（PLC 入力側）を指定する．

試験用盤の入力機器（押しボタンスイッチ，リミットスイッチ，DSW など）を ON/OFF させ，PLC 側で入力信号が受け取れるかどうか確認する．

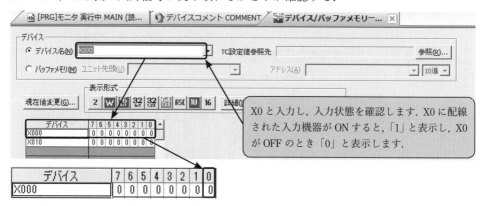

X0 と入力し，入力状態を確認します．X0 に配線された入力機器が ON すると，「1」と表示し，X0 が OFF のとき「0」と表示します．

③ デバイス名に Y0（PLC 出力側）を指定する．

PLC の出力側を ON/OFF させ，割付表と一致した試験用盤の出力機器が動作することを確認する．

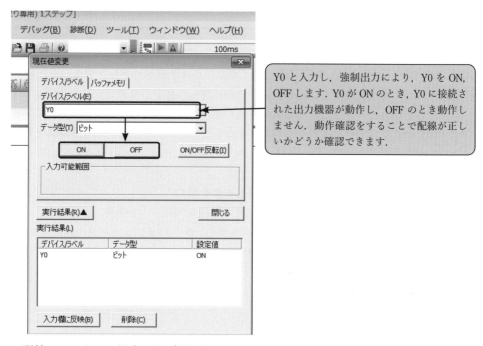

Y0 と入力し，強制出力により，Y0 を ON，OFF します．Y0 が ON のとき，Y0 に接続された出力機器が動作し，OFF のとき動作しません．動作確認をすることで配線が正しいかどうか確認できます．

　配線ミスがあった場合は必ず**電源を OFF** にしてから修復作業を行います．通電状態で作業を行った場合は不安全行為となり，大幅に減点されることになります．

　電線または試験用盤に問題があると判断した場合は，テスタを使用して電線の導通チェック，試験用盤の電圧確認を行います．電線に問題があれば予備の電線と交換します．試験用盤側に問題があると判断した場合は検定委員へ申し出ましょう．入出力機器の故障や試験用盤のヒューズが溶断している可能性があります．

仕様1：プログラム作成のための準備 （1～3級共通）

2-01 > I/O 割付表の確認

本編3～5章の練習問題のI/O割付表は次のように配線したものとします.

I/O 割付表（三菱電機製 PLC：FX3U の例）

入力デバイス	入力機器名	出力デバイス	出力機器名
X0	LS1：コンベア右端	Y0	RY1（コンベア左行）
X1	LS2：コンベア左端	Y1	RY2（コンベア右行）
X2	LS3	Y2	PL1
X3	LS4	Y3	PL2
X4	LS5	Y4	PL3
X5	PB1	Y5	PL4
X6	PB2	Y6	DPL1：1
X7	PB3	Y7	DPL1：2
X10	PB4	Y10	DPL1：4
X11	PB5	Y11	DPL1：8
X12	SS1：入側で ON	Y12	DPL2：1
X13	SS0：自動で ON	Y13	DPL2：2
X14	DSW：1	Y14	DPL2：4
X15	DSW：2	Y15	DPL2：8
X16	DSW：4		
X17	DSW：8		

2-02 > デバイスの使用方法

　　PLC のデバイス（補助リレー，タイマ，データレジスタなど）の数や機能を確認します．三菱電機製 PLC：FX3U を例に解説します．

	記号	進	点数	先頭	最終	ラッチ先頭	最終	ラッチ設定範囲
補助リレー	M	10	7680	0	7679	500	1023	0-1023
ステート	S	10	4096	0	4095	500	999	0-999
タイマ	T	10	512	0	511			
カウンタ（16ビット）	C	10	200	0	199	100	199	0-199
カウンタ（32ビット）	C	10	56	200	255	220	255	200-255
データレジスタ	D	10	8000	0	7999	200	511	0-511
拡張レジスタ	R	10	32768	0	32767			

　　グレーで囲った部分のデバイス（例：M500 〜 M1023，D200 〜 D511）は停電時でも停電前の状態を保持します．

［停電後のデバイスの状態の例］

　　停電前
　　　M0 が「ON」，D0 に数値「10」が格納
　　　M500 が「ON」，D200 に数値「10」が格納
　　　　↓
　　停電後（PLC の電源が OFF から ON へ復旧）
　　　M0 が「OFF」，D0 に数値「0」が格納（D0 の値は初期値「0」
　　　M500 が「ON」のまま，D200 に数値「10」が格納されたまま（停電後も状態を維持）

　　PLC 内部のバッテリが寿命などにより切れていた場合，停電保持するデバイスは**停電時**に状態を保持しません．使用時に PLC の動作を確認しましょう．

BATT に赤ランプが点灯している場合，PLC 内部のバッテリが切れており，交換する必要があります

　　PLC のデバイス（補助リレー，タイマ，データレジスタなど）の使用方法を次のように決めます．

① **モード切替や仕様全体に関するプログラム**
　　補助リレー：M0 〜 M9，タイマ：T0 〜 T9

② **非常停止に関するプログラム**
　　補助リレー（停電保持なし）：M30 〜 M39，M300〜M399，
　　　　　　　　（停電保持あり）：M900 〜 M999

③ **手動モード**
　　補助リレー（停電保持なし）：M10 〜 M19，M100 〜 M199，タイマ：T10 〜 T19

④ **自動モード**

補助リレー（停電保持なし）：M20 ～ M29

工程歩進制御用

補助リレー（停電保持なし）：M200 ～ M299,

　　　　（停電保持あり）：M500 ～ M599

タイマ：T20 ～ T29

データレジスタ（停電保持なし）：D20 ～ D29, D100 ～ D199,

　　　　（停電保持あり）：D200 ～ D299

⑤ **フッリカ回路（PL の点滅，コンベアの断続運転など）**

タイマ：T30 ～ T39

2-03 プログラム作成時のポイント

1. プログラムの構成

プログラムの修正を効率的に行うこと，試験用盤の動作状況を PLC へ確実に伝えることを考慮したプログラム作成を行います．

プログラムを読みやすくするため，次のように構成します．

① **強制リセット** → ② **手動・自動切替** → ③ **非常停止** → ④ **非常停止解除** → ⑤ **手動モード** → ⑥ **自動モード（工程歩進制御プログラム）**→ ⑦ **出力**

①には，強制リセットするためのプログラムを書き込みます．例えば，PB2 と PB4 を 5 秒押し続けると，補助リレーやデータレジスタをすべてリセットするなど，プログラムの修正をしやすくするための「裏コマンド」を書き込んでおきます．このプログラムは修正時にのみ使用し，採点時には使いません．

［リセット回路］（試験の解答作成には関係なし）

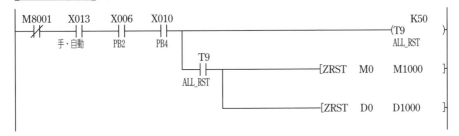

2. DSW の読み込み

DSW の値をデータレジスタ「D100」に常時，格納します．

DSW の値を制御プログラムで使用するとき，「D100」の値を「D101」へ転送し，「D101」の値を使用します．例を次に示します．

製作等作業試験　編

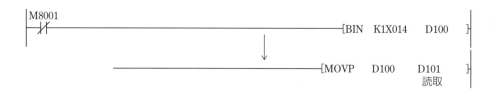

3. DPL での表示

常時，データレジスタ「D101」の値を DPL に表示します．

DPL に表示するための「D101」は同じ番号を使用し，必要に応じて「D101」の値を書き換えることで，DPL の表示を変更します．

4. LS の確実な動作

左端，右端の LS（リミットスイッチ）を確実に動作させるため 0.1 秒の待ち時間を設けます．

2-04 ▶ 非常停止後の再スタート

1級では，上記に加えて，非常停止後や停電状態から電源を復旧したときの動作条件が仕様に指示されています．

1. 停電保持するデバイスの確認

PLC の電源遮断後もエラー番号および製品番号などを保持しておく必要があります．そのため，停電保持する補助リレーやデータレジスタなどのデバイス番号を確認しておきましょう．

2. サイクル動作中の非常停止後に，再スタートする場合の動作内容

練習問題では，サイクル動作中に非常停止になり，その後，再スタートする場合の動作手順は次のようになります．

[検査・加工・判定完了前]

製品が左端到達前（LS2 が ON になる前）に非常停止になった場合は，次のようにすることでサイクル動作がスタートします．

SS0：自動のとき，製品を右端（LS1：右端が ON）に戻し，起動ボタン「PB*」によりサイクル動作スタート

[検査・加工・良否判定後]

製品が左端到達（LS2 が ON になった後）し，検査・加工・良否判定後に非常停止になった場合は，次のようにすることでサイクル動作がスタートします．

① PB4 により，非常停止状態を解除すると，検査結果（欠品番号，良否判定結果等）を DPL に表示する．

② 次に，手動・自動（SS0 が ON・OFF）に関らず，製品を取出し（LS1：右端が OFF），製品取出し確認ボタン（PB*）を押すことで，検査・加工・判定完了状態を解除（PL* を消灯，DPL の表示を「00」にするなど）する．

③ その後，製品を右端（LS1：右端が ON）に置き，起動ボタン「PB*」によりサイクル動作スタート．

> ▶ 1 級では，サイクル動作中の非常停止後に，再スタートする場合の動作内容がとても重要です．合否に関わるため，仕様をしっかり読み，非常停止後に，どのような動作をするのか，把握しましょう．

製作等作業試験 編

仕様2：3級製作等作業試験のプログラム作成

［標準時間：1時間35分，打ち切り時間：1時間55分（配線とプログラム作成を合わせた時間）］

　　3級については，自己保持回路を使用した方法とデータレジスタを使用した方法の2つについて，工程歩進制御を使用したプログラム例を解説します．

　　I/O割付表は，p.57を確認して下さい．

3-01 ▶ 3級製作等作業試験（練習問題Ⅰ）

問題

仕様2

　①～③の動作をするプログラムの設計と，入力および動作確認を行う．

① 「SS0」が"手動"の場合，「PB2」を押している間「PL2」を点灯させる．

　また「PB3」を押している間「PL3」を点灯させる．「PB2」と「PB3」が両方押されたときは，先に押されたほうを優先して，「PL2」と「PL3」が同時に点灯しないようにインターロックを設ける．

　「PL2」が点灯している間，「コンベア」は「パレット」が左行する方向に動作する．

　「PL3」が点灯している間，「コンベア」は「パレット」が右行する方向に動作する．

　「コンベア」動作中は，「PL1」が点灯する．

　「コンベア」は，「PB2」または「PB3」を押すこと以外で起動してはならない．

② 「SS0」が"自動"の場合，「パレット」がコンベア右端にあるときのみ，「PB1」を押すと，

　(1) ～ (4) の順序で動作する．

　(1) 「パレット」が，左行する．

　(2) 「パレット」が，コンベア左端に到達すると「コンベア」は1秒間停止する．

　(3) 「パレット」が，右行する．

　(4) 「パレット」が，コンベア右端に到達すると「コンベア」は1秒間停止する．

　この一連の動作を"サイクル動作"と呼ぶ．"サイクル動作"起動後は，"サイクル動作"を繰り返す．

　"サイクル動作"中に「PB3」を押すと，(4) の動作終了後，"サイクル動作"が終了する．

　"サイクル動作"中は，「PL1」を点灯させる．

　"サイクル動作"は，「PB1」を押すこと以外で起動してはならない．

③非常停止とは，人に対する危険源を取り除くため，または機械もしくは工程中の加工物への損害を最小化するために，機械類を最も安全に緊急停止させるためのものである．

　非常停止はほかのすべての操作に優先するものである．この試験用盤における危険源は，「コンベア」およびそれにより搬送される「パレット」である．すべての状態のときに，非常停止ボタン「PB5」が押された場合，非常停止が働いた状態となり，「コンベア」お

およ"サイクル動作"を直ちに停止させる.

"サイクル動作"中に「SS0」を"手動"に切り替えた場合も,異常を検知して非常停止が働いた状態となる.

非常停止が働いている間は,「PL4」を点灯させる.この間は,「PB1」,「PB2」,「PB3」を押しても「コンベア」は起動してはならない.「PB4」を押すことにより非常停止状態を解除して,「PL4」を消灯させる.

〈課題提出時の注意事項〉

提出時は,「PL1」〜「PL4」は消灯の状態で提出すること.

→ 自己保持回路を使用したプログラム例

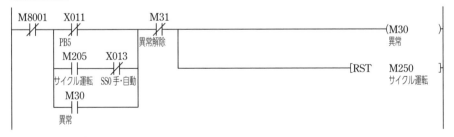

[リセット回路](試験の解答作成には関係なし)

[手動・自動切替]

[非常停止]

[非常停止解除]

[手動モード]

［自動モード］

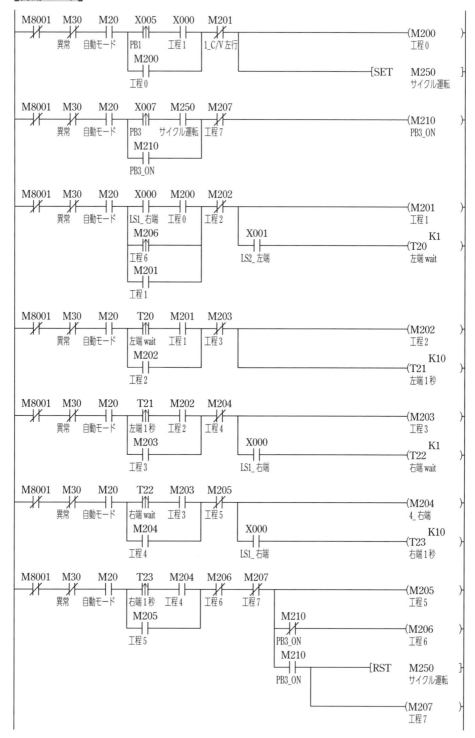

［出力］

```
 M8001   M101                                              (Y000 )
 ─┤/├──┬──┤ ├──────────────────────────────────────────────     
        │ C/V_左行                                          RY1_左
        │ M201
        └──┤ ├──
          工程1

 M8001   M102                                              (Y001 )
 ─┤/├──┬──┤ ├──────────────────────────────────────────────     
        │ C/V_右行                                          RY2_右
        │ M203
        └──┤ ├──
          工程3

 M8001   M101                                              (Y002 )
 ─┤/├──┬──┤ ├──────────────────────────────────────────────     
        │ C/V_左行                                          PL1
        │ M102
        ├──┤ ├──
        │ C/V_右行
        │ M250
        └──┤ ├──
          サイクル運転

 M8001   M101                                              (Y003 )
 ─┤/├────┤ ├────────────────────────────────────────────────     
         C/V_左行                                           PL2

 M8001   M102                                              (Y004 )
 ─┤/├────┤ ├────────────────────────────────────────────────     
         C/V_右行                                           PL3

 M8001   M30     T30                                       (Y005 )
 ─┤/├────┤ ├─────┤/├──────────────────────────────────────────     
         異常                                               PL4

 ──────────────────────────────────────────────────────────[END ]
```

→ データレジスタを使用したプログラム例

　　　自動モードのプログラム例を解説します．強制リセット，手動・自動切替，非常停止，非常停止解除，手動モード，出力については，自己保持回路を使用したプログラム例と同じになるため，省略します．

```
 M8001   M30    M20              X005  X000               (M200 )
 ─┤/├────┤/├────┤ ├──[= K0  D20]─┤ ├───┤ ├──┬──────────────     
         異常   自動モード      自動工程 PB1  LS1_右端   │   工程0
                                                         │           K1
                                                         ├───────[SET M250]
                                                         │           サイクル運転
                                                         └───[MOVP K1  D20]
                                                                       自動工程
 M8001   M30    M20    M250   X007                        [SET M255]
 ─┤/├────┤/├────┤ ├────┤ ├────┤ ├────────────────────────────     
         異常   自動モード サイクル運転 PB3               PB3_ON
```

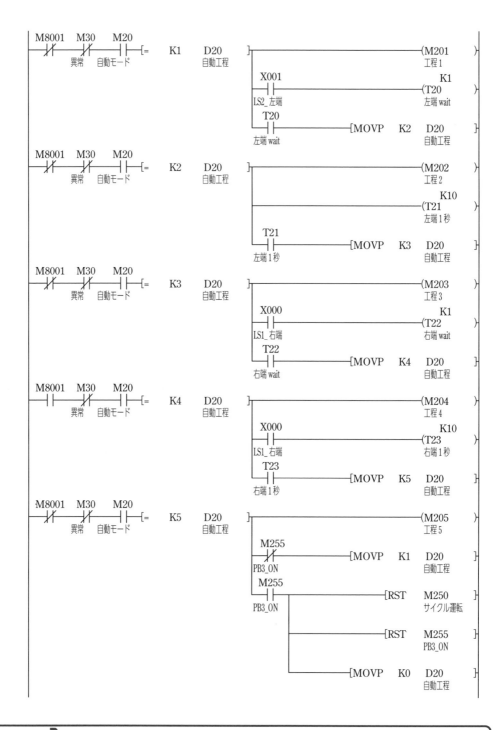

3-02 ▶ 3級製作等作業試験（練習問題Ⅱ）

問題

仕様2

　①～④の動作をするプログラムの設計と，入力および動作確認を行う．

① 「SS0」が"手動"の場合，「PB2」を押している間「PL2」を点灯させる.

また「PB3」を押している間「PL3」を点灯させる．「PB2」「PB3」が両方押されたときは，先に押されたほうを優先して，「PL2」「PL3」が同時に点灯しないようにインターロックを設ける．

「PL2」が点灯している間，「コンベア」は「パレット」が左行する方向に動作する．

「PL3」が点灯している間，「コンベア」は「パレット」が右行する方向に動作する．

「コンベア」動作中は，「PL1」が点灯する．

「コンベア」は，「PB2」「PB3」を押すこと以外で起動してはならない．

② 「SS0」が"自動"の場合，「パレット」がコンベア右端にあるときのみ，「PB1」を押すと，(1)～(4)の順序で動作する．この一連の動作を"サイクル動作"と呼ぶ．起動後は，"サイクル動作"を繰り返す．

(1) 「パレット」が，左行する．

(2) 「パレット」が，コンベア左端に到達すると「コンベア」は1秒間停止する．

(3) 「パレット」が，右行する．

(4) 「パレット」が，コンベア右端に到達すると「コンベア」は1秒間停止する．

"サイクル動作"中は，「PL1」を点灯させる．

"サイクル動作"は，「PB1」を押すこと以外で起動してはならない．

③ 非常停止とは，人に対する危険源を取り除くため，または機械もしくは工程中の加工物への損害を最小化するために，機械類を最も安全に緊急停止させるためのものである．非常停止はほかのすべての操作に優先するものである．この試験用盤における危険源は，「コンベア」およびそれにより搬送される「パレット」である．すべての状態のときに，非常停止ボタン「PB5」が押された場合，非常停止が働いた状態となり，「コンベア」および"サイクル動作"を直ちに停止させる．

"サイクル動作"中に「SS0」を"手動"に切り替えた場合も，異常を検知して非常停止が働いた状態となる．

④ 非常停止が働いている間は，「PL4」を点滅（0.5秒ON，0.5秒OFF）させる．この間は，「PB1」，「PB2」，「PB3」を押しても「コンベア」は起動してはならない．「PB4」を押すことにより非常停止状態を解除して，「PL4」を消灯させる．

〈課題提出時の注意事項〉

提出時は，「PL1」～「PL4」は消灯の状態で提出すること．

→ 自己保持回路を使用したプログラム例

［リセット回路］（試験の解答作成には関係なし）

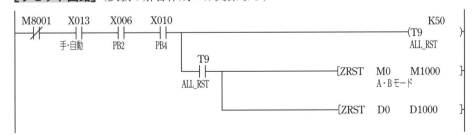

［手動・自動切替］

［非常停止］

［非常停止解除］

［手動モード］

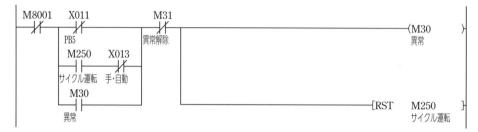

［自動モード］

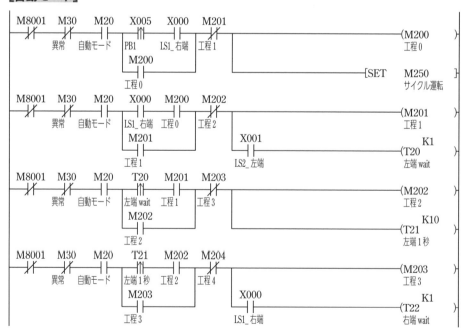

```
  M8001   M30    M20    T22    M203   M205                              (M204  )
  ─┤/├────┤/├────┤ ├────┤/├────┤ ├────┤/├──────────────────────────────  工程4
  異常   自動モード 右端wait 工程3  工程5
                        M204                      X000                   K10
                        ┤ ├                      ┤ ├──────────────────  (T23   )
                        工程4                     LS1_右端               右端1秒

  M8001   M30    M20    T23    M204   M206                              (M205  )
  ─┤/├────┤/├────┤ ├────┤ ├────┤ ├────┤/├──────────────────────────────  工程5
  異常   自動モード 右端1秒 工程4  サイクル終了
                        M205
                        ┤ ├
                        工程5

  M8001   M30    M20    X000   M205                                     (M206  )
  ─┤/├────┤/├────┤ ├────┤ ├────┤/├──────────────────────────────────────  工程6
  異常   自動モード LS1_右端 工程5
                                                          [RST   M250   ]
                                                                 サイクル運転
```

［フリッカ（点滅）回路］

```
  M8001   T31                                                           K5
  ─┤/├────┤/├──────────────────────────────────────────────────────────  (T30   )
         05秒点滅                                                        05秒点滅
          T30                                                           K5
          ┤/├──────────────────────────────────────────────────────────  (T31   )
         05秒点滅                                                        05秒点滅
```

［出力］

```
  M8001   M101                                                          (Y000  )
  ─┤/├────┤ ├──────────────────────────────────────────────────────────  RY1_左
         C/V_左行
          M201
          ┤ ├
         工程1

  M8001   M102                                                          (Y001  )
  ─┤/├────┤ ├──────────────────────────────────────────────────────────  RY2_右
         C/V_右行
          M203
          ┤ ├
         工程3

  M8001   M101                                                          (Y002  )
  ─┤/├────┤ ├──────────────────────────────────────────────────────────  PL1
         C/V_左行
          M102
          ┤ ├
         C/V_右行
          M250
          ┤ ├
         サイクル運転

  M8001   M101                                                          (Y003  )
  ─┤/├────┤ ├──────────────────────────────────────────────────────────  PL2
         C/V_左行

  M8001   M102                                                          (Y004  )
  ─┤/├────┤ ├──────────────────────────────────────────────────────────  PL3
         C/V_右行

  M8001   M30    T30                                                    (Y005  )
  ─┤/├────┤/├────┤ ├──────────────────────────────────────────────────────  PL4
  異常   05秒点滅

                                                                        [END   ]
```

→ データレジスタを使用したプログラム例

　　自動モードのプログラム例を解説します．強制リセット，手動・自動切替，非常停止，非常停止解除，手動モード，出力については，自己保持回路を使用したプログラム例と同じになるため，省略します．

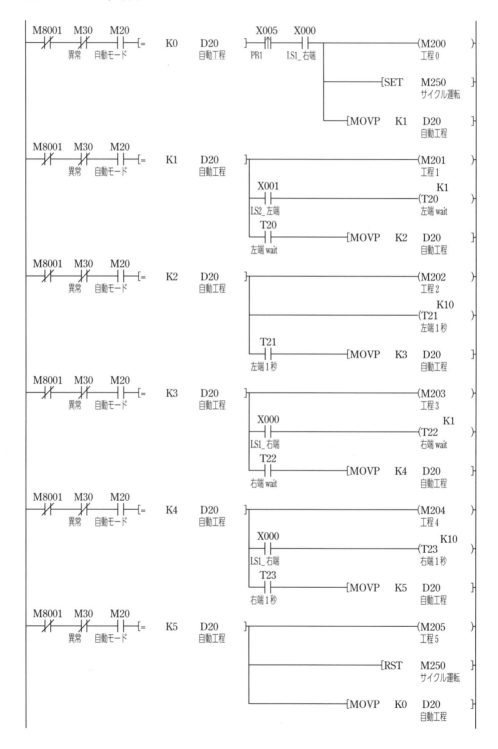

3-03 ▶ 3級製作等作業試験（練習問題Ⅲ）

問題

仕様2

　①～④の動作をするプログラムの設計と，入力および動作確認を行う.

① 「SS0」が"手動"の場合，「PB2」を押している間「PL2」を点灯させる.
　また「PB3」を押している間「PL3」を点灯させる.「PB2」「PB3」が両方押されたときは，先に押されたほうを優先して，「PL2」「PL3」が同時に点灯しないようにインターロックを設ける.
　「PL2」が点灯している間,「コンベア」は「パレット」が左行する方向に動作する. ただし,コンベア左端「LS2」がONした場合は，コンベアを停止する.
　「PL3」が点灯している間,「コンベア」は「パレット」が右行する方向に動作する. ただし,コンベア右端「LS1」がONした場合は，コンベアを停止する.
　「コンベア」動作中は,「PL1」が点灯する.
　「コンベア」は,「PB2」「PB3」を押すこと以外で起動してはならない.

② 「SS0」が"自動"の場合,「パレット」がコンベア右端にあるときのみ,「PB1」を押すことにより，(1)～(4)の一連の動作を起動する. この一連の動作を"サイクル動作"と呼ぶ.「PB1」を押すことにより"サイクル動作"を2回繰り返す.
　(1)「パレット」が，左行する.
　(2)「パレット」が，コンベア左端に到達すると「コンベア」は1秒間停止する.
　(3)「パレット」が，右行する.
　(4)「パレット」が，コンベア右端に到達すると「コンベア」は1秒間停止する.
　"サイクル動作"中は,「PL1」が点灯する. "サイクル動作"中に「SS0」を"手動"に切り替えた場合，"サイクル動作"は即時に停止する.
　"サイクル動作"は,「PB1」を押すこと以外で起動してはならない.

③ 人に対する危険源を，または機械もしくは工程中の加工物への損害を避けるために，非常停止機能がある. 非常停止はほかのすべての操作に優先するものである. この試験用盤における危険源は,「コンベア」またはそれにより搬送される「パレット」である. すべての状態のときに，非常停止ボタン「PB5」が押された場合，非常停止が働いた状態となり,「コンベア」および"サイクル動作"を直ちに停止させる.

④ 非常停止が働いている間は,「PL4」を点灯させる. この間は,起動スイッチ「PB1」,「PB2」,「PB3」を押しても「コンベア」は起動してはならない.「PB4」を押すことにより非常停止状態を解除して「PL4」を消灯させる.

〈課題提出時の注意事項〉

提出時は,「PL1」～「PL4」は消灯の状態で提出すること.

→ 自己保持回路を使用したプログラム例

［リセット回路］（検定試験に関係なし）

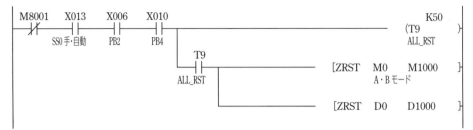

［手動・自動切替］

［非常停止］

［非常停止解除］

［手動モード］

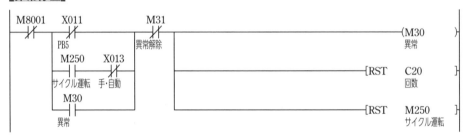

［自動モード］

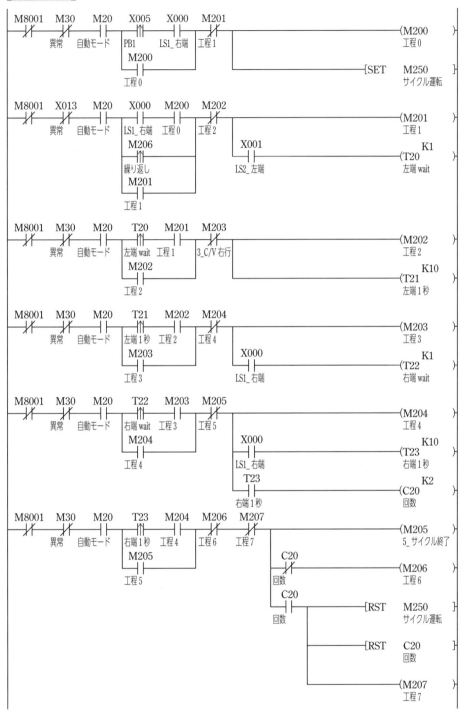

製作等作業試験 ------ 編

[出力]

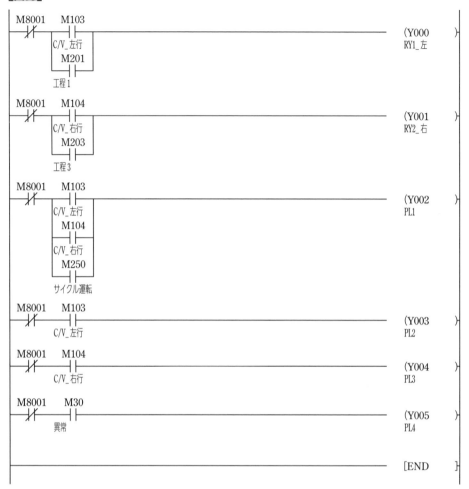

→ データレジスタを使用したプログラム例

　　自動モードのプログラム例を解説します．強制リセット，手動・自動切替，非常停止，非常停止解除，手動モード，出力については，自己保持回路を使用したプログラム例と同じになるため，省略します．

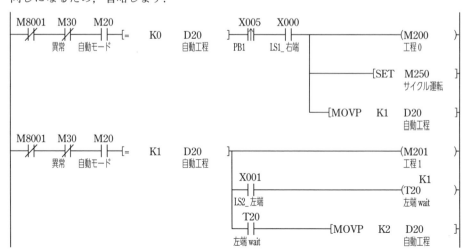

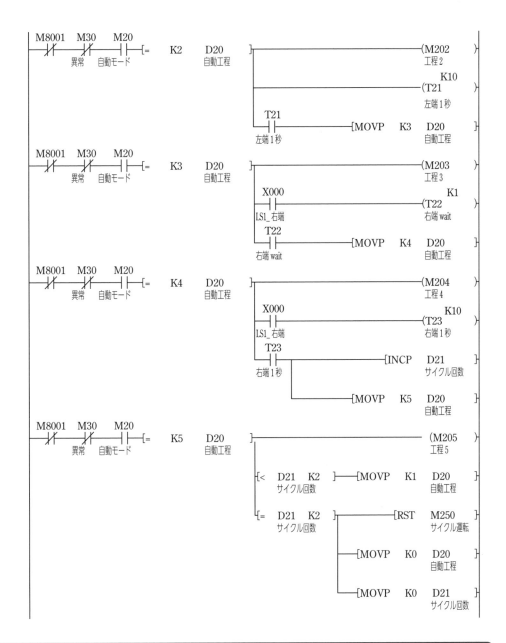

3-04 > 3級製作等作業試験（練習問題Ⅳ）

問題

仕様2

①～⑤の動作をするプログラムの設計と，入力および動作確認を行う．

① 「SS0」が"手動"の場合，「PB2」を押している間「PL2」を点灯させる．

また「PB3」を押している間「PL3」を点灯させる．「PB2」「PB3」が両方押されたときは，先に押されたほうを優先して，「PL2」「PL3」が同時に点灯しないようにインターロックを設ける．

「PL2」が点灯している間，「コンベア」は「パレット」が左行する方向に動作する．

75

「PL3」が点灯している間，「コンベア」は「パレット」が右行する方向に動作する．
「コンベア」動作中は，「PL1」が点灯する．
「コンベア」は，「PB2」「PB3」を押すこと以外で起動してはならない．

② 「SS0」が"自動"の場合，「パレット」がコンベア右端にあるときのみ，「PB1」を押すことにより，（1）～（4）の一連の動作を起動する．この一連の動作を"サイクル動作"と呼ぶ．「PB1」を押すことにより"サイクル動作"を3回繰り返す．

　（1）「パレット」が，左行する．

　（2）「パレット」が，コンベア左端に到達すると「コンベア」は1秒間停止する．

　（3）「パレット」が，右行する．

　（4）「パレット」が，コンベア右端に到達すると「コンベア」は1秒間停止する．"サイクル動作"中のみ，「PL1」が点灯する．"サイクル動作"中に「SS0」が"手動"に切り替わった場合，"サイクル動作"は即時停止する．

③ "サイクル動作"が終了後，または，途中停止後に，再び「PB1」を押すと"サイクル動作"が起動し，3回動作を繰り返す．

④ 人に対する危険源を，または機械もしくは工程中の加工物への損害を避けるために，非常停止機能がある．非常停止はほかのすべての操作に優先するものである．この試験用盤における危険源は，「コンベア」またはそれにより搬送される「パレット」である．すべての状態のときに，非常停止ボタン「PB5」が押された場合，非常停止が働いた状態となり，「コンベア」および"サイクル動作"を直ちに停止させる．

⑤ 非常停止が働いている間は，「PL4」を点灯させる．この間は，起動スイッチ「PB1」，「PB2」，「PB3」を押しても「コンベア」は起動してはならない．「PB4」を押すことにより非常停止状態を解除して「PL4」を消灯させる．

〈課題提出時の注意事項〉
提出時は，「PL1」～「PL4」は消灯の状態で提出すること．

自己保持回路を使用したプログラム例

［リセット回路］（試験の解答作成には関係なし）

［手動・自動切替］

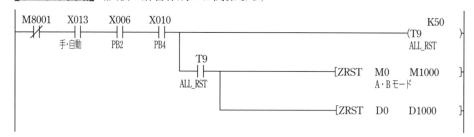

［非常停止］

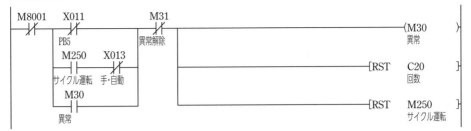

```
M8001   X011              M31                              (M30    )
 ─┤/├────┤/├───────────────┤/├─────────────────────────────       異常
         PB5              異常解除
         M250    X013
         ─┤├─────┤/├                                   ─[RST  C20   ]
       サイクル運転 手・自動                                   回数
         M30
         ─┤├                                         ─[RST  M250  ]
          異常                                              サイクル運転
```

［非常停止解除］

```
M8001   M30    X010                                       (M31    )
 ─┤/├────┤├─────┤│├──────────────────────────────────────        異常解除
         異常    PB4
```

［手動モード］

```
M8001   M30    M10    X006    M102                         (M101   )
 ─┤/├────┤/├────┤├─────┤├──────┤/├────────────────────────        C/V_左行
         異常   手動モード PB2   C/V_右行
                      X007    M101                         (M102   )
                      ─┤├──────┤/├────────────────────────        C/V_右行
                       PB3    C/V_左行
```

［自動モード］

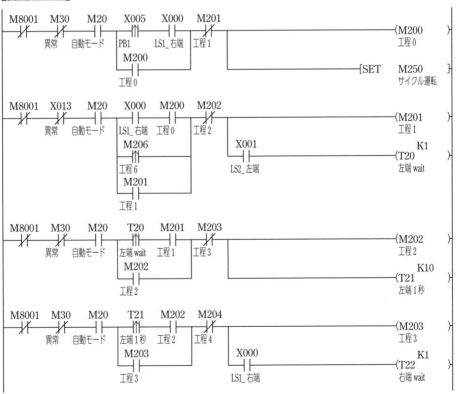

```
M8001   M30    M20    X005    X000    M201                 (M200   )
 ─┤/├────┤/├────┤├─────┤│├─────┤/├─────┤/├─────────────────        工程0
         異常  自動モード PB1   LS1_右端  工程1
                      M200
                      ─┤├──────────────────────[SET  M250  ]
                      工程0                           サイクル運転

M8001   X013   M20    X000    M200    M202                 (M201   )
 ─┤/├────┤/├────┤├─────┤│├─────┤├──────┤/├─────────────────        工程1
         異常  自動モード LS1_右端 工程0   工程2
                      M206                X001            K1
                      ─┤├                 ─┤├──────────(T20   )
                      工程6                LS2_左端      左端wait
                      M201
                      ─┤├
                      工程1

M8001   M30    M20    T20    M201    M203                  (M202   )
 ─┤/├────┤/├────┤├─────┤├─────┤├──────┤/├─────────────────        工程2
         異常  自動モード 左端wait 工程1   工程3
                      M202                             K10
                      ─┤├──────────────────────────(T21   )
                      工程2                            左端1秒

M8001   M30    M20    T21    M202    M204                  (M203   )
 ─┤/├────┤/├────┤├─────┤├─────┤├──────┤/├─────────────────        工程3
         異常  自動モード 左端1秒 工程2   工程4
                      M203                X000           K1
                      ─┤├                 ─┤├──────────(T22   )
                      工程3                LS1_右端      右端wait
```

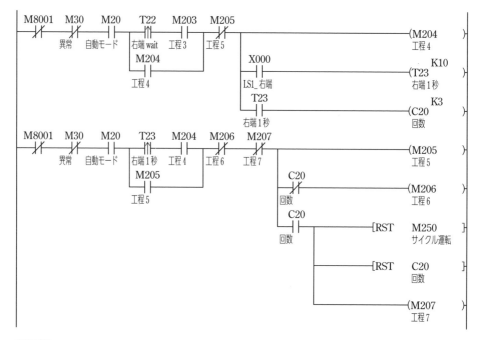

[出力]

→ データレジスタを使用したプログラム例

　自動モードのプログラム例を解説します．強制リセット，手動・自動切替，非常停止，非常停止解除，手動モード，出力については，自己保持回路を使用したプログラム例と同じになるため，省略します．

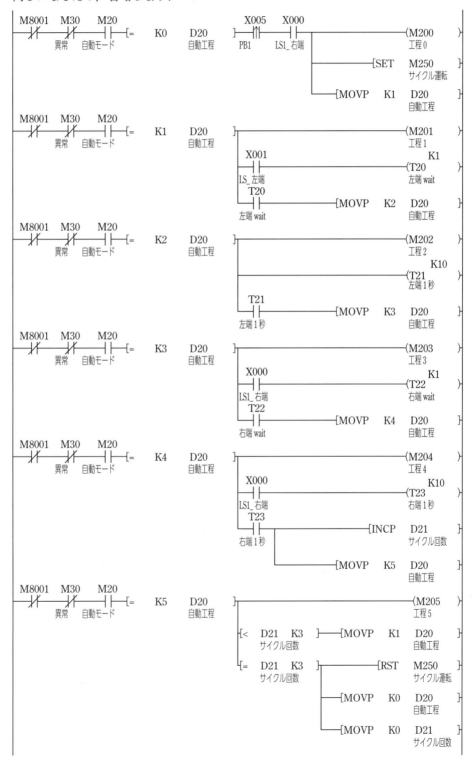

仕様2：2級製作等作業試験のプログラム作成

[標準時間：2時間，打ち切り時間：2時間20分（配線作業，プログラム作成を合わせた時間）]

　　2級の製作等作業試験については，データレジスタを使用した方法により，工程歩進制御を使用したプログラム例を解説します．

　　I/O割付表は，p.57を確認して下さい．

4-01 > 2級製作等作業試験（練習問題I）

問題

仕様2

①～④の動作をするプログラムの設計と，入力および動作確認を行う．

① 「SS0」の状態に関わらず，

　「PL1」消灯状態で「PB1」を押すと，「PL1」が点灯する．【コンベア左行モード】

　「PL1」点灯状態で「PB1」を押すと，「PL1」が消灯する．【コンベア右行モード】

　「PB1」を押す度に，【コンベア左行モード】／【コンベア右行モード】の動作モードがオルタネイトに切り替わる．この動作モード切替えは「PB1」の操作以外で切り替わってはならない．

　また，サイクル動作中または「PB2」を押している間は切り替わってならない．

② 「SS0」が"手動"のときは，「PL1」が点灯時に「PB2」を押している間，「コンベア」は左行する．ただし「パレット」がコンベア左端に到達後は「コンベア」が停止する．また「PL1」が消灯時に「PB2」を押している間，「コンベア」は右行する．ただし「パレット」がコンベア右端に到達後は，「コンベア」が停止する．「コンベア」が動作している間，「PL2」を点灯させる．「コンベア」は，「PB2」を押すこと以外で起動してはならない．

③ 「SS0」が"自動"の場合，「パレット」がコンベア右端にあるときのみ，「PB2」を押すと，"サイクル動作"が起動し，(1) ～ (6)の順序で1サイクル動作する．

(1) 「パレット」が左行する．

(2) 「パレット」がコンベア左端到達時にパレット番号（〈図1〉参照）を読み取る．その値が"6"以下の場合は，メモリに格納し，その値を「DPL」（DPL2が10^1の桁，DPL1が10^0の桁）に表示する（〈図2〉参照）．

(3) 2秒間コンベアが停止する．

(4) 「パレット」が右行する．

(5) 「パレット」がコンベア左端を外れたときに，メモリに格納した値を4bit上位にシフトして「DPL」（DPL2が10^1の桁，DPL1が10^0の桁）に表示する（〈図2〉参照）．

(6) 「パレット」が，コンベア右端到達後「コンベア」が停止し，"サイクル動作"が終了する．"サイクル動作"中は，「PL2」を点灯させる．"サイクル動作"は，「PB2」

を押すこと以外で起動してはならない.

　"サイクル動作"が完了したときは,「DPL」に "00" を表示する.

④ 「PB5」が押された場合,"サイクル動作"中に「SS0」が "手動" に切替えられた場合,
または, パレット番号が "7" 以上の場合は, 異常として「コンベア」および "サイクル動作"
を即時に停止させるとともに,「PL4」を点滅(0.5秒 ON, 0.5秒 OFF)させる. また,「DPL」
に "00" を表示する.「PB4」を押すことにより, 異常を解除し「PL4」を消灯させる.
異常検出中 (PL4 点滅時) は,「PB2」を押しても「コンベア」および "サイクル動作"
が起動してはならない.

<シフト前> MSB：最上位ビット　LSB：最下位ビット

→ データレジスタを使用したプログラム例

[リセット回路]（試験の解答作成には関係なし）

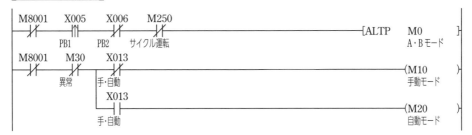

[手動・自動切替]

[非常停止]

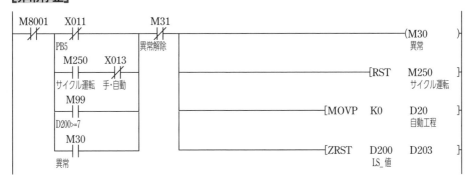

製作等作業試験　編

81

［非常停止解除］

```
 M8001   M30    X010                                                    (M31  )
──┤/├────┤├─────┤├──────────────────────────────────────────────────────( 異常解除 )
         異常    PB4
```

［DSW 読込］

```
 M8001   X002                                                           (M21  )
──┤/├─┬──┤├───────────────────────────────────────────────────────────( LS3_1 )
      │  LS3_1
      │  X003                                                           (M22  )
      ├──┤├───────────────────────────────────────────────────────────( LS4_2 )
      │  LS4_2
      │  X004                                                           (M23  )
      └──┤├───────────────────────────────────────────────────────────( LS5_4 )
         LS5_4
```

［手動モード］

```
 M8001   M30    M10    X006    M0     X001                              (M100 )
──┤/├────┤├─────┤├─────┤├──┬──┤├─────┤/├───────────────────────────────( C/V_左行 )
         異常   手動モード  PB2 │  A・Bモード LS2_左端
                              │  M0     X000                            (M101 )
                              └──┤/├─────┤/├──────────────────────────( C/V_右行 )
                                 A・Bモード LS1_右端
```

［自動モード］

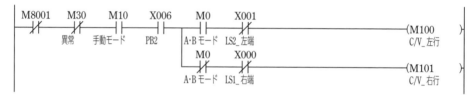

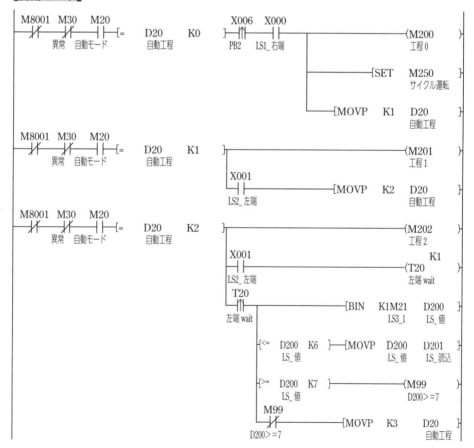

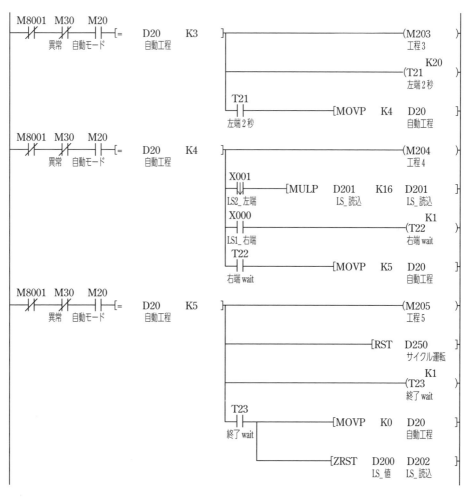

［フリッカ（点滅）回路］

```
M8001   T31                                                    K5
─┤／├──┤／├──────────────────────────────────────────────(T30 )
              05秒フリッカ

         T30                                                   K5
       ──┤├────────────────────────────────────────────────(T31 )
         05秒フリッカ
```

［出力］

```
M8001   M100                                                  (Y000 )
─┤／├──┤├──────────────────────────────────────────────────  RY1_左
         C/V_左行
         M201
       ──┤├──
         工程1

M8001   M101                                                  (Y001 )
─┤／├──┤├──────────────────────────────────────────────────  RY2_右
         C/V_右行
         M204
       ──┤├──
         工程4

M8001   M0                                                    (Y002 )
─┤／├──┤├──────────────────────────────────────────────────  PL1
         A・Bモード
```

83

```
   M8001  M100                                                    (Y003   )
   ─┤/├──┬─┤├─────────────────────────────────────────────────   PL2
         │ C/V_左行
         │  M101
         ├─┤├─
         │ C/V_右行
         │  M250
         └─┤├─
           サイクル運転
   M8001  M30    T30                                              (Y005   )
   ─┤/├───┤├─────┤/├────────────────────────────────────────────  PL4
          異常  0.5秒フリッカ
   M8001                                              ┌BCD    D201    K2Y006 ┐
   ─┤/├───────────────────────────────────────────────       DSW_読込  DPL1_1
                                                              ┌END ┐
```

4-02 ▶ 2級製作等作業試験（練習問題Ⅱ）

問題

仕様2

①～③の動作をするプログラムの設計と，入力および動作確認を行う．

① 「SS0」が"手動"の場合，「PB2」を押している間「PL2」を点灯させる．
また「PB3」を押している間「PL3」を点灯させる．「PB2」「PB3」が両方押されたときは，先に押されたほうを優先して，「PL2」「PL3」が同時に点灯しないようにインターロックを設ける．

「PL2」が点灯している間，「コンベア」は「パレット」が左行する方向に動作する．
ただし，コンベア左端「LS2」がONした場合は，コンベアを停止する．

「PL3」が点灯している間，「コンベア」は「パレット」が右行する方向に動作する．
ただし，コンベア右端「LS1」がONした場合は，コンベアを停止する．

コンベア左端，コンベア右端は，「PL2」「PL3」の点灯条件には影響を与えない．

「コンベア」動作中は，「PL1」が点灯する．

「コンベア」は，「PB2」「PB3」を押すこと以外で起動してはならない．

② 「SS0」が"自動"の場合，「パレット」がコンベア右端にあるときのみ，「PB1」を押すと，

(1) ～ (5) の順序で動作する．

(1) 「DSW」の数値を読み込む．

(2) 「DPL」に"00"を表示して，コンベア上の「パレット」が左行する．

(3) 「パレット」がコンベア左端到達後，「DSW」を読み込んだ数値と同じ秒数だけ「コンベア」が停止する（「DSW」が"1"の場合1秒停止，"5"の場合5秒停止）．

(4) 「パレット」が，右行する．

(5) 「パレット」が，コンベア右端到達後「コンベア」が停止する．

この一連の動作を"サイクル動作"と呼ぶ．"サイクル動作"中は，「PL1」を点灯させる．
"サイクル動作"は，「PB1」を押すこと以外で起動してはならない．

"サイクル動作"の起動からの経過時間を「DPL」（DPL2が10^1の桁，DPL1が10^0の桁）

に1秒単位で表示する．"サイクル動作"終了時（正常終了，中断含む）は，そのときまでの経過時間を保持したまま表示する．表示は「SS0」が"手動"になっても継続する．次サイクルが起動するとともに「PL4」を点滅（1秒ON，1秒OFF）させる．この点滅は"サイクル動作"終了まで行う．

③ 「PB5」が押された場合，"サイクル動作"中に「SS0」が"手動"に切り替えられた場合，または，「DSW」の読み込んだ値が"6"以上の場合は，異常として「コンベア」および"サイクル動作"を即時に停止させるとともに，「PL4」を点滅（0.5秒ON，0.5秒OFF）させる．「PB4」を押すことにより，異常を解除し「PL4」を消灯させる．異常検出中（PL4点滅時）は，「PB1」「PB2」「PB3」を押しても「コンベア」および"サイクル動作"が起動してはならない．

〈課題提出時の注意事項〉

提出時は，「PL1」～「PL4」は消灯の状態で提出すること．「DPL」の表示は不問．

製作等作業試験　編

→ データレジスタを使用したプログラム例

［リセット回路］（試験の解答作成には関係なし）

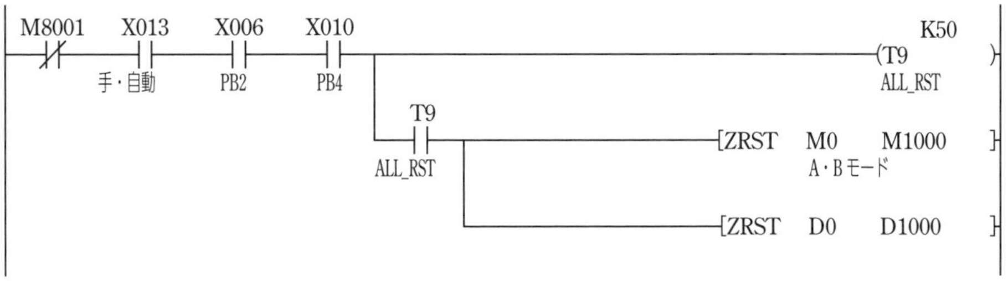

［手動・自動切替］

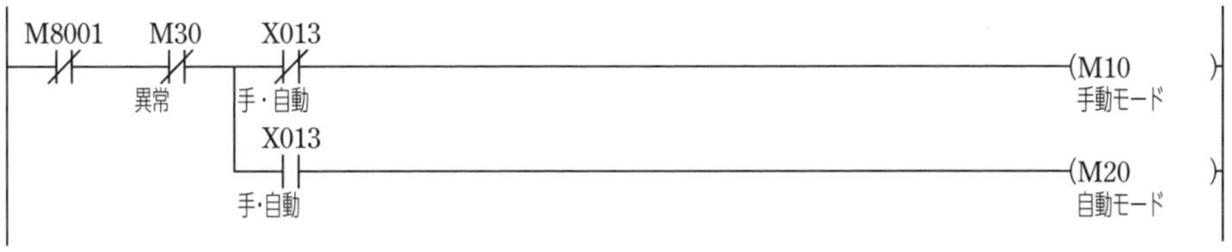

［DSW 読込］

［非常停止］

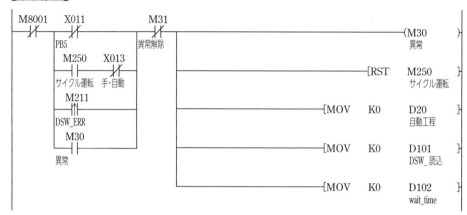

［非常停止解除］

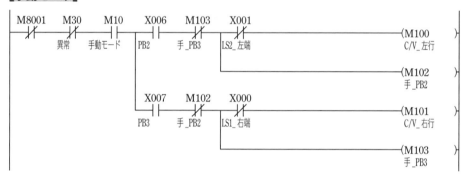

［手動モード］

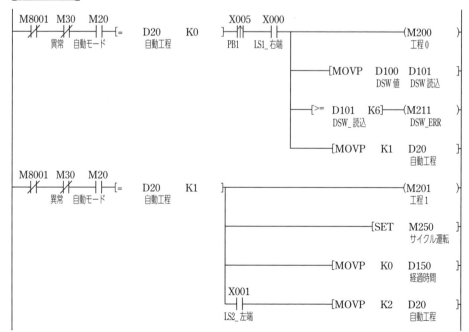

［自動モード］

［経過時間計測］

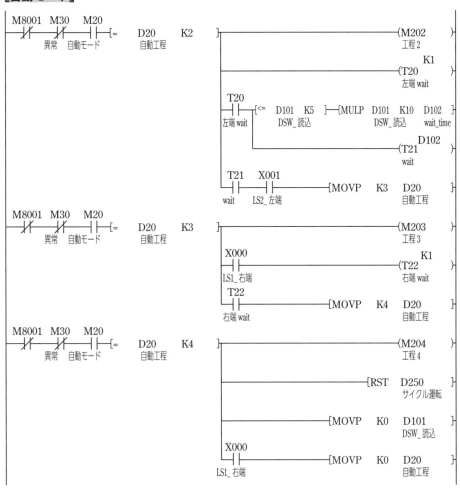

［自動モード］

［フリッカ（点滅）回路］

```
 M8001   T31                                                    K5
 ─╱├──────╱├──────────────────────────────────────────────────(T30 )
                                                              05秒フリッカ
          T30                                                    K5
 ─────────├├────────────────────────────────────────────────────(T31 )
        05秒フリッカ
          T33                                                    K10
 ─────────╱├────────────────────────────────────────────────────(T32 )
                                                              1秒フリッカ
          T32                                                    K10
 ─────────├├────────────────────────────────────────────────────(T33 )
        1秒フリッカ
```

［出力］

```
 M8001   M100
 ─╱├──────├├─────────────────────────────────────────────────────(Y000 )
        C/V_左行                                                   RY1_左
         M201
        ──├├──
         工程1

 M8001   M101
 ─╱├──────├├─────────────────────────────────────────────────────(Y001 )
        C/V_右行                                                   RY2_右
         M203
        ──├├──
         工程3

 M8001   M100
 ─╱├──────├├─────────────────────────────────────────────────────(Y002 )
        C/V_左行                                                   PL1
         M101
        ──├├──
        C/V_右行
         M250
        ──├├──
        サイクル運転

 M8001   M102
 ─╱├──────├├─────────────────────────────────────────────────────(Y003 )
        手_PB2                                                     PL2

 M8001   M299    T32
 ─╱├──────├├──────├├─────────────────────────────────────────────(Y005 )
        TM_over  1秒フリッカ                                        PL4
         M30     T30
        ──├├──────├├──
        異常    05秒フリッカ

 M8001
 ─╱├─────────────────────────────────────────────[BCD    D150    K2Y006 ]
                                                        経過時間   DPL1_1

 ─────────────────────────────────────────────────────────────────[END ]
```

4-03 > 2級製作等作業試験（練習問題Ⅲ）

問題

仕様2

①〜④の動作をするプログラムの設計と，入力および動作確認を行う．

① 「SS0」の状態に関わらず，

「PL1」消灯状態で「PB1」を押すと，「PL1」が点灯する．【Aモード】

「PL1」点灯状態で「PB1」を押すと，「PL1」が消灯する．【Bモード】

「PB1」を押す度に，【Aモード】／【Bモード】の動作切替えがオルタネイトに切り替わる．この動作切替えは「PB1」の操作以外で切り替わってはならない．

② 「SS0」が"手動"のときは，「PL1」が点灯時に「PB2」を押している間，「コンベア」は左行する．ただし「パレット」がコンベア左端に到達後は「コンベア」が停止する．また「PL1」が消灯時に「PB2」を押している間，「コンベア」は右行する．ただし「パレット」がコンベア右端に到達後は，「コンベア」が停止する．「コンベア」が動作している間，「PL2」を点灯させる．「コンベア」は，「PB2」を押すこと以外で起動してはならない．

③ 「SS0」が"自動"の場合，「パレット」がコンベア右端にあるときのみ，「PB2」を押すと，

(1) 〜 (4) の一連の動作を起動し繰り返し動作する．

(1) コンベア上の「パレット」が左行する．

(2) 「パレット」が，コンベア左端到達後「コンベア」が約1秒停止する．

(3) 「パレット」が，連続または断続（詳細仕様は後述）して右行する．

(4) 「パレット」が，コンベア右端到達後「コンベア」が約1秒停止する．

この一連の動作を"サイクル動作"と呼ぶ．"サイクル動作"中は，「PL2」を点灯させる．「PB3」が押された場合は，「パレット」がコンベア右端到達1秒後に，"サイクル動作"を停止する．"サイクル動作"は，「PB2」を押すこと以外で起動してはならない．

"サイクル動作"中は，「パレット」がコンベア左端到達時に「DSW」の値を読み込み，それを二乗して「DPL」（DPL2が10^1の桁，DPL1が10^0の桁）に表示する．また，二乗した値が40以上の場合は，コンベアが連続して動作して「パレット」を右行させる．二乗した値が40未満の場合は，コンベアが断続（1秒動作，0.5秒停止）してパレットを右行させる．「DLP」の表示は，「パレット」がコンベア右端到達まで，または"サイクル動作"が中断するまで継続し，その後は初期状態に戻す．初期状態は「DPL」に"00"を表示する．

④ 「PB5」が押された場合，または"サイクル動作"中に「SS0」が"手動"に切り替えられた場合は，異常として「コンベア」および"サイクル動作"を即時に停止させるとともに「PL4」を点灯させる「PB4」を押すことにより，異常を解除し「PL4」を消灯させる．異常検出中（PL4点灯時）は，「PB2」を押しても「コンベア」および"サイクル動作"が起動してはならない．

〈課題提出時の注意事項〉

提出時は，「DPL」が"00"，「PL1」〜「PL4」は消灯の状態で提出すること．

→ データレジスタを使用したプログラム例

［リセット回路］（試験の解答作成には関係なし）

```
  M8001   X013   X006   X010                                         K50
───┤/├────┤├─────┤├─────┤├──┬──────────────────────────────────────(T9  )┤
          手・自動   PB2    PB4   │                                       ALL_RST
                              │    T9
                              │  ──┤├──────────────────┬────[ZRST  M0    M1000 ]┤
                              │   ALL_RST               │            A・Bモード
                              │                         │
                              └─────────────────────────┴────[ZRST  D0    D1000 ]┤
```

［手動・自動切替］

```
  M8001   M30    X013                                               (M10  )┤
───┤/├────┤/├──┬─┤├──────────────────────────────────────────────── 手動モード
          異常   │ 手・自動
               │  X013
               └─┤├──────────────────────────────────────────────── (M20  )┤
                  手・自動                                              自動モード
```

［A・Bモード切替］

```
  M8001   X005
───┤/├────┤↑├──────────────────────────────────────────[ALTP  M0    ]┤
          PB1                                                    A・Bモード
```

［DSW読込］

```
  M8001
───┤/├─────────────────────────────────────────[BIN   K1X014  D100  ]┤
                                                              DSW_値
```

［非常停止］

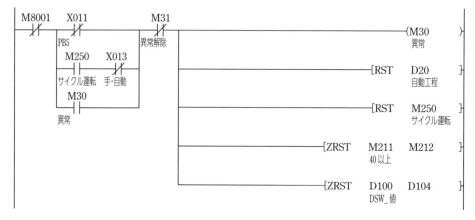

［非常停止解除］

```
  M8001   M30    X010
───┤/├────┤├─────┤├──────────────────────────────────────────────── (M31  )┤
          異常    PB4                                                   異常解除
```

［手動モード］

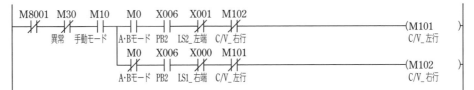

［自動モード］

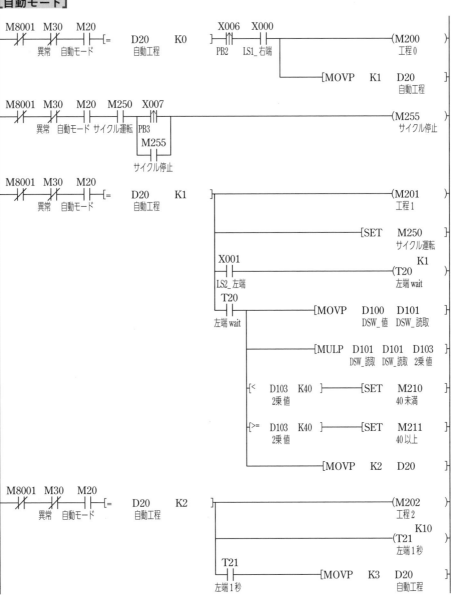

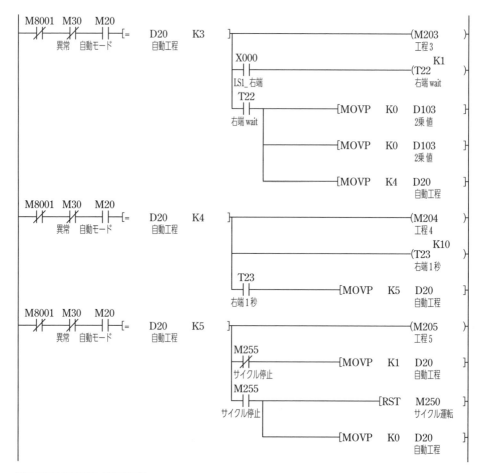

[フリッカ（点滅）回路]

[出力]

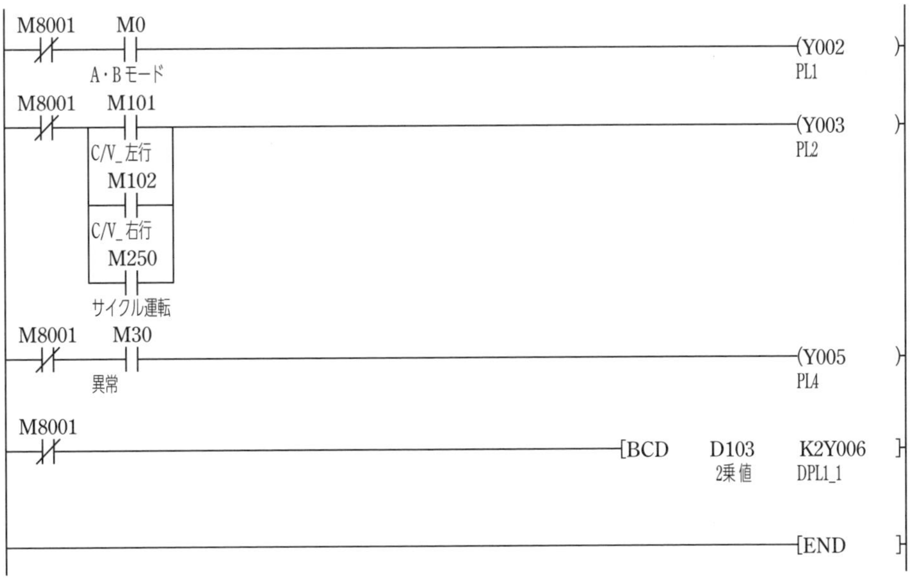

4-04 ▶ 2級製作等作業試験（練習問題Ⅳ）

問題

仕様2

①～④の動作をするプログラムの設計と，入力および動作確認を行う．

① 「SS0」の状態に関わらず，「PB1」を押すと，「PL1」が点灯する【Aモード】．
   同様に，「PB1」を1秒以上長押しすると，「PL1」が消灯する【Bモード】．
   【Aモード】／【Bモード】の切替えタイミングは，〈図1〉を参照する．
   このモードの切替えは，「PB1」を押すこと以外では切り替わってはならない．また，「コンベア」が起動中に「PB1」を押しても，モードは切り替わってはならない．

② 「SS0」が"手動"のときは，「PL1」が点灯時に「PB2」を押したままにしたとき，「コンベア」は左行する．ただし「パレット」がコンベア左端に到達後は「コンベア」が停止する．また「PL1」が消灯時に「PB2」を押したままにしたとき，「コンベア」は右行する．ただし「パレット」がコンベア右端に到達後は，「コンベア」が停止する．「コンベア」が動作している間，「PL2」を点灯させる．「コンベア」は，「PB2」を押すこと以外で起動してはならない．

③ 「SS0」が"自動"の場合，「パレット」がコンベア右端にあるときのみ，「PB2」を押すと，
   （1）～（4）の一連の動作を起動し，繰り返し動作させる．
   （1）コンベア上の「パレット」が左行する．
   （2）「パレット」が，コンベア左端到達後「コンベア」が約1秒停止する．
   （3）「パレット」が，連続または断続（詳細仕様は後述）して右行する．
   （4）「パレット」が，コンベア右端到達後「コンベア」が約1秒停止する．
   この一連の動作を"サイクル動作"と呼ぶ．"サイクル動作"中は，「PL2」を点灯させる．
   「PB3」が押された場合は，「パレット」がコンベア右端到達1秒後に，"サイクル動作"を停止する．"サイクル動作"は，「PB2」を押すこと以外で起動してはならない．

93

"サイクル動作"中は、「パレット」がコンベア左端到達時にパレット番号（〈図2〉参照）を読み込み、「DPL」（DPL2が10^1の桁，DPL1が10^0の桁）に表示する．また，このときに「SS1」の状態を読み込み"入"の場合は，コンベアが連続して動作して「パレット」を右行させる．「SS1」の状態を読み込み"切"の場合は，コンベアが断続（0.5秒動作，2秒停止）してパレットを右行させる．パレット番号の表示は，「パレット」がコンベア右端到達まで，または"サイクル動作"が中断するまで継続し，その後は初期状態に戻す．初期状態は「DPL」に"00"を表示する．

④「PB5」が押された場合，または「SS0」が"サイクル動作"中に"手動"に切り替えられた場合は，異常として「コンベア」および"サイクル動作"を即時に停止させるとともに「PL4」を点灯させる．「PB4」を押すことにより，異常を解除し「PL4」を消灯させる．異常検出中（PL4点灯時）は，「PB2」を押しても「コンベア」および"サイクル動作"が起動してはならない．

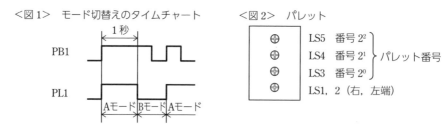

〈図1〉　モード切替えのタイムチャート　　　〈図2〉　パレット

〈課題提出時の注意事項〉
提出時は，「DPL」が"00"，「PL1」～「PL4」は消灯の状態で提出すること．

[リセット回路]（試験の解答作成には関係なし）

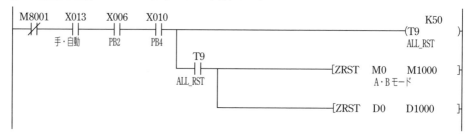

[A・Bモード切替]

［手動・自動切替］

```
  M8001   X013                                                      (M10  )
   │/├────┤/├─────────────────────────────────────────────────────( 手動モード )
         手・動
          X013                                                      (M20  )
         ─┤├──────────────────────────────────────────────────────( 自動モード )
         手・動
```

［DSW 読込］

```
  M8001   X002                                                      (M21  )
   │/├────┤├──────────────────────────────────────────────────────( LS_2-0 )
         LS3_1
          X003                                                      (M22  )
         ─┤├──────────────────────────────────────────────────────( LS_2-1 )
         LS4_2
          X004                                                      (M23  )
         ─┤├──────────────────────────────────────────────────────( LS_2-2 )
         LS5_4
                                                    ─[MOV   K1M21   D100 ]
                                                         LS_2-0   DSW_現在
```

［非常停止］

```
  M8001   X011              M31                                     (M30  )
   │/├────┤/├───────────────┤/├────┬───────────────────────────────( 異常 )
         PB5              異常解除  │
          M250   X013              ├───────────────────[RST   D20   ]
         ─┤├────┤/├─               │                          自動工程
       サイクル運転 手・自動        │
          M30                      ├───────────────────[RST   M210  ]
         ─┤├─                      │                          SS1_ON
         異常                      │
                                   ├───────────────────[RST   M250  ]
                                   │                        サイクル運転
                                   └──────────────[ZRST   D100   D101 ]
                                                       DSW_値   DSW_読取
```

［非常停止解除］

```
  M8001   M30    X010                                               (M31  )
   │/├────┤├─────┤├───────────────────────────────────────────────( 異常解除 )
         異常    PB4
```

［手動モード］

```
  M8001 M30  M10  X006   M0    X001  M102                           (M101 )
   │/├──┤/├──┤├──┤├──────┤├────┤/├───┤/├────────────────────────────( C/V_左行 )
       異常 手動モード PB2 A・Bモード LS2_左端 C/V_右行
                            M0    X000  M101                        (M102 )
                           ─┤/├──┤/├───┤/├───────────────────────────( C/V_右行 )
                          A・Bモード LS1_右端 C/V_左行
```

［自動モード］

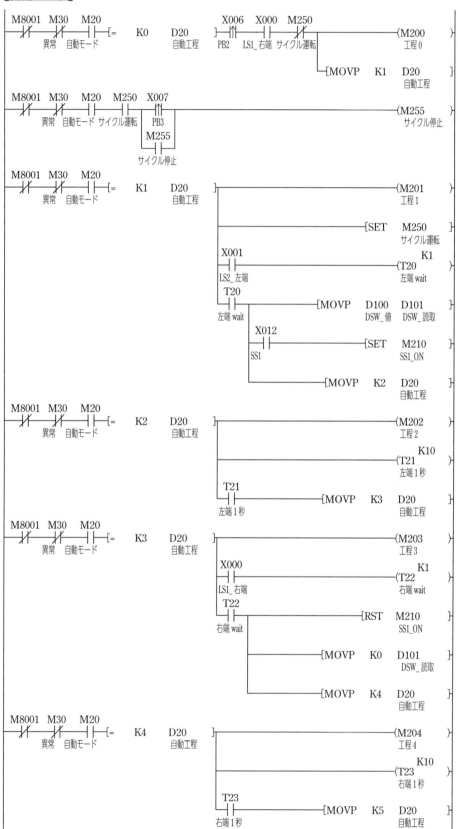

```
  M8001  M30   M20
───┤╱├───┤├───┤├──[=  K5   D20 ]──────────────────────────(M205 )
      異常  自動モード        自動工程                              工程5

                              M255
                          ───┤╱├─────────────[MOVP  K1   D20 ]
                          サイクル停止                    自動工程

                              M255
                          ───┤├──────────────────[RST  M250 ]
                          サイクル停止                    サイクル運転

                          ────────────────────[MOVP  K0   D20 ]
                                                        自動工程
```

［フリッカ（点滅）回路］

```
  M8001  T31                                                    K5
───┤╱├───┤╱├──────────────────────────────────────────────(T30 )
               断続 C/V

       T30                                                     K20
   ───┤├────────────────────────────────────────────────(T31 )
   断続 C/V
```

［出力］

```
  M8001  M101
───┤╱├───┤├──────────────────────────────────────────────(Y000 )
      C/V_左行                                             RY1_左
       M201
   ───┤├──┘
   工程1

  M8001  M102
───┤╱├───┤├──────────────────────────────────────────────(Y001 )
      C/V_右行                                             RY2_右
       M203   M210   T30
   ───┤├───┤╱├───┤├──┘
   工程3   SS1_ON  断続 C/V
       M210
   ───┤├──┘
   SS1_ON

  M8001  M0
───┤╱├───┤├──────────────────────────────────────────────(Y002 )
      A・Bモード                                            PL1

  M8001  M101
───┤╱├───┤├──────────────────────────────────────────────(Y003 )
      C/V_左行                                             PL2
       M102
   ───┤├──┤
   C/V_右行
       M250
   ───┤├──┘
   サイクル運転

  M8001  M30
───┤╱├───┤├──────────────────────────────────────────────(Y005 )
      異常                                                  PL4

  M8001
───┤╱├───────────────────────────[BCD  D101   K2Y006 ]
                                       DSW_読取  DPL1_1

──────────────────────────────────────────────────────[END ]
```

製作等作業試験
編

仕様2：1級製作等作業試験のプログラム作成

[標準時間：2時間10分，打ち切り時間：2時間30分（配線作業とプログラム作成時間を含む）]

　　1級の製作等作業試験について，**データレジスタを使用した方法**により，工程歩進制御を使用したプログラム例を解説します．

　　I/O割付表は，p.57を確認して下さい．

5-01 > 1級製作等作業試験（練習問題Ⅰ）

問題

仕様2

　　本装置は製品の洗浄装置である．製品には複数の品種があり，品種によって洗浄時間が異なるため，品種毎に洗浄時間を登録する．

　　本装置には，洗浄時間の登録モード・手動モード・自動モードの3つのモードがあり，モードごとの個別仕様と，全体に適応する共通仕様がある．

　　装置の構成および製品の品種を〈図1〉に示す．

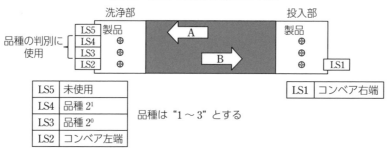

〈図1〉装置の構成と品種の判別

LS5	未使用
LS4	品種 2^1
LS3	品種 2^0
LS2	コンベア左端

品種は"1〜3"とする

LS1	コンベア右端

（1）洗浄時間の登録モードの仕様

　「SS1」"入"のとき，品種ごとの洗浄時間を登録する．本モードの詳細を以下に記載する．

・本モード中は「PL1」を点灯させる．

・洗浄時間の登録は「DSW」で品種を選択した後，「PB1」「PB2」「PB3」のいずれかで登録する．「PB1」は"2秒"，「PB2」は"3秒"，「PB3」は"4秒"の登録ボタンとする．

・本モード中は，「DPL2」に「DSW」で選択した品種，「DPL1」に登録された洗浄時間（秒）を表示する．なお，「DSW」で選択する品種は"1〜3"の3種類とし，装置に品種"0"が投入されることはないものとする．

・「DSW」が"1〜3以外"または"他のモードに切り替えた"ときは「DPL2（品種）」と「DPL1（洗浄時間）」の表示を"0"にすること．

・操作と表示の例を〈表 1〉に示す.

〈表 1〉品種 1 に "2 秒"，品種 2 に "3 秒"，品種 3 に "4 秒" が設定された状態での例

手順	操作例	「DPL2」選択した品種	「DPL1」登録された洗浄時間（秒）
1	「DSW」が "1" で「SS1」を "入" にしたとき	1	2
2	「DSW」を "2" にする	2	3
3	「PB1」を押す	2	2
4	「PB3」を押す	2	4
5	「DSW」を "3" にする	3	4
6	「SS1」を "切" にする（他モードに切り替え）	0	0
7	「SS1」を "入" にする	3	4
8	「DSW」を "1 ～ 3" 以外にする	0	0

・本モードでは，「PL2」「PL3」「PL4」は消灯し，コンベアは動作しないこと.

・登録した時間を PLC の電源遮断，運転停止／開始においても消去しないこと.

(2) 手動モードの仕様

「SS1」"切"「SS0」"手動" のとき，「PB2」「PB3」を押している間, コンベアを動作させる. 本モードの詳細を以下に記載する.

・「PB2」を押している間，コンベアを左行させる（〈図 1〉矢印 A の方向へ動作）.

・「PB3」を押している間，コンベアを右行させる（〈図 1〉矢印 B の方向へ動作）.

・「PB2」と「PB3」を共に押している間は，後に押された PB を優先させる.

(3) 自動モードの仕様

「SS1」"切"「SS0」"自動" のとき，製品を投入（コンベア右端が ON）し，「PB2」を押すことにより，以下の順序で動作する『サイクル動作』が起動する.

1. 投入した製品を洗浄部に搬送する.

2. 洗浄部では製品の品種判別を行い，品種毎に登録された時間に従い洗浄を行う.
   品種判別後，登録した洗浄時間が経過したとき，洗浄完了とする.

3. 洗浄が完了した製品を投入部に搬送し，動作を終了する.
   本モードの詳細を以下に記載する.

・洗浄中は「DPL2」に洗浄中の製品の品種，「DPL1」に洗浄の残り時間（秒）を表示する.
   『DPL』の表示例を〈表 2〉に示す（『DPL』は「DPL1」「DPL2」の総称）.

〈表 2〉品種 "1"，洗浄時間 "2 秒" の場合の例

装置の進捗	『DPL』表示（品種と洗浄時間）
品種判別以前	00
洗浄開始から約 1 秒経過までの間	12
洗浄開始約 1 秒経過から約 2 秒経過までの間	11
洗浄完了	00

製作等作業試験 編

99

・洗浄が完了したとき，完了ランプ「PL3」を点灯させる．
・「PL3」の消灯は製品を取り出し，確認ボタン「PB3」を押したときとする．
・「PL3」点灯中は『サイクル動作』を起動できないこと．
・「PL3」の表示は，PLCの電源を遮断しても，復電後に遮断前の状態を維持していること．

(4) 共通仕様
・『サイクル動作』またはコンベアが動作中は，警告ランプ「PL2」を点灯させる．
・以下の状態を検出したときから，状態が解消されリセットボタン「PB4」が押されるまでを異常とし，『DPL』に異常番号を表示する．
　　非常停止ボタン「PB5」が押されたとき　　　　　　　　　異常番号 "91"
　　『サイクル動作』中に，「SS0」または「SS1」を切り替えたとき　異常番号 "92"
・異常になったときは，動作中のコンベアおよび『サイクル動作』を即時に中止すること．
・異常番号表示中は，コンベアまたは『サイクル動作』が起動できないこと．
・異常番号表示中に，洗浄時間の登録は行わないものとする．
・複数の異常が発生したときは，小さい番号の異常を優先して表示する．
・異常の解除は，「PB4」を押す度に，小さい番号の異常を1つ解除する．
・異常番号の表示は，PLCの電源を遮断しても，復電後に遮断前の状態を維持していること．
・『DPL』は異常番号の表示以外にも用途があるが，異常番号の表示を優先させる．
・個別仕様で示した操作以外で，コンベアまたは『サイクル動作』が起動できないこと．
　（異常の解除または復電で直ちに起動しないこと）
〈課題提出時の注意事項〉
・洗浄時間は，"品種1に4秒"，"品種2に3秒"，"品種3に2秒"を登録しておくこと．
・「SS1」は "切"，すべてのPL（PL1〜4）は "消灯" 状態にしておくこと．

→ データレジスタを使用したプログラム例

【強制リセット回路】（試験の解答作成には関係なし）

【手動・自動切替】

[LS3 〜 LS4 読込み]

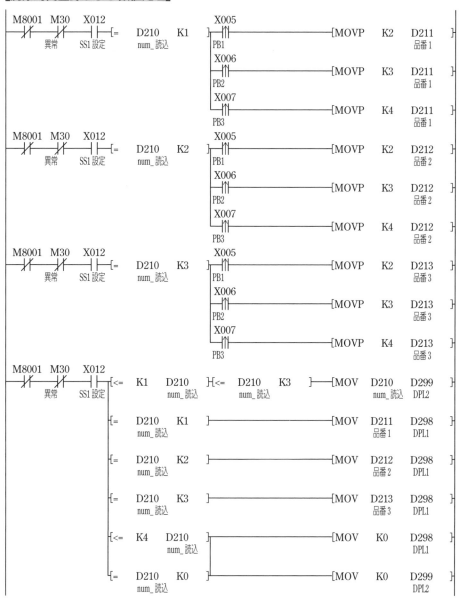

[DSW 読込み]

[洗浄時間登録および数値処理]

```
  M8001  M30   X012
───┤／├──┤├──┤│├─────────────────────────────[MOV    K0    D298  ]
          異常  SS1 設定                                          DPL1

                                               ─────────────[MOV    K0    D299  ]
                                                                    DPL2
```

[非常停止]

```
  M8001  M250   X013   M921
───┤／├──┤├───┤│├──┤／├─────────────────────────────────────(M920  )
         サイクル運転 手・自動 OFFM920                                 Err_cyl
                 X012         M910
                ─┤│├─       ─┤／├───────────────[MOV    K9    D299  ]
                 SS1 設定      Err_NG                              DPL2
         M920
        ─┤├─                             ─────────[MOV    K2    D298  ]
         Err_cyl                                                 DPL1
         X011   M911
        ─┤├──┤／├───────────────────────────────────(M910  )
         PB5   OFFM910                                           Err_NG
         M910
        ─┤├─                             ─────────[MOV    K9    D299  ]
         Err_NG                                                  DPL2

                                          ─────────[MOV    K1    D298  ]
                                                                DPL1

  M8001  M920
───┤／├──┤├──────────────────────────────────────────(M30   )
         Err_cyl                                                異常
         M910
        ─┤├─                                    ─────[RST    M250  ]
         Err_NG                                                サイクル運転

                                          ─────────[MOVP   K0    D20   ]
                                                                自動工程
```

[非常停止解除]

```
  M8001  M30   X010   M910
───┤／├──┤├──┤↑├──┤├───────────────────────────────(M911  )
         異常  PB4  Err_NG                                        OFFM910
                    M910   M920
                   ─┤／├──┤├──────────────────────(M921  )
                    Err_NG  Err_cyl                             OFFM910

                                          ─────────[MOVP   K0    D299  ]
                                                                DPL2

                                          ─────────[MOVP   K0    D298  ]
                                                                DPL1
```

［手動モード］

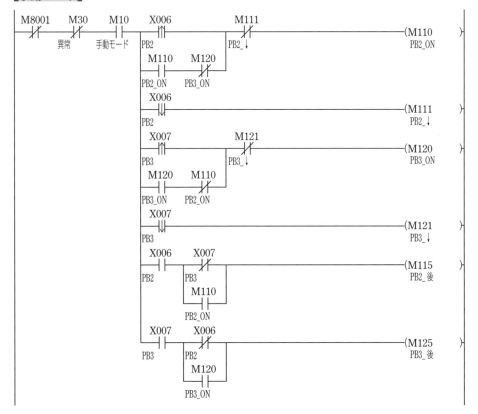

［自動モード］

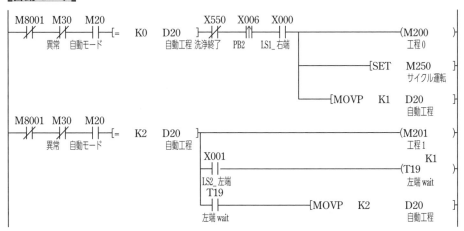

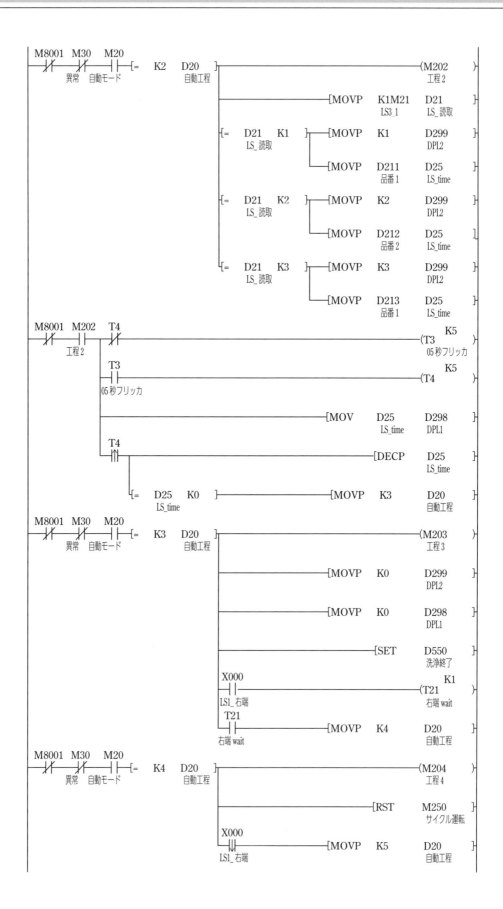

[終了処理・洗浄後再スタート]

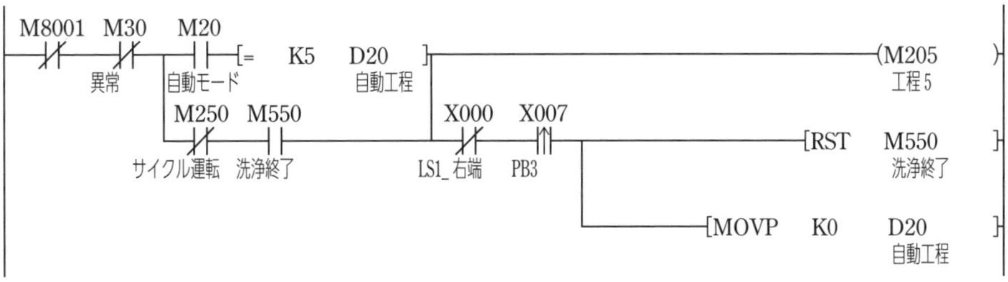

[出力]

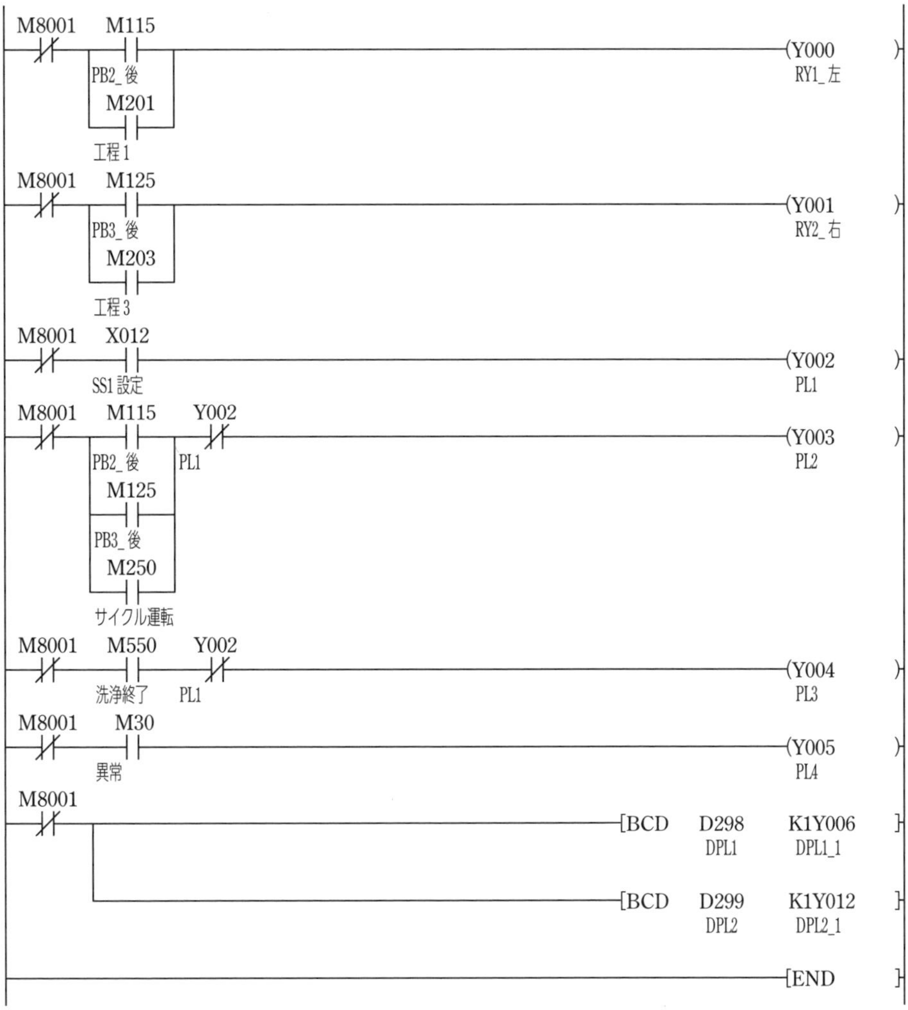

5-02 > 1 級製作等作業試験（練習問題Ⅱ）

仕様 2

　試験用盤を〈図 1〉のような検査装置とみなす．検査部は危険部位であるが，安全カバーで覆われており，設備のオペレータが，故意に，または不意に接触するような構造ではないものとする．

〈図 1〉

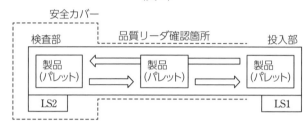

　次の条件イ〜ホを満足し，①〜⑦の動作をするプログラムの設計と，入力および動作確認を行う．

イ　「コンベア」動作中および“サイクル動作”中は，警告灯「PL2」を点灯させる．

ロ　「コンベア」および“サイクル動作”は，起動ボタン「PB2」を押すこと以外で起動してはならない．ただし，異常番号“91”の解除時は除く．

ハ　異常検出中（異常番号表示中）は，起動ボタンを押しても「コンベア」および“サイクル動作”が起動してはならない．

ニ　「コンベア」や“サイクル動作”の起動は，当該起動ボタンが，解放された状態から押されたことを確認して起動する．

ホ　“サイクル動作”中は，リセットボタン「PB4」を押しても異常解除してはならない．異常番号“91”は除く．

① 「SS0」の状態に関わらず，

　「PL1」消灯状態で「PB1」を押すと，「PL1」が点灯する【A モード】．

　「PL1」点灯状態で「PB1」を押すと，「PL1」が消灯する【B モード】．

　「PB1」を押す度に，【A モード】／【B モード】の動作切替えがオルタネイトに切り替わる．この動作切替えは「PB1」の操作以外で切り替わってはならない．また，コンベア起動中または“サイクル動作”中は，切り替わってはならない．

② 「SS0」が“手動”の場合，「PL1」が点灯時に起動ボタンを押している間，「コンベア」は左行する．左行中に，製品（パレット）がコンベア左端に到達したときはコンベアを停止する．また，「PL1」が消灯時に起動ボタンを押している間，「コンベア」は右行する．右行中に，製品がコンベア右端に到達したときは，コンベアを停止する．

③ 「SS0」が“自動”の場合，製品が投入部にある状態から，起動ボタンを押すことで，“サイクル動作”が起動する．“サイクル動作”とは，製品を検査部へ搬送後，製品のビス欠品を検査し，検査完了した製品を投入部へ搬送する一連の動作を指す．検査は 1 秒以内に行い，LS3 〜 LS5 の ON ／ OFF の状態でビスの欠品判定を行う．検査の結果，欠品がないときは，OK ランプ「PL3」が点灯する．欠品があるときは，NG ランプ「PL4」

が点灯するとともに「DPL」に，〈図2〉および〈表2〉を参照して検査結果を表示（表示方法の詳細は後述）する．このとき，3回連続NGとなった場合は，異常表示（〈表1〉参照）させ，製品を投入部に戻す際にコンベア中央付近で品質リーダに確認してもらうためコンベアを一時停止をさせる．品質リーダは確認後リセットボタンを押すことにより，異常を解除するとともにコンベアが再起動する．

OKランプ，NGランプ点灯中は，"サイクル動作"が起動してはならない．

検査が未完了で，コンベアが停止した場合は，未検査の製品を投入部に手で戻し，やり直す．

検査結果は，最新の結果に加え，過去3回の履歴を表示する．

「DSW」が"0"の場合は，最新の結果を「DPL」に表示する．表示は検査後直ちに行い，「PL3」または「PL4」が消灯するときまでとする．

「DSW」が"1"の場合は，1サイクル前の結果を「DPL」に表示する．

「DSW」が"2"の場合は，2サイクル前の結果を「DPL」に表示する．

「DSW」が"3"の場合は，3サイクル前の結果を「DPL」に表示する．

履歴の更新は検査後直ちに行う．

検査結果，履歴およびそれらの表示は，"サイクル動作"が終了した後も継続し，「SS0」の状態に関わらず保持する．さらに電源遮断から復電した場合も継続する．

④ 「SS0」の状態に関わらず，検査が完了した製品の入れ替えは，次のように行う．まず，作業者が手により製品を取り出す．この後，取り出し確認ボタン「PB3」を押すことによりOKランプ，NGランプの表示が消灯する．その後，作業者が手により未検査品を投入部にセットすることで，次の"サイクル動作"起動が可能となる．

⑤ 〈表1〉に従い異常を検出して，該当する異常検出時の動作を行う．検出した異常は，それが解除されるまで保持する．異常の解除はリセットボタンで行う．リセットボタンを1回押すことにより，発生している異常のうち，最も小さい異常番号の異常を解除する．「DPL」には発生している異常のうち，最も小さい異常番号の異常を表示する．また，検査結果表示よりも異常番号を優先して表示する．

⑥ 停電などによりPLCの電源が遮断されたときは，復電後，「コンベア」および"サイクル動作"が起動してはならない．また，非常停止が機能したときと同様の仕様で起動が可能なこと．なお，異常の状態を記憶しておき，復電後⑤の仕様に従い異常表示をすること．

⑦ 「SS0」が"手動"で「PB3」「PB4」を同時に2秒以上押すことにより，検査結果，履歴およびそれらの表示を初期化する．

〈表1〉

異常の検出条件	異常番号	異常検出時の動作
ビスの欠品検査が3回連続NGとなった． ※異常"91"発生時にNG回数を初期化	91	パレットをコンベアの中央付近で一時停止させる．
非常停止「PB5」が押された．（常時）	92	「コンベア」を即時に停止させる． かつ"サイクル動作"を即時に終了させる．
コンベア右端，コンベア左端が同時にONした．（常時）	93	
"サイクル動作"中に「SS0」が"手動"に切り替えられた．	94	

〈図2〉パレット

⊕	LS5　ビス位置3
⊕	LS4　ビス位置2
⊕	LS4　ビス位置1
⊕	LS1, 2（右, 左端）

〈表2〉　　　　　　　　　　　　　　　　　　×欠品

表示番号 欠品位置	01	02	03	04	05	06	07
ビス位置3				×	×	×	×
ビス位置2		×	×			×	×
ビス位置1	×		×		×		×

〈課題提出時の注意事項〉

提出時は，検査結果等の履歴やフラグを初期化し，「DPL」が"00"，「PL1」～「PL4」が消灯の状態で提出すること．

→ データレジスタを使用したプログラム例

[リセット回路]（試験の解答作成には関係なし）

[検査結果の初期化]

[A・Bモード切替]

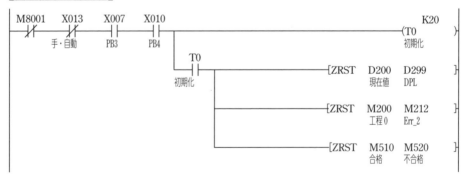

［手動・自動切替］

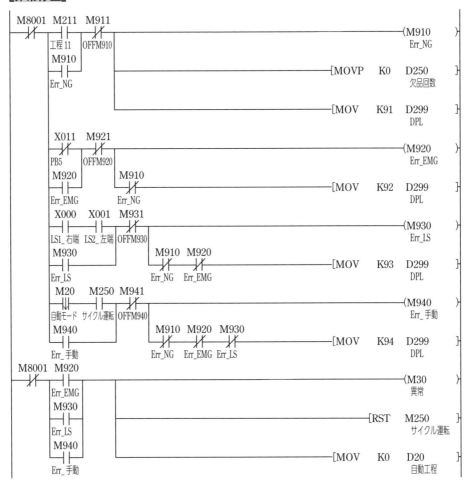

［DSW 読込］

［非常停止］

［非常停止解除］

```
  M8001  M30   X010                                              (M921  )
  ─┤/├──┤├──┤↓├─────────────────────────────────────────────   OFFM920
         異常   PB4
         M910         M920                                       (M931  )
        ─┤├──────────┤/├────────────────────────────────────   OFFM930
         Err_NG       Err_EMG
                           M930                                  (M941  )
                          ─┤/├─────────────────────────────────  OFFM940
                           Err_LS
                                 M940   M212                     (M911  )
                                ─┤/├───┤├───────────────────────  OFFM910
                                 Err_手動 工程12
                                                 ─[MOVP   K0   D299 ]─
                                                               DPL
```

［手動モード］

```
  M8001  M30   M10    X006   M0    X001                          (M101  )
  ─┤/├──┤/├──┤├───┤├───┤/├──┤/├──────────────────────────────  C/V_左行
         異常   手動モード PB2  A·Bモード LS2_左端
                     X006   M0    X000                           (M102  )
                    ─┤├───┤/├──┤/├──────────────────────────────  C/V_右行
                     PB2  A·Bモード LS2_右端
```

［自動モード］

```
  M8001  M30   M20              M510  M520  X006  X000           (M200  )
  ─┤/├──┤/├──┤├─[= K0  D20 ]──┤/├──┤/├──┤↓├──┤/├──────────────  工程0
         異常   自動モード    自動工程 合格  不合格 PB2  LS1_右端
                                              ─[MOVP   K1   D20 ]─
                                                            自動工程

  M8001  M30   M20                                               (M201  )
  ─┤/├──┤/├──┤├─[= K1  D20 ]──────────────────────────────────  工程1
         異常   自動モード    自動工程
                                              ─[SET    M250 ]─
                                                        サイクル運転
                              X001                         K1
                             ─┤├────────────────────────────(T20 )
                              LS2_左端                      左端wait
                              T20
                             ─┤├───────────────[MOVP   K2   D20 ]─
                              左端wait                      自動工程

  M8001  M30   M20                                               (M202  )
  ─┤/├──┤/├──┤├─[= K2  D20 ]──────────────────────────────────  工程2
         異常   自動モード    自動工程
                                                           K10
                             ───────────────────────────(T21 )
                                                        検査時間
                              T21
                             ─┤├───────────────[MOVP   K3   D20 ]─
                              検査時間                     自動工程

  M8001  T21
  ─┤/├──┤├──────────────────────────────[MOVP   D202   D203 ]─
         検査時間                             2回前   3回前
                                         ─[MOVP   D201   D202 ]─
                                             1回前   2回前
                                         ─[MOVP   D200   D201 ]─
                                             現在値   1回前
```

```
 M8001  T21   X002   X003   X004
─┤/├──┤ ├──┤/├──┤/├──┤ ├──────────────────[MOVP  K1    D200 ]
       検査時間 LS3_1  LS4_2  LS5_4                              現在値

              X002   X003   X004
             ─┤ ├──┤/├──┤ ├──────────────────[MOVP  K2    D200 ]
              LS3_1  LS4_2  LS5_4                              現在値

              X002   X003   X004
             ─┤/├──┤/├──┤ ├──────────────────[MOVP  K3    D200 ]
              LS3_1  LS4_2  LS5_4                              現在値

              X002   X003   X004
             ─┤ ├──┤ ├──┤/├──────────────────[MOVP  K4    D200 ]
              LS3_1  LS4_2  LS5_4                              現在値

              X002   X003   X004
             ─┤/├──┤ ├──┤/├──────────────────[MOVP  K5    D200 ]
              LS3_1  LS4_2  LS5_4                              現在値

              X002   X003   X004
             ─┤ ├──┤/├──┤/├──────────────────[MOVP  K6    D200 ]
              LS3_1  LS4_2  LS5_4                              現在値

              X002   X003   X004
             ─┤/├──┤/├──┤/├──────────────────[MOVP  K7    D200 ]
              LS3_1  LS4_2  LS5_4                              現在値

              X002   X003   X004
             ─┤ ├──┤ ├──┤ ├──────────────────[MOVP  K0    D200 ]
              LS3_1  LS4_2  LS5_4                              現在値

 M8001  T21
─┤/├──┤ ├──[<>  D200   K0 ]─────────────────────[SET  M520 ]
       検査時間      現在値                                    不合格

           ─[=   D200   K0 ]─────────────────────[SET  M510 ]
                  現在値                                    合格

 M8001  T21   >
─┤/├──┤ ├──[<>  D200   K0 ]─────────────────────[INCP  D250 ]
       検査時間      現在値                                    欠品回数

           ─[>=  D250   K3 ]─────────────────────[MOVP  K11  D20 ]
                  欠品回数                                    自動工程

 M8001  M30   M20
─┤/├──┤/├──┤ ├──[=  K11   D20 ]──────────────────(M211)
       異常  自動モード          自動工程                       工程11
                                                       K20
                                                ─────(T31)
                                                       Err_C/V右
                        T31
                       ─┤ ├─────────────────────[MOVP  K12  D20 ]
                        Err_C/V右                              自動工程

 M8001  M30   M20
─┤/├──┤/├──┤ ├──[=  K12   D20 ]──────────────────(M212)
       異常  自動モード          自動工程                       工程12
                        M910
                       ─┤ ├─────────────────────[MOVP  K3   D20 ]
                        Err_NG                               自動工程

 M8001  M30   M20
─┤/├──┤/├──┤ ├──[=  K3   D20 ]───────────────────(M203)
       異常  自動モード          自動工程                       工程3
                        X000
                       ─┤ ├────────────────────────────(T22)
                        LS1_右端                           右端wait
                        T22
                       ─┤ ├─────────────────────[MOVP  K4   D20 ]
                        右端wait                             自動工程
```

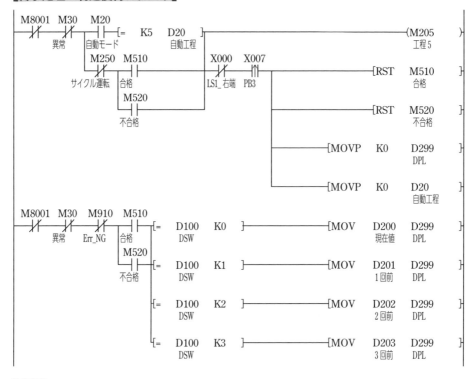

［終了処理・判定後再スタート］

［出力］

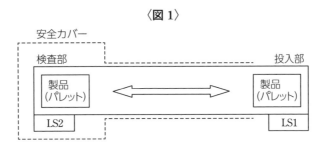

```
M8001  M0                                              (Y002)
 ─╫─── ─╢─                                              PL1
        A・Bモード
M8001  M101                                            (Y003)
 ─╫─── ─╢─                                              PL2
        C/V_左行
        M102
        ─╢─
        C/V_右行
        M250
        ─╢─
        サイクル運転
M8001  M510                                            (Y004)
 ─╫─── ─╢─                                              PL3
        合格
M8001  M520                                            (Y005)
 ─╫─── ─╢─                                              PL4
        不合格
M8001                                    [BCD  D299   K2Y006]
 ─╫───                                     DPL         DPL1_1
                                                       [END]
```

5-03　1級製作等作業試験（練習問題Ⅲ）

問題

仕様2

　試験用盤を〈図1〉のような検査装置とみなす．検査部は危険部位であるが，安全カバーで覆われており，設備のオペレータが，故意に，または不意に接触するような構造ではないものとする．

〈図1〉

```
        安全カバー
   ┌──────────┐
   │検査部            投入部
   │  ┌───┐          ┌───┐
   │  │製品│  ←──→   │製品│
   │  │(パレット)│      │(パレット)│
   │  └───┘          └───┘
   │  LS2             LS1
   └──────────┘
```

　次の条件イ〜ホを満足し，①〜⑤の動作をするプログラムの設計と，入力および動作確認を行う．

イ　「コンベア」動作中および“サイクル動作”中は，「PL2」を警告灯として点灯させる．

ロ　「コンベア」および“サイクル動作”は，起動ボタンを押すこと以外で起動してはならない．

ハ　異常検出中（異常番号表示中）は，起動ボタンを押しても「コンベア」および“サイクル動作”が起動してはならない．

ニ　「コンベア」や“サイクル動作”の起動は，当該起動ボタンが，解放された状態から押

されたことを確認して起動する.

ホ　"サイクル動作"中は, リセットボタン「PB4」を押しても異常解除してはならない.

① 「SS0」の状態に関わらず,

「PL1」消灯状態で「PB1」を押すと, 「PL1」が点灯する【Aモード】.

「PL1」点灯状態で「PB1」を押すと, 「PL1」が消灯する【Bモード】.

「PB1」を押す度に,【Aモード】/【Bモード】の動作切替えがオルタネイトに切り替わる. この動作切替えは「PB1」の操作以外で切り替わってはならない.

② 「SS0」が"手動"の場合,「PL1」が点灯時に「PB2」を押している間,「コンベア」は左行する. その後, 製品（パレット）がコンベア左端に到達したときはコンベアを停止する.「PB2」を押している状態で, 製品がコンベア左端を外れてもコンベアが起動してはならない. また,「PL1」が消灯時に「PB2」を押している間,「コンベア」は右行する. その後, 製品がコンベア右端に到達したときはコンベアを停止する.「PB2」を押している状態で, 製品がコンベア右端を外れてもコンベアが起動してはならない.

③ 「SS0」が"自動"の場合, 製品が投入部にある状態から, 起動ボタン「PB2」を押すことで, "サイクル動作"が起動する. "サイクル動作"とは, 製品を検査部へ搬送後, 製品のビス欠品を検査し, 検査完了した製品を投入部へ搬送する一連の動作を指す. 検査は1秒以内に行い, LS3 〜 LS5 の ON / OFF の状態でビスの欠品判定を行う. 検査の結果, 欠品がないときは, OK ランプ「PL3」が点灯するとともに「DPL」（DPL2 が 10^1 の桁, DPL1 が 10^0 の桁）に, "00"を表示する. 欠品があるときは, NG ランプ「PL4」が点灯するとともに「DPL」に, 10^1 の桁に欠品数, 10^0 の桁に欠品箇所を表示する. 欠品箇所が複数ある場合は, 1秒毎に表示を切り替え繰り返し表示する. 例えば, ビス位置1, ビス位置3（〈図2〉参照）が欠品の場合, "21"→"23"→"21"→…と, 繰り返し表示する. 検査結果の表示は検査後直ちに行い, 製品を取り出し, 取り出し確認ボタン「PB3」を押すまで継続する.

OK / NG ランプおよび欠品表示は, "サイクル動作"が中断した後も継続し, さらに電源遮断から復電した場合も継続する.

OK ランプ, NG ランプ点灯中は, "サイクル動作"が起動してはならない.

検査が完了した製品の入れ替えは, 作業者が手により製品を取り出す. この状態で取り出し確認ボタンを押すことにより OK ランプ, NG ランプの表示が消灯するとともに「DPL」に"00"を表示する. その後, 作業者が手により未検査品を投入部にセットすることで, 次の"サイクル動作"起動が可能となる.

"サイクル動作"が中断した場合, 検査を再開するときは, 未検査の製品を投入部に手で戻し「PB2」を押し"サイクル動作"を起動する.

ビス欠品確認用 LS に異常が生じた場合（異常検出は〈表1〉異常番号94による）, 検査が完了した製品は検査結果に関わらず必ず NG とする.

④ 〈表1〉に従い異常を検出して, 該当する異常検出時の動作を行う. 検出した異常は, それが解除されるまで保持する. 異常の解除はリセットボタンで行う. リセットボタンを1回押すことにより, 発生している異常のうち, 最も小さい異常番号の異常を解除する.「DPL」には発生している異常のうち, 最も小さい異常番号の異常を表示する. また, 検査結果表示よりも異常番号を優先して表示する.

⑤ 停電などにより PLC の電源が遮断されたときは, 復電後,「コンベア」および"サイク

ル動作"が起動してはならない. なお, 電源が遮断される前の異常の状態を記憶しておき,
復電後④の仕様に従い異常表示をすること.

〈表1〉

異常の検出条件	異常番号	異常検出時の動作
非常停止「PB5」が押された. （常時）	91	「コンベア」および"サイクル動作"を即時に停止させる.
コンベア右端, コンベア左端が同時にON した. （常時）	92	
"サイクル動作"中に「SS0」が"手動"に切替えられた.	93	
コンベア左端が外れている間, ビス欠品確認用 LS3 ～ 5 の何れかが ON した. （常時） ※ LS の ON ／ OFF には器差があるため, それを考慮した設計をすること.	94	パレットがコンベア右端で"サイクル動作"を停止させる.

〈図2〉

パレット

⊕	LS5　ビス位置3
⊕	LS4　ビス位置2
⊕	LS3　ビス位置1
⊕	LS1, 2 （右, 左端）

〈課題提出時の注意事項〉
提出時は, 「DPL」が"00", 「PL1」～「PL4」が消灯の状態で提出すること.

データレジスタを使用したプログラム例

[リセット回路]（試験の解答作成には関係なし）

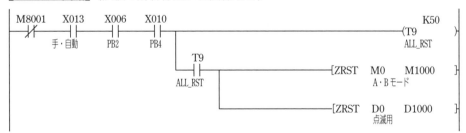

[A・Bモード切替]

[手動・自動切替]

製作等作業試験
編

［非常停止］

```
   M8001  X011   M911
────┤/├───┤/├───┤/├──────────────────────────────────────(M910    )
          PR5   OFFM910                                     Err_EMG
          M910
          ┤├──────────────────────────────────[MOV   K91   D299  ]
          Err_EMG                                                 DPL
          X000   X001   M921
          ┤/├───┤/├───┤/├──────────────────────────────(M920    )
          LS1_右端 LS2_左端 OFFM920                               Err_LS
          M920               M910
          ┤├─────────────────┤/├────────────────[MOV   K92   D299  ]
          Err_LS            Err_EMG                                DPL
          M250   X013   M931
          ┤├───┤/├───┤/├──────────────────────────────(M930    )
          サイクル運転 手・自動 OFFM930                            Err_手動
          M930               M910   M920
          ┤├─────────────────┤/├───┤/├──────────[MOV   K93   D299  ]
          Err_手動          Err_EMG Err_LS                         DPL
   M8001  M910
────┤/├───┤├───────────────────────────────────────────(M30     )
          Err_EMG                                         異常
          M920
          ┤├───────────────────────────────────────[RST   M250  ]
          Err_LS                                           サイクル運転
          M930
          ┤├──────────────────────────────────[MOVP  K0    D20   ]
          Err_手動                                         自動工程
   M8001  X001   X002                                           K2
────┤/├───┤/├───┤├────────────────────────────────────(T0      )
          LS2_左端 LS3_1                                  Err_94
                 X003
                 ┤├
                 LS4_2
                 X004
                 ┤├
                 LS5_4
          T0     M941
          ┤├───┤/├────────────────────────────────────(M940    )
          Err_94 OFFM940                                  LS_50N
          M940
          ┤├───────────────────────────────────────[SET   M518  ]
          LS3_ON                                           Err_94
                 M910   M920   M920
                 ┤/├───┤/├───┤/├──────────────────[MOV   K94   D299  ]
                 Err_EMG Err_LS Err_手動                          DPL
```

［非常停止解除］

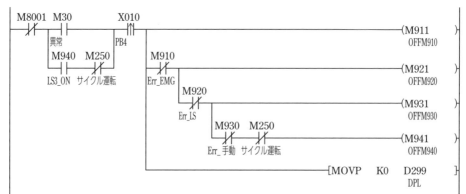

```
   M8001  M30           X010
────┤/├───┤↑├──────────┤├──────────────────────────────(M911    )
          異常          PB4                               OFFM910
          M940   M250           M910
          ┤├───┤/├──────────────┤/├──────────────────────(M921    )
          LS3_ON サイクル運転     Err_EMG                   OFFM920
                                M920
                                ┤/├─────────────────────(M931    )
                                Err_LS                    OFFM930
                                M930   M250
                                ┤├───┤/├─────────────────(M941    )
                                Err_手動 サイクル運転         OFFM940
                                ──────────────────[MOVP  K0    D299  ]
                                                                 DPL
```

116

[手動モード]

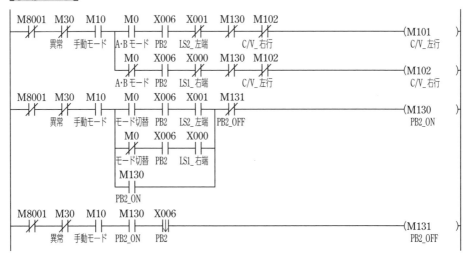

[自動モード]

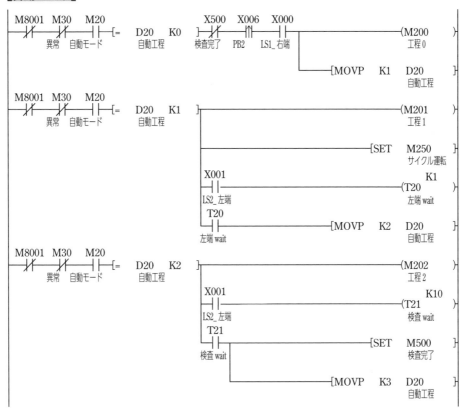

製作等作業試験編

[検査結果処理]

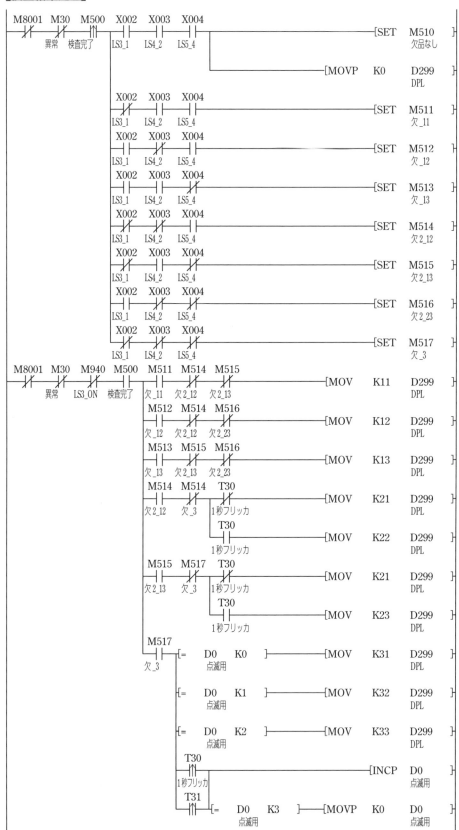

［自動モード続き］

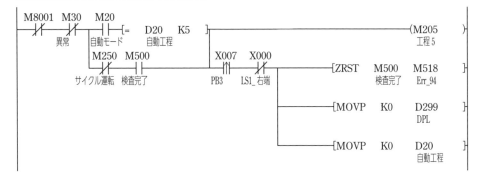

［終了処理・検査完了後再スタート］

［フリッカ（点滅）回路］

［出力］

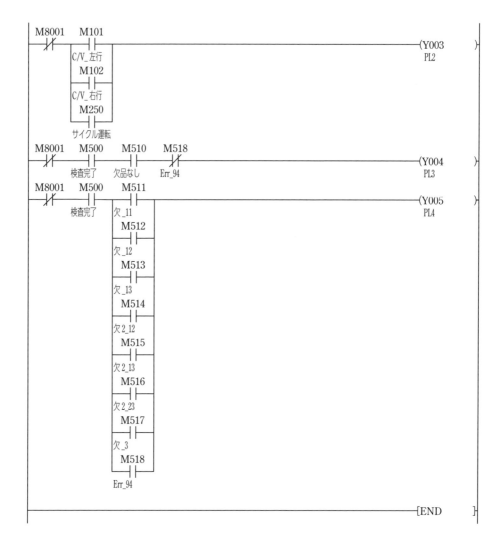

5-04 ▶ 1級製作等作業試験（練習問題Ⅳ）

問題

仕様2

試験用盤を〈図1〉のような加工設備とみなす．加工・計測部は危険部位であるが，安全カバーで覆われており，設備のオペレータが，故意に，または不意に接触するような構造ではないものとする．

〈図1〉

　次の条件イ～ホを満足し，①～⑥の動作をするプログラムの設計と，入力および動作確認を行う．

イ　「コンベア」動作中および"サイクル動作"中は，「PL2」を警告灯として点灯させる．

ロ　「コンベア」および"サイクル動作"は，起動ボタンを押すこと以外で起動してはならない．

ハ　異常検出中（異常番号表示中）は，起動ボタンを押しても「コンベア」および"サイクル動作"が起動してはならない．

ニ　「コンベア」や"サイクル動作"の起動は，当該起動ボタンが，解放された状態から押されたことを確認して起動する．

ホ　"サイクル動作"中は，「PB4」を押しても異常解除してはならない．

①　「SS0」の状態に関わらず，
　　「PL1」消灯状態で「PB1」を押すと，「PL1」が点灯する【Aモード】．
　　「PL1」点灯状態で「PB1」を押すと，「PL1」が消灯する【Bモード】．
　　「PB1」を押す度に，【Aモード】／【Bモード】の動作切替えがオルタネイトに切り替わる．この動作切替えは「PB1」の操作以外で切り替わってはならない．

②　「SS0」が"手動"の場合，「PL1」が点灯時に「PB2」を押し続けている間，「コンベア」は左行する．このとき，製品（パレット）がコンベア左端に到達したときはコンベアを停止する．また，「PL1」が消灯時に「PB2」を押し続けている間，「コンベア」は右行する．このとき，製品がコンベア右端に到達したときはコンベアを停止する．「PB2」を押し続けている状態で，それぞれのコンベア右端，またはコンベア左端で停止しているとき，なんらかの要因で当該のコンベア右端，またはコンベア左端が外れてもコンベアが起動してはならない．

③　「SS0」が"自動"の場合，製品が投入部にある状態から，起動ボタン「PB2」を押すことで，"サイクル動作"が起動する．製品を加工・計測部へ搬送して，加工・計測部に3秒間留める（この間に加工しているものとみなす）．加工中は「PL3」を，周期1秒，デューティ比20%（〈図2〉参照）で点滅させる．加工が完了した後，計測を行うために，さらに3秒間，加工・計測部に留める（この間に計測しているものとみなす）．計測中は「PL3」を，周期1秒，デューティ比80%（〈図2〉参照）で点滅させる．計測結果は計測終了時の「SS1」の"入"（OK）／"切"（NG）の状態に従う．OKのときは良品として確定する．NGのときは再計測を1回行う．再計測は，コンベアを1秒右行させ，その後再び加工・計測部に送り計測（上記仕様と同様）を行う．再計測の結果により，良品／不良品を確定する．製品の良否が確定した後，「PL3」を点灯させるとともに「DPL」（DPL2が10^1の桁，DPL1が10^0の桁）に，良品のときは"20"，不良品のときは"40"を表示する．最後に製品を投入部へ搬送し"サイクル動作"を終了する．

〈図2〉

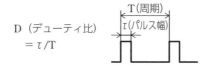

D（デューティ比）
$= \tau / T$

「PL3」が点灯中は，"サイクル動作"が起動してはならない．
　すべての加工・計測が完了した製品の入替えは，作業者が手により製品を取り出す．こ

の状態で「PB3」を押すことにより「PL3」の表示を消灯するとともに「DPL」に "00" を表示する．その後，作業者が手により未加工品を投入部にセットすることで，次の "サイクル動作" 起動が可能となる．

　非常停止が機能したことなどにより "サイクル動作" が中断した場合，加工または計測を再開するときは，製品を投入部に手で戻し「PB2」を押し "サイクル動作" を起動する．加工完了以前に中断された場合，加工は完了したものとみなさず，再度3秒間加工する．加工が完了している場合は，計測のみ行う．良品／不良品確定以前に中断された場合，計測は完了したものとみなさず，初めから計測を行う．

④製品を加工設備より取り出し，「SS0」が "手動" の状態で，「PB3」を5秒以上長押ししたときは，加工・計測完了記憶および良品／不良品の表示をクリアする．

⑤〈表1〉に従い異常を検出して，該当する異常検出時の動作を行う．検出した異常は，それが解除されるまで保持する．異常の解除は「PB4」で行う．「PB4」を1回押すことにより，発生している異常のうち，最も小さい異常番号の異常を解除する．「DPL」には発生している異常のうち，最も小さい異常番号の異常を表示する．また，良品／不良品情報よりも異常番号を優先して表示する．

⑥停電などにより PLC の電源が遮断されたときは，復電後，非常停止が機能したときと同様の仕様で再起動が可能なこと．また，異常の状態を記憶しておき，復電後⑤の仕様に従い異常表示をすること．

〈表1〉

異常の検出条件	異常番号	異常検出時の動作
非常停止「PB5」が押された（常時）．	91	「コンベア」および "サイクル動作" を即時に停止させる．
コンベア右端，コンベア左端が同時に ON した（常時）．	92	
"サイクル動作" 中に「SS0」が "手動" に切替えられた．	93	
"サイクル動作" 中に，投入部から加工部，または，加工部から投入部への製品の搬送が4秒以上経過した．	94	パレットがコンベア右端で "サイクル動作" を停止させる．

〈課題提出時の注意事項〉

提出時は，「DPL」が "00"，「PL1」～「PL4」は消灯の状態で提出すること．

→ データレジスタを使用したプログラム例

［リセット回路］（試験の解答作成には関係なし）

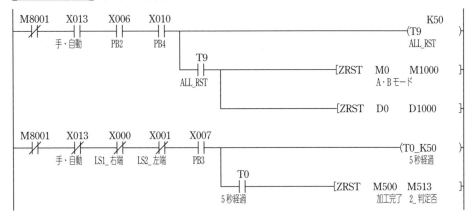

［A・Bモード切替］

［手動・自動切替］

［非常停止］

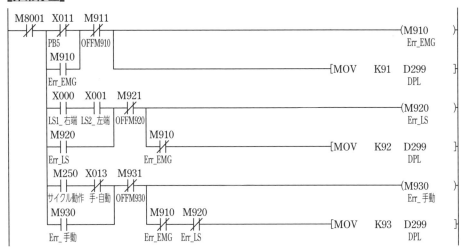

```
 M8001  M910                                                            (M30   )
 ─┤/├──┬─┤ ├─────────────────────────────────────────────────────────── 異常
      │ Err_EMG
      │ M920
      ├─┤ ├──────────────────────────────────────────────[MOVP   K0    D20  ]
      │ Err_LS                                                           自動工程
      │ M930
      ├─┤ ├──────────────────────────────────────────────────[RST   M250 ]
      │ Err_手動                                                        サイクル動作
      │ M942
      └─┤ ├──
        94_工程7

 M8001  M20   M250   M201                                                K40
 ─┤/├──┤ ├───┤/├──┬─┤ ├────────────────────────────────────────────────(T1   )
      自動モード サイクル │ 工程1                                        4秒経過
            動作   │
                  │ M205
                  └─┤ ├──
                    工程5

       T30  M941                                                        (M940  )
      ┬─┤ ├─┤/├──────────────────────────────────────────────────────── サイクル停止
      │ 4秒経過 OFFM940
      │ M940           M910  M920  M930
      └─┤ ├──────────┬─┤/├──┤/├──┤/├──────────────────────[MOV   K94   D299 ]
        サイクル停止    │ Err_EMG Err_LS Err_手動                        DPL
       M940   M207  M941
      ┬─┤ ├──┤ ├───┤/├──────────────────────────────────────────────────(M942  )
      │ サイクル停止 工程7 OFF940                                         94_工程7
      │ M942
      └─┤ ├──
        94_工程7
```

［非常停止解除］

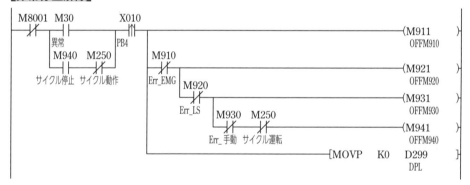

```
 M8001  M30          X010                                               (M911  )
 ─┤/├──┬─┤ ├────────┤↑├──┬──────────────────────────────────────────── OFFM910
      │ 異常    │   PB4  │
      │ M940  M250 │      │ M910                                        (M921  )
      └─┤ ├──┤ ├──┘      ├─┤/├────────────────────────────────────────── OFFM920
        サイクル停止 サイクル動作  │ Err_EMG M920
                         │    ┌─┤/├────────────────────────────────────(M931  )
                         │    │ Err_LS                                   OFFM930
                         │    │ M930  M250
                         │    └─┤/├──┤/├──────────────────────────────(M941  )
                         │      Err_手動 サイクル運転                    OFFM940
                         └──────────────────────────────[MOVP   K0    D299 ]
                                                                         DPL
```

［手動モード］

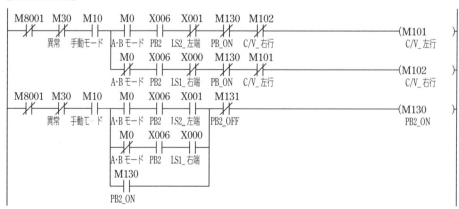

```
 M8001  M30   M10   M0    X006  X001  M130   M102                       (M101  )
 ─┤/├──┤/├──┤ ├──┬─┤ ├──┤ ├──┤/├──┤ ├──┤/├───────────────────────── C/V_左行
      異常   手動モード │ A・Bモード PB2 LS2_左端 PB_ON C/V_右行
                     │ M0    X006  X000  M130   M101
                     └─┤/├──┤ ├──┤/├──┤ ├──┤/├───────────────────────(M102  )
                       A・Bモード PB2 LS1_右端 PB_ON C/V_左行            C/V_右行

 M8001  M30   M10   M0    X006  X001  M131                              (M130  )
 ─┤/├──┤/├──┤ ├──┬─┤ ├──┤ ├──┤/├─┬─┤/├───────────────────────────── PB2_ON
      異常   手動モード │ A・Bモード PB2 LS2_左端 │ PB2_OFF
                     │ M0    X006  X000  │
                     ├─┤/├──┤ ├──┤ ├───┤
                     │ A・Bモード PB2 LS1_右端 │
                     │ M130              │
                     └─┤ ├───────────────┘
                       PB2_ON
```

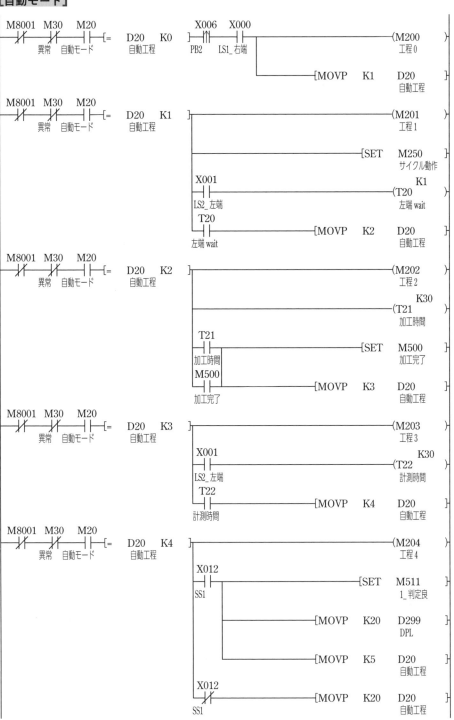

| M8001 | M30
異常 | M10
手動モード | M130
PB2_ON | X006
PB2 | (M131
PB2_OFF) |

［自動モード］

| M8001 | M30
異常 | M20
自動モード | [= | D20
自動工程 | K0] | X006
PB2 | X000
LS1_右端 | (M200
工程0) |
| | | | | | | | | [MOVP K1 D20
自動工程] |

M8001	M30 異常	M20 自動モード	[=	D20 自動工程	K1]	(M201 工程1)
						[SET M250 サイクル動作]
					X001 LS2_左端	K1 (T20 左端 wait)
					T20 左端 wait	[MOVP K2 D20 自動工程]

M8001	M30 異常	M20 自動モード	[=	D20 自動工程	K2]	(M202 工程2)
						K30 (T21 加工時間)
					T21 加工時間	[SET M500 加工完了]
					M500 加工完了	[MOVP K3 D20 自動工程]

M8001	M30 異常	M20 自動モード	[=	D20 自動工程	K3]	(M203 工程3)
					X001 LS2_左端	K30 (T22 計測時間)
					T22 計測時間	[MOVP K4 D20 自動工程]

M8001	M30 異常	M20 自動モード	[=	D20 自動工程	K4]	(M204 工程4)
					X012 SS1	[SET M511 1_判定良]
						[MOVP K20 D299 DPL]
						[MOVP K5 D20 自動工程]
					X012 SS1	[MOVP K20 D20 自動工程]

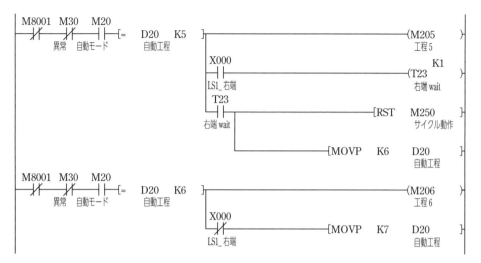

[終了処理・判定後再スタート]

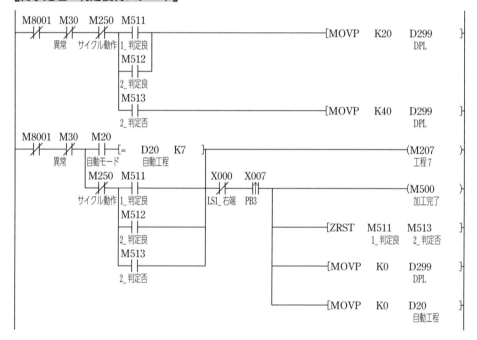

[自動モード　再計測処理]

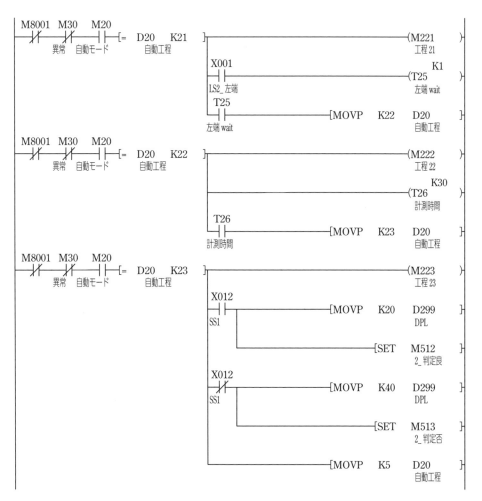

［フリッカ（点滅）回路］

製作等作業試験
――――
編

[出力]

```
 M8001   M101    Y001                                              (Y000  )
 ─┤／├──┬─┤├──┬─┤／├────────────────────────────── RY1_左
        │ C/V_左行 │ RY2
        │ M201   │
        ├─┤├────┤
        │ 工程1   │
        │ M221   │
        └─┤├────┘
          工程21

 M8001   M102    Y001                                              (Y001  )
 ─┤／├──┬─┤├──┬─┤／├────────────────────────────── RY2_右
        │ C/V_右行 │ RY1
        │ M205   │
        ├─┤├────┤
        │ 工程5   │
        │ M220   │
        └─┤├────┘
          工程20

 M8001   M0                                                        (Y002  )
 ─┤／├───┤├──────────────────────────────────────── PL1
        A・Bモード

 M8001   M101                                                      (Y003  )
 ─┤／├──┬─┤├─────────────────────────────────────── PL2
        │ C/V_左行
        │ M102
        ├─┤├──
        │ C/V_右行
        │ M250
        └─┤├──
          サイクル動作

 M8001   M202    T30                                               (Y004  )
 ─┤／├──┬─┤├──┬─┤／├────────────────────────────── PL3
        │ 工程2   │ 0.2秒フリッカ
        │ M203   │ T32
        ├─┤├──┤─┤／├
        │ 工程3   │ 0.8秒フリッカ
        │ M222   │
        ├─┤├────┤
        │ 工程22  │
        │ M511   │
        ├─┤├────┤
        │ 1_判定良 │
        │ M512   │
        ├─┤├────┤
        │ 2_判定良 │
        │ M513   │
        └─┤├────┘
          2_判定否

 M8001                                          ┌BCD   D299   K2Y006┐
 ─┤／├──────────────────────────────────────┤      DPL    DPL1_1 ┤
                                                └                  ┘

                                                              ─[END ]
```

計画立案等作業試験

編

　計画立案等作業試験は，実技作業を伴わない作業要素試験（ペーパー実技試験）です．フローチャート，タイムチャート，プログラミング，プログラマブルコントローラ（PLC）を用いたシステム設計に関することについて問われます．

　計画立案等作業試験は過去に出題された内容と類似した問題が繰り返し出題されます．過去問題を中心に構成した練習問題Ⅰ～Ⅳを解き，理解を深めていくことで，合格レベルの知識を身に付けましょう．

　なお，3 級には計画立案等作業試験がありません．ここでは 2 級および 1 級の試験について解説します．

　2 級と 1 級の計画立案等作業試験において，問題 1 ～ 3 は同様の問題が出題されます．問題 4 は出題内容が異なるため，各級の出題傾向に応じた対策が必要となります．本書を通じて出題傾向および解き方に慣れておきましょう．

　過去に出題された内容は以下のとおりです．

問題番号	2 級	1 級
1	ラダー図プログラムと注意事項に従い，入力信号のタイムチャートが提示されている解答用紙に，出力信号のタイムチャートを記入する．	
2	処理内容 1，処理内容 2 に提示されているラダー図プログラム，条件文，数式と同じ処理をする FBD プログラムを完成させる．空欄に当てはまる演算の種類を示すファンクション名（記号）を解答する．	
3	提示される仕様を満たす PLC モジュールの構成を選択する．各モジュール（CPU モジュール，通信モジュール，入出力モジュールなど）の必要数をシステム構成が記載された選択肢から解答する．	
4	提示されるラダー図プログラムと同じ動作をする ST プログラムを完成させる．空欄に当てはまる命令語および変数を選択肢から解答する．	提示される制御対象の動作順序に従い，SFC 構造図を完成させる．制御対象の動作順序に入出力機器が記載されており，入力機器の状態により出力機器を動作させることで，順序通りにプログラムが移行するよう，SFC 構造図の空欄に当てはまる記号を解答する．

2 級計画立案等作業試験

[試験時間：1時間，問題数：4問]

1-01 ▸ 2 級計画立案等作業試験（練習問題Ⅰ）

問題 1

　次の［ラダー図プログラム］および［注意事項］に従って，［タイムチャート］を完成させなさい．

[ラダー図プログラム]

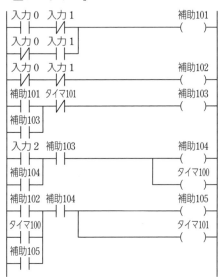

[注意事項]
①タイマ100 は 3 秒のオンディレイ
②タイマ101 は 1 秒のオンディレイ

[タイムチャート]

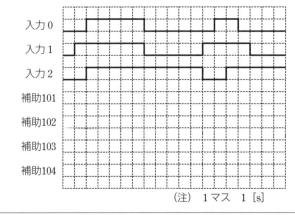

(注)　1 マス　1 [s]

→ 問題1の解説

　初期状態⓪から入力信号が①〜⑧と変化したときとタイマが動作したタイミングで動作出力信号がどのように変化するかを，順に追っていきます.

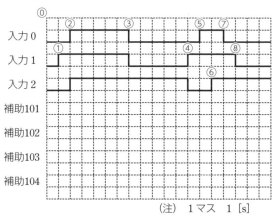

(注)　1マス　1 [s]

⓪

出力信号	状態
M101	OFF
M102	ON
M103	OFF
M104	OFF
M105	OFF
タイマ100	OFF
タイマ101	OFF

①

出力信号	状態
M101	ON
M102	OFF
M103	ON
M104	OFF
M105	OFF
タイマ100	OFF
タイマ101	OFF

②

出力信号	状態
M101	OFF
M102	OFF
M103	ON
M104	ON
M105	OFF
タイマ100	通電
タイマ101	OFF

②⇒ 3s 後

出力信号	状態
M101	OFF
M102	OFF
M103	ON
M104	ON
M105	ON
タイマ100	ON
タイマ101	通電

②⇒ 3s ⇒ 1s 後

出力信号	状態
M101	OFF
M102	OFF
M103	OFF
M104	OFF
M105	OFF
タイマ100	OFF
タイマ101	ON ⇒ OFF

③

出力信号	状態
M101	OFF
M102	ON
M103	OFF
M104	OFF
M105	OFF
タイマ100	OFF
タイマ101	OFF

④

出力信号	状態
M101	ON
M102	OFF
M103	ON
M104	OFF
M105	OFF
タイマ100	OFF
タイマ101	OFF

⑤

出力信号	状態
M101	OFF
M102	OFF
M103	ON
M104	OFF
M105	OFF
タイマ100	OFF
タイマ101	OFF

⑥

出力信号	状態
M101	OFF
M102	OFF
M103	ON
M104	ON
M105	OFF
タイマ100	通電
タイマ101	OFF

⑦

出力信号	状態
M101	ON
M102	OFF
M103	ON
M104	ON
M105	OFF
タイマ 100	通電 2s
タイマ 101	OFF

⑧

出力信号	状態
M101	OFF
M102	ON
M103	ON
M104	ON
M105	ON
タイマ 100	ON
タイマ 101	通電

⑧⇒ **1s**

出力信号	状態
M101	OFF
M102	ON
M103	OFF
M104	OFF
M105	OFF
タイマ 100	OFF
タイマ 101	ON ⇒ OFF

【解答】

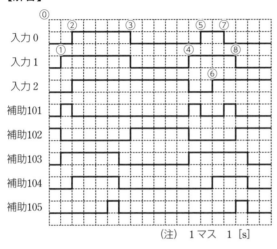

（注）　1 マス　1 [s]

問題 2

　次の「処理内容 1」および「処理内容 2」を参照して，FBD プログラムの［①］～［⑧］に当てはまる適切な命令語または変数名を答えなさい．

「処理内容 1」

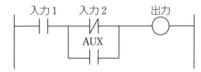

「処理内容 2」

Data4 = Data1 + Data2 ÷ Data3

ただし，Data1，Data2，Data3，Data4 は INT 型データである．

　　　　Data1，Data2，Data3 は 1 ～ 99 の範囲とする．

FBD プログラム

（＊処理内容 1 ＊）

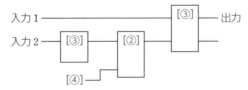

（＊処理内容 2 ＊）

以下，JIS B3503 より抜粋

演算	ファンクション名	対象となるデータ型の例
算術演算	MUL, DIV, MOD, ADD, SUB	INT, DINT, UINT, UDINT
論理演算	NOT, AND, OR, XOR	BOOL, WORD, DWORD
比較	GT, GE, EQ, LE, LT, NE	INT, DINT, UINT, UDINT
選択	SEL, MAX, MIN	INT, DINT, UINT, UDINT

⊖ 問題 2 の解説

演算処理と内容は次のようになります．

演算	内容	演算	内容
ADD	入力値の加算を行う	MUL	入力値の乗算を行う
SUB	入力値の減算を行う	DIV	入力値の除算を行う
MOD	入力値の余剰（除算したときの余り）を行う	NOT	入力値の真偽（1，0）を逆転させる
AND	入力値の論理積を行う	OR	入力値の論理和を行う
XOR	入力値の排他的論理和を行う	EQ　＝	左側と右側の値が同じとき真（1）
GE　＞＝	左側が右側の値以上のとき真（1）	GT　＞	左側が右側の値より大きいとき真（1）
LE　＜＝	左側が右側の値以下のとき真（1）	LT　＜	左側が右側の値より小さいとき真（1）
NE　！＝	左側と右側の値が異なるとき真（1）	MAX	複数の入力値から最大値を求める
SEL	選択条件が偽（0）のとき入力値 1 を，選択条件が真（1）のとき入力値 2 を演算結果とする	MIN	複数の入力値から最小値を求める

対象となるデータの型と扱う数値は次のようになります．

データ型	扱う数値	データ型	扱う数値
BOOL	1（真）と 0（偽）	INT	1 ワード符号付き整数（16 ビット）
WORD	16 ビットの符号なしの整数	DINT	2 ワード符号付き整数（32 ビット）
DWORD	32 ビットの符号なしの整数	UINT	1 ワード符号なし整数（16 ビット）
—	—	UDINT	2 ワード符号なし整数（32 ビット）

［処理内容 1］

次の枠の順に処理を考えます.

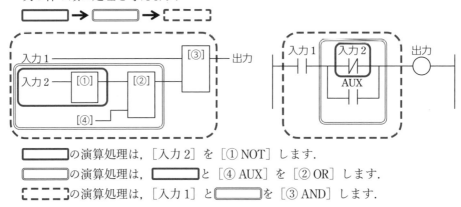

　の演算処理は，［入力 2］を［① NOT］します.

　の演算処理は，　　と［④ AUX］を［② OR］します.

　の演算処理は，［入力 1］と　　を［③ AND］します.

［処理内容 2］

次の枠の順に処理を考えます.

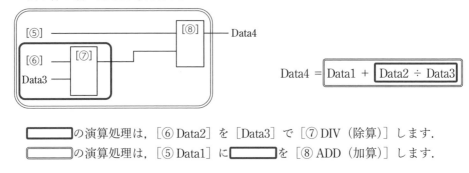

$$Data4 = Data1 + \boxed{Data2 \div Data3}$$

　の演算処理は，［⑥ Data2］を［Data3］で［⑦ DIV（除算）］します.

　の演算処理は，［⑤ Data1］に　　を［⑧ ADD（加算）］します.

【解答】

① NOT　② OR　③ AND　④ AUX　⑤ Data1　⑥ Data2　⑦ DIV　⑧ ADD

問題 3

　3 つの装置（装置 A，B，C）を，2 台の PLC を使って制御する. つまり，2 台のうち 1 台の PLC では 2 つの装置を制御するシステム構成となる.

　ただし，下記に示す構成上の制約条件および PLC の仕様の範囲内で構成が可能であること.

　以上を踏まえて，設問 1 および設問 2 に答えなさい.

設問 1　以下の文章の（①）および（②）内に当てはまる適切な記号（A 〜 C）を，答えなさい．
　　装置（①）と装置（②）が 1 台の PLC で制御される．

設問 2　設問 1 で選択した組合せの場合，その 1 台の PLC において最小限必要となるアナログ入力モジュールおよびアナログ出力モジュールの合計数を答えなさい．

■構成上の制約条件
・1 つの装置を複数の PLC で制御してはいけない．
・各 PLC 間は通信により接続されるが，PLC 間を通信で接続した場合，PLC1 台ごとに（制御用プログラムの他に）通信用プログラムが 30 キロステップ必要となる．
・入出力モジュールは点数の余裕や配線しやすさ等を考慮せず，できるだけ最大仕様まで使用することで必要最小限の数で構成すること．

■各装置の制御に必要なプログラム容量と入出力点数

装置名		A	B	C
制御用プログラムのステップ数	単位：キロステップ	40	40	20
デジタル入力	単位：点	400	200	300
デジタル出力	単位：点	200	100	200
アナログ入力	単位：点	30	30	20
アナログ出力	単位：点	20	10	10

■使用する PLC の各モジュール仕様

PLC モジュール	仕様
CPU モジュール	プログラム容量は，最大 100 キロステップ 制御可能なデジタル入出力点数は，最大 1000 点 制御可能なアナログ入出力点数は，最大 100 点
デジタル入力モジュール	1 モジュールあたり，最大 16 点
デジタル出力モジュール	1 モジュールあたり，最大 16 点
アナログ入力モジュール	1 モジュールあたり，最大 8 点
アナログ出力モジュール	1 モジュールあたり，最大 8 点

（使用する PLC の各モジュールの仕様は，どの装置においても同じものとする．）

■装置ごとに1台のPLCを使用した場合のシステム構成

装置名		A	B	C
プログラムステップ数 （通信用を含む）	単位：キロステップ	70	70	50
CPU モジュール	単位：モジュール	1	1	1
デジタル入力モジュール数	単位：モジュール	25	13	19
デジタル出力モジュール数	単位：モジュール	13	7	13
アナログ入力モジュール数	単位：モジュール	4	4	3
アナログ出力モジュール数	単位：モジュール	3	2	2
通信モジュール数	単位：モジュール	1	1	1

→ 問題3の解説

[設問1]

「構成上の制約条件」「使用するPLCの各モジュール仕様」より，プログラム容量を考えます．

PLCのCPUモジュールは**最大100キロステップ**で，**制御可能なデジタル入出力点数は最大1000点**，**制御可能なアナログ入出力点数は最大100点**となっています．

ただし，PLC間の通信に**通信用プログラム30キロステップ**が必要になります．

　　　　通信プログラム　　＋　　　制御プログラム　　≦　　プログラム容量
　　　　（30キロステップ）　　　　（ステップ数）　　　　（100キロステップ）

「各装置の制御に必要なプログラム容量と入出力点数」より，1台のPLCで装置2台を制御できるか判断します．

装置名		A	B	C
制御用プログラムのステップ数	単位：キロステップ	40	40	20
デジタル入力	単位：点	400	200	300
デジタル出力	単位：点	200	100	200
アナログ入力	単位：点	30	30	20
アナログ出力	単位：点	20	10	10

① A + B の場合
　・制御用プログラム数
　　装置A＋装置B＋通信用 ＝ 40 ＋ 40 ＋ 30 ＝ 110 ＞ 100　×
　・制御可能なデジタル入出力点数
　　装置A＋装置B ＝ 600 ＋ 300 ＝ 900 ≦ 1000　◎
　・制御可能なアナログ入出力点数
　　装置A＋装置B ＝ 50 ＋ 40 ＝ 90 ≦ 100　◎
② A + C の場合
　・制御用プログラム数

装置 A ＋装置 C ＋通信用＝ 40 ＋ 20 ＋ 30 ＝ 90 ≦ 100　◎
・制御可能なデジタル入出力点数
装置 A ＋装置 C ＝ 600 ＋ 500 ＝ 1100 ＞ 1000　×
・制御可能なアナログ入出力点数
装置 A ＋装置 C ＝ 50 ＋ 30 ＝ 80 ＞ 100　◎
③B ＋ C の場合
・制御用プログラム数
装置 B ＋装置 C ＋通信用＝ 40 ＋ 20 ＋ 30 ＝ 90 ≦ 100　◎
・制御可能なデジタル入出力点数
装置 B ＋装置 C ＝ 300 ＋ 500 ＝ 800 ≦ 1000　◎
・制御可能なアナログ入出力点数
装置 B ＋装置 C ＝ 40 ＋ 30 ＝ 70 ≦ 1000　◎
①～③より，装置 B と装置 C が 1 台の PLC で制御可能となります．

［設問 2］
2 つの装置を 1 台の PLC で制御する場合に，最小限必要となるアナログ入力モジュールおよびアナログ出力モジュールについて考えます．
装置 B と装置 C を合わせて，アナログ入力は計 50 点，アナログ出力は計 20 点となります．アナログ入力モジュール（1 モジュールあたり最大 8 点）は 7 台，アナログ出力モジュール（1 モジュールあたり最大 8 点）は 3 台必要となります．よって，計 10 台使用します．

【解答】
設問 1　①　B　②　C　（※順不同）
設問 2　10 モジュール

問題 4

以下の［ラダー図］を参照して次の［ST プログラムリスト］の［①］～［⑦］に当てはまる命令語または変数名を答えなさい．
［ST プログラムリスト］
［①］:＝（タイマ［②］NOT フリッカ）［③］（NOT［④］AND フリッカ）;
［⑤］:（フリッカ OR［⑥］）AND［⑦］リセット;
［ラダー図］

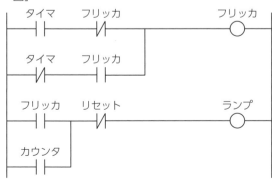

以下，JIS B3503 より抜粋

演算	記号	対象となるデータ型の例	使用例
代入	： ＝		A：＝2；
括弧	（ 式 ）		A：＝(A＋B)/2；
比較	＜ ＞ ＝ ＜＞ ＞＝	INT, DINT, UINT, UDINT	A＞＝2；
数値演算	＋ － ＊ ／	INT, DINT, UINT, UDINT	A：＝A/2＋B；
論理演算	NOT, AND, OR, XOR	BOOL, WORD, DWORD	X：＝Y AND W；
制御文	IF CASE FOR		

➡ 問題4の解説

　　［ST プログラムリスト］と［ラダー図］の処理について，次の枠の順に考えていきます．

```
□ → □ → ⌈‥‥⌉ → ⌈‥‥‥⌉
```

［ST プログラムリスト］

⌈［①］⌉：＝ （タイマ ［②］ NOT フリッカ） ［③］ 〈NOT ［④］ AND フリッカ〉；

⌈［⑤］⌉：＝ （フリッカ OR ［⑥］） AND ［⑦］ リセット ；

［ラダー図］

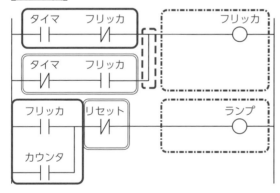

　　よって，
　　　　①フリッカ：＝（タイマ ②AND NOT フリッカ）③OR（NOT ④タイマ AND フリッカ）；
　　　　⑤ランプ：＝（フリッカ OR ⑥カウンタ）AND ⑦NOT リセット；
　　となります．

【解答】

①　フリッカ　②AND　③　OR　④　タイマ　⑤　ランプ　⑥　カウンタ　⑦　NOT

1-02 > 2級計画立案等作業試験（練習問題Ⅱ）

問題 1

　次の［ラダー図プログラム］および［注意事項］に従って，［タイムチャート］を完成させなさい.

［ラダー図プログラム］

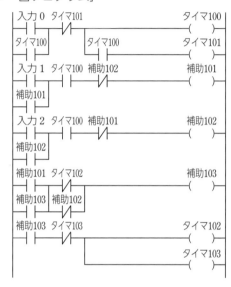

［注意事項］

① タイマ 100 は 2 秒のオンディレイ

② タイマ 101 は 1 秒のオンディレイ

③ タイマ 102 は 2 秒のオンディレイ

④ タイマ 103 は 6 秒のオンディレイ

［タイムチャート］

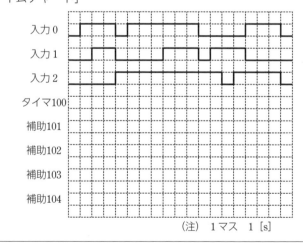

（注）　1マス　1［s］

→ 問題1の解説

　初期状態⓪から入力信号が①〜⑧と変化したときとタイマが動作したタイミングで動作出力信号がどのように変化するか，順に追っていきます．

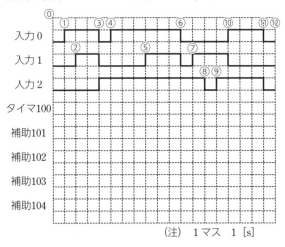

（注）　1マス　1 [s]

⓪	
出力信号	状態
M101	OFF
M102	OFF
M103	OFF
タイマ 100	OFF
タイマ 101	OFF
タイマ 102	OFF
タイマ 103	OFF

①	
出力信号	状態
M101	OFF
M102	OFF
M103	OFF
タイマ 100	通電
タイマ 101	OFF
タイマ 102	OFF
タイマ 103	OFF

②	
出力信号	状態
M101	OFF
M102	OFF
M103	OFF
タイマ 100	通電 1s
タイマ 101	OFF
タイマ 102	OFF
タイマ 103	OFF

②⇒1s 後

出力信号	状態
M101	ON
M102	OFF
M103	ON
タイマ 100	ON
タイマ 101	通電
タイマ 102	通電
タイマ 103	通電

③	
出力信号	状態
M101	OFF
M102	OFF
M103	ON
タイマ 100	OFF
タイマ 101	ON ⇒ OFF
タイマ 102	通電 1s
タイマ 103	通電 1s

④	
出力信号	状態
M101	OFF
M102	OFF
M103	ON
タイマ 100	通電
タイマ 101	OFF
タイマ 102	ON
タイマ 103	通電 2s

④⇒ **2s 後**

出力信号	状態
M101	OFF
M102	ON
M103	OFF
タイマ 100	ON
タイマ 101	通電
タイマ 102	OFF
タイマ 103	OFF

⑤

出力信号	状態
M101	OFF
M102	OFF
M103	OFF
タイマ 100	通電
タイマ 101	ON ⇒ OFF
タイマ 102	OFF
タイマ 103	OFF

⑤⇒ **2s 後**

出力信号	状態
M101	ON
M102	OFF
M103	ON
タイマ 100	ON
タイマ 101	通電
タイマ 102	通電
タイマ 103	通電

⑥

出力信号	状態
M101	OFF
M102	OFF
M103	ON
タイマ 100	OFF
タイマ 101	ON ⇒ OFF
タイマ 102	通電 1s
タイマ 103	通電 1s

⑦

出力信号	状態
M101	OFF
M102	OFF
M103	ON
タイマ 100	OFF
タイマ 101	OFF
タイマ 102	ON
タイマ 103	通電 2s

⑧

出力信号	状態
M101	OFF
M102	OFF
M103	ON
タイマ 100	OFF
タイマ 101	OFF
タイマ 102	ON
タイマ 103	通電 3s

⑨

出力信号	状態
M101	OFF
M102	OFF
M103	ON
タイマ 100	OFF
タイマ 101	OFF
タイマ 102	ON
タイマ 103	通電 4s

⑩

出力信号	状態
M101	OFF
M102	OFF
M103	ON
タイマ 100	通電
タイマ 101	OFF
タイマ 102	ON
タイマ 103	通電 5s

⑩⇒ **1s 後**

出力信号	状態
M101	OFF
M102	OFF
M103	ON
タイマ 100	通電 1s
タイマ 101	OFF
タイマ 102	OFF
タイマ 103	ON ⇒ OFF

⑩⇒ **2s 後**

出力信号	状態
M101	OFF
M102	ON
M103	ON
タイマ 100	ON
タイマ 101	通電
タイマ 102	通電 1s
タイマ 103	通電 1s

⑪

出力信号	状態
M101	OFF
M102	OFF
M103	ON
タイマ 100	OFF
タイマ 101	ON ⇒ OFF
タイマ 102	ON
タイマ 103	通電 2s

⑫

出力信号	状態
M101	OFF
M102	OFF
M103	ON
タイマ 100	OFF
タイマ 101	ON ⇒ OFF
タイマ 102	ON
タイマ 103	通電 3s

【解答】

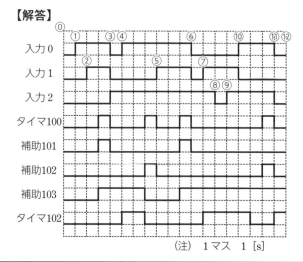

(注)　1マス　1[s]

問題2

　次の「処理内容1」および「処理内容2」を参照して，FBDプログラムの［①］～［⑧］内に当てはまる適切な命令語または変数名を答えなさい.

「処理内容1」

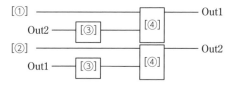

「処理内容2」

Data = Data1 × Data2 + Data3

ただし，Data1，Data2，Data3，Data4はINT型データである.
　　　Data1，Data2，Data3は1～99の範囲とする.

FBDプログラム

（＊処理内容1＊）

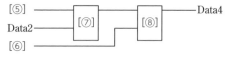

（＊処理内容2＊）

```
      [⑤] ─────┐    ┌──────┐
               │ [⑦] │      │
    Data2 ─────┤    │ [⑧] │───── Data4
               └────┤      │
      [⑥] ─────────┘      │
                    └──────┘
```

以下，JIS B3503より抜粋

演算	記号	対象となるデータ型
算術演算	MUL, DIV, MOD, ADD, SUB	INT, DINT, UINT, UDINT
論理演算	NOT, AND, OR, XOR	BOOL, WORD, DWORD
比較	GT, GE, EQ, LE, LT, NE	INT, DINT, UINT, UDINT
選択	SEL, MAX, MIN	INT, DINT, UINT, UDINT

→ 問題2の解説

［処理内容1］

プログラムの1，2行目についてそれぞれ次の枠の順に処理内容を考えます．

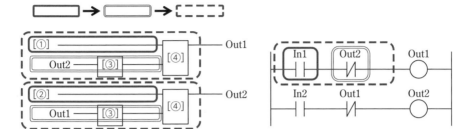

1行目の処理内容は次のとおりです．

☐の演算処理は［① In1］になります．

☐の演算処理は，［③ NOT Out2］となります．

⌐ ⌐ ⌐は，☐と☐を［④ AND］します．

2行目の処理内容は次のとおりです．

☐の演算処理は［② In2］になります．

☐の演算処理は，［③ NOT Out1］となります．

⌐ ⌐ ⌐は，☐と☐を［④ AND］します．

［処理内容2］

次の枠の順に処理を考えます．

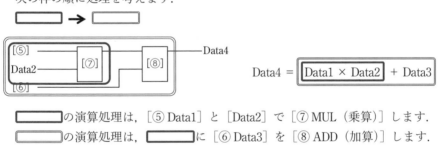

$$Data4 = \boxed{Data1 \times Data2} + Data3$$

☐の演算処理は，［⑤ Data1］と［Data2］で［⑦ MUL（乗算）］します．

☐の演算処理は，☐に［⑥ Data3］を［⑧ ADD（加算）］します．

【解答】

① In1　② In2　③ NOT　④ AND　⑤ Data1　⑥ Data3　⑦ MUL　⑧ ADD

計画立案等作業試験　編

問題 3

　ある装置を PLC を使って制御する．以下に示す「装置の仕様」「使用する PLC の各モジュールの仕様」「PLC のシステム仕様」を踏まえて，設問 1 および設問 2 に答えなさい．

設問 1　装置の制御のために必要となる各モジュールの数を答えなさい．ただし，入出力モジュールは点数の余裕や配線しやすさ等を考慮せず，できるだけモジュールの最大仕様まで使用することで必要最低限の数で構成すること．

　　デジタル入力モジュール：（①）モジュール
　　デジタル出力モジュール：（②）モジュール
　　アナログ入力モジュール：（③）モジュール
　　アナログ出力モジュール：（④）モジュール

設問 2　以下に示す「PLC のシステム仕様」にしたがって構成した場合，増設ブロックは何ブロックになるかを答えなさい．

　　増設ブロック数：（⑤）ブロック

■装置の仕様（制御に必要な入出力点数）

デジタル入力点数	単位：点	500
デジタル出力点数	単位：点	400
アナログ入力点数	単位：点	90
アナログ出力点数	単位：点	60

■使用する PLC の各モジュール仕様

PLC モジュール	仕様
CPU モジュール	プログラム総ステップ数　最大 100 キロステップ
デジタル入力モジュール	1 モジュールあたり，最大 32 点
デジタル出力モジュール	1 モジュールあたり，最大 32 点
アナログ入力モジュール	1 モジュールあたり，最大 16 点
アナログ出力モジュール	1 モジュールあたり，最大 16 点

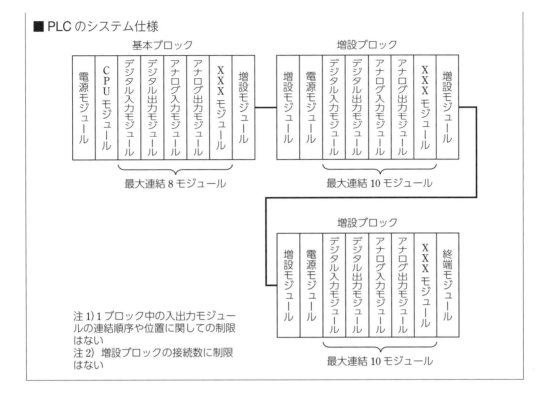

■ PLC のシステム仕様

注 1) 1 ブロック中の入出力モジュールの連結順序や位置に関しての制限はない

注 2) 増設ブロックの接続数に制限はない

➡ 問題 3 の解説

【設問 1】

「装置の仕様」「使用する PLC の各モジュール仕様」により，各モジュールの数を割り出します．

・デジタル入力モジュール：16 モジュール

$$500 \div 32 = 15.6 \fallingdotseq 16$$

・デジタル出力モジュール：13 モジュール

$$400 \div 32 = 12.5 \fallingdotseq 13$$

・アナログ入力モジュール：6 モジュール

$$90 \div 16 = 5.6 \fallingdotseq 6$$

・アナログ出力モジュール：4 モジュール

$$60 \div 16 = 3.8 \fallingdotseq 4$$

【設問 2】

「PLC のシステム仕様」に従って構成した場合の増設ブロック数を求めます．

はじめに，設問 1 の各モジュールの総数を計算します．

デジタル入力モジュール数＋デジタル出力モジュール数＋アナログ入力モジュール数＋アナログ出力モジュール＝ 16 ＋ 13 ＋ 6 ＋ 4 ＝ 39 モジュール

よって，39 モジュールを「基本ブロック＋増設ブロック」により設置しなければなりません．

次に，「PLC のシステム仕様」を確認します．

基本ブロックは最大 8 台のモジュールを設置可能，増設ブロックは最大 10 台のモジュールを設置可能となっています．

基本ブロックに 8 台 + 増設ブロックに 10 台 × x = 39 台

$$x = \frac{39 - 8}{10} = 3.1 \fallingdotseq 4$$

よって，増設ブロック数は 4 台となります．

【解答】

設問 1　① 16　② 13　③ 6　④ 4

設問 2　⑤ 4

問題 4

　以下の［ラダー図］を参照して次の［ST プログラムリスト］の［①］～［⑦］に当てはまる命令語または変数名を，答えなさい．

[ST プログラムリスト]

　補助：＝（［①］［②］補助）［③］［④］［⑤］；

　⑥　：＝［⑦］AND タイマ；

[ラダー図]

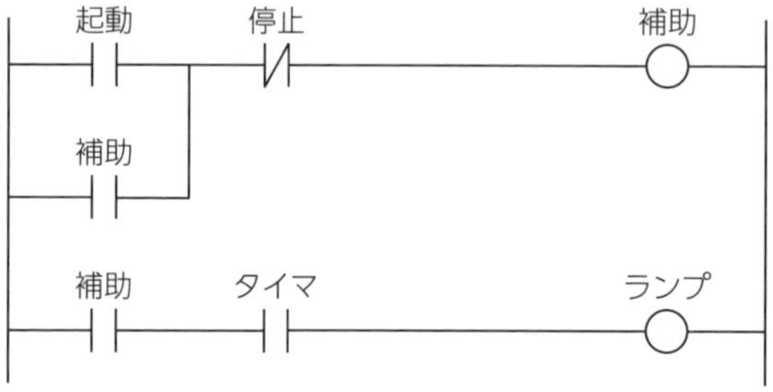

以下，JIS B3503 より抜粋

演算	記号	対象となるデータ型	使用例
代入	：＝		A：＝2；
括弧	（　式　）		A：＝(A＋B)/2；
比較	＜　＞　＝　＜＞　＞＝	INT, DINT, UINT, UDINT	A＞＝2；
数値演算	＋　－　＊　／	INT, DINT, UINT, UDINT	A：＝A/2＋B；
論理演算	NOT, AND, OR, XOR	BOOL, WORD, DWORD	X：＝Y AND W；
制御文	IF CASE FOR		

→ **問題 4 の解説**

　［ST プログラムリスト］と［ラダー図］の処理について，1，2 行目を次の枠の順に考えていきます．

[STプログラムリスト]

補助 : = （[①] [②] 補助） [③] [④] [⑤] ;

⑥ : = [⑦] AND タイマ ;

[ラダー図]

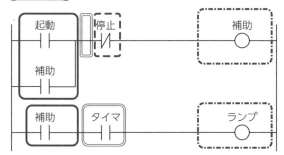

よって，

　　補助 : = （①起動 ②OR 補助） ③AND ④NOT ⑤停止 ;

　　⑥ランプ : = ⑦補助 AND タイマ ;

となります．

【解答】

①　起動　②　OR　③　AND　④　NOT　⑤　停止　⑥　ランプ　⑦　補助

1-03 > 2級計画立案等作業試験（練習問題Ⅲ）

問題1

　次の［ラダー図プログラム］および［注意事項］に従って，［タイムチャート］を完成させなさい．

［ラダー図プログラム］

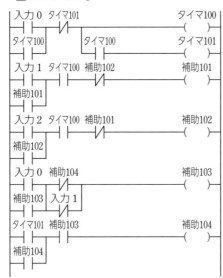

［注意事項］
①タイマ100は2秒のオンディレイ
②タイマ101は3秒のオンディレイ

［タイムチャート］

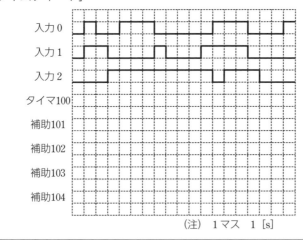

（注）1マス 1 [s]

→ 問題 1 の解説

　　初期状態⓪から入力信号が①～⑧と変化したときとタイマが動作したタイミングで動作出力信号がどのように変化するか，順に追っていきます．

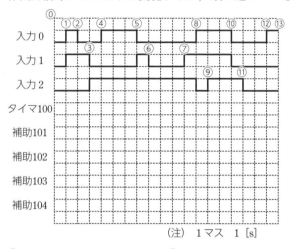

（注）　1マス　1［s］

⓪
出力信号	状態
M101	OFF
M102	OFF
M103	OFF
M104	OFF
タイマ 100	OFF
タイマ 101	OFF

①
出力信号	状態
M101	OFF
M102	OFF
M103	ON
M104	OFF
タイマ 100	通電
タイマ 101	OFF

②
出力信号	状態
M101	OFF
M102	OFF
M103	ON
M104	OFF
タイマ 100	OFF
タイマ 101	OFF

③
出力信号	状態
M101	OFF
M102	OFF
M103	ON
M104	OFF
タイマ 100	OFF
タイマ 101	OFF

④
出力信号	状態
M101	OFF
M102	OFF
M103	ON
M104	OFF
タイマ 100	通電
タイマ 101	OFF

④⇒ **2s 後**
出力信号	状態
M101	OFF
M102	ON
M103	ON
M104	OFF
タイマ 100	ON
タイマ 101	通電

⑤
出力信号	状態
M101	OFF
M102	ON
M103	ON
M104	OFF
タイマ 100	ON
タイマ 101	通電 1s

⑥
出力信号	状態
M101	OFF
M102	ON
M103	ON
M104	OFF
タイマ 100	ON
タイマ 101	通電 2s

⑥⇒ **1s 後**
出力信号	状態
M101	OFF
M102	OFF
M103	ON
M104	ON
タイマ 100	OFF
タイマ 101	ON ⇒ OFF

⑦

出力信号	状態
M101	OFF
M102	OFF
M103	OFF
M104	OFF
タイマ 100	OFF
タイマ 101	OFF

⑧

出力信号	状態
M101	OFF
M102	OFF
M103	ON
M104	OFF
タイマ 100	通電
タイマ 101	OFF

⑨

出力信号	状態
M101	OFF
M102	OFF
M103	ON
M104	OFF
タイマ 100	通電 1s
タイマ 101	OFF

⑨⇒**1s 後**

出力信号	状態
M101	ON
M102	OFF
M103	ON
M104	OFF
タイマ 100	ON
タイマ 101	通電

⑩

出力信号	状態
M101	ON
M102	OFF
M103	ON
M104	OFF
タイマ 100	ON
タイマ 101	通電 1s

⑪

出力信号	状態
M101	ON
M102	OFF
M103	ON
M104	OFF
タイマ 100	ON
タイマ 101	通電 2s

⑪⇒**1s 後**

出力信号	状態
M101	OFF
M102	OFF
M103	ON
M104	ON
タイマ 100	OFF
タイマ 101	ON ⇒ OFF

⑫

出力信号	状態
M101	OFF
M102	OFF
M103	ON
M104	ON
タイマ 100	通電
タイマ 101	OFF

⑬

出力信号	状態
M101	OFF
M102	OFF
M103	ON
M104	ON
タイマ 100	通電 1s
タイマ 101	OFF

【解答】

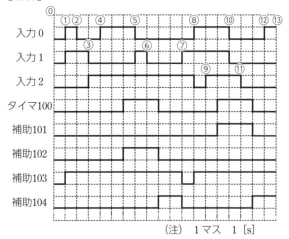

(注)　1マス　1 [s]

問題2

　次の「処理内容1」および「処理内容2」を参照して，［①］～［⑧］内に当てはまる適切な語句を解答し，FBDを完成させなさい．

「処理内容1」

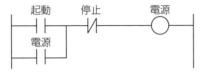

「処理内容2」

偏差＝得点－合計÷人数

ただし，偏差，得点，合計，人数はINT形データである．

　　　偏差，得点，合計は1～99の範囲とする．

FBDプログラム

（＊処理内容1＊）

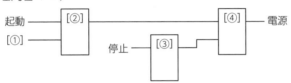

（＊処理内容2＊）

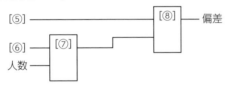

以下，JIS B3503より抜粋

演算	記号	対象となるデータ型
算術演算	MUL, DIV, MOD, ADD, SUB	INT, DINT, UINT, UDINT
論理演算	NOT, AND, OR, XOR	BOOL, WORD, DWORD
比較	GT, GE, EQ, LE, LT, NE	INT, DINT, UINT, UDINT
選択	SEL, MAX, MIN	INT, DINT, UINT, UDINT

計画立案等作業試験　編

→ 問題2の解説

［処理内容1］

　次の枠の順に処理を考えます．

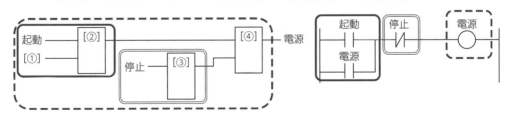

　　　　　　の演算処理は，［起動］と［①電源］を［②OR］します．

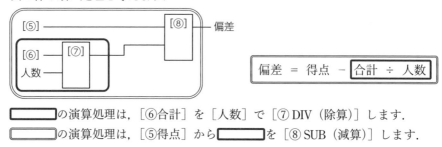

の演算処理は，［停止］を［③ NOT］します.

の演算処理は，とを［④ AND］します.

［処理内容 2］

次の枠の順に処理を考えます.

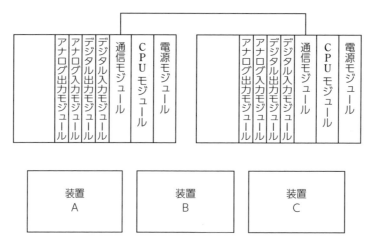

偏差 ＝ 得点 － 合計 ÷ 人数

の演算処理は，［⑥合計］を［人数］で［⑦ DIV（除算)］します.

の演算処理は，［⑤得点］からを［⑧ SUB（減算)］します.

【解答】

① 電源 ② OR ③ NOT ④ AND ⑤ 得点 ⑥ 合計 ⑦ DIV ⑧ SUB

問題 3

3 つの装置（装置 A，B，C）を，2 台の PLC を使って制御する. つまり，2 台のうち 1 台の PLC では 2 つの装置を制御するシステム構成となる.

ただし，右記に示す構成上の制約条件および PLC の仕様の範囲内で構成が可能であること.

以上を踏まえて，設問 1 および設問 2 に答えなさい.

アナログ出力モジュール	アナログ入力モジュール	デジタル出力モジュール	デジタル入力モジュール	通信モジュール	CPUモジュール	電源モジュール		アナログ出力モジュール	アナログ入力モジュール	デジタル出力モジュール	デジタル入力モジュール	通信モジュール	CPUモジュール	電源モジュール

装置 A	装置 B	装置 C

設問 1　以下の文章の（①）および（②）内に当てはまる，適切な記号（A 〜 C）を答えなさい.

　装置（①）と装置（②）が 1 台の PLC で制御される.

設問 2　設問 1 で選択した組合せの場合，その 1 台の PLC において最低限必要となるアナログ入力モジュールのモジュール数を答えなさい.

■構成上の制約条件
・1つの装置を複数の PLC で制御してはいけない.
・各 PLC 間は通信により接続されるが, PLC 間を通信で接続した場合, PLC1 台ごとに（制御用プログラムの他に）通信用プログラムが 30 キロステップ必要となる.
・入出力モジュールは点数の余裕や配線しやすさ等を考慮せず, できるだけ最大仕様まで使用することで必要最低限の数で構成すること.

■各装置の制御に必要なプログラム容量と入出力点数

装置名		A	B	C
制御用プログラムのステップ数	単位：キロステップ	30	40	30
デジタル入力	単位：点	400	300	200
デジタル出力	単位：点	200	100	300
アナログ入力	単位：点	14	18	16
アナログ出力	単位：点	16	14	18

■使用する PLC の各モジュール仕様

PLC モジュール	仕様
CPU モジュール	プログラム容量は, 最大 100 キロステップ 制御可能なデジタル入出力点数は, 最大 1000 点 制御可能なアナログ入出力点数は, 最大 64 点
デジタル入力モジュール	1 モジュールあたり, 最大 16 点
デジタル出力モジュール	1 モジュールあたり, 最大 16 点
アナログ入力モジュール	1 モジュールあたり, 最大 4 点
アナログ出力モジュール	1 モジュールあたり, 最大 4 点

（使用する PLC の各モジュールの仕様は, どの装置においても同じものとする）

■装置ごとに 1 台の PLC を使用した場合のシステム構成

装置名		A	B	C
プログラムステップ数（通信用を含む）	単位：キロステップ	60	70	60
CPU モジュール	単位：モジュール	1	1	1
デジタル入力モジュール数	単位：モジュール	25	19	13
デジタル出力モジュール数	単位：モジュール	13	7	19
アナログ入力モジュール数	単位：モジュール	4	5	4
アナログ出力モジュール数	単位：モジュール	4	4	5
通信モジュール数	単位：モジュール	1	1	1

問題3の解説

［設問1］

「構成上の制約条件」「使用するPLCの各モジュール仕様」により，プログラム容量を考えます．

PLCのCPUモジュールは「**最大100キロステップ**」で，**制御可能なデジタル入出力点数（最大1000点），制御可能なアナログ入出力点数（最大64点）**となっています．

ただし，PLC間の通信に「**通信用プログラム30キロステップ**」が必要になります．

　　通信プログラム　　＋　　制御プログラム　　≦　　プログラム容量
　　（30キロステップ）　　　　（ステップ数）　　　　　（100キロステップ）

「各装置の制御に必要なプログラム容量と入出力点数」から，1台のPLCで装置2台を制御できるか判断します．

装置名		A	B	C
制御用プログラムのステップ数	単位：キロステップ	30	40	30
デジタル入力	単位：点	400	300	200
デジタル出力	単位：点	200	100	300
アナログ入力	単位：点	14	18	16
アナログ出力	単位：点	16	14	18

① A＋Bの場合
・制御用プログラム数
装置A＋装置B＋通信用＝30＋40＋30＝100≦100　◎
・制御可能なデジタル入出力点数
装置A＋装置B＝600＋400＝1000≦1000　◎
・制御可能なアナログ入出力点数
装置A＋装置B＝30＋32＝62≦64　◎

② A＋Cの場合
・制御用プログラム数
装置A＋装置C＋通信用＝30＋30＋＝90≦100　◎
・制御可能なデジタル入出力点数
装置A＋装置C＝600＋500＝1100＞1000　×
・制御可能なアナログ入出力点数
装置A＋装置C＝30＋34＝64≦64　◎

③ B＋Cの場合
・制御用プログラム数
装置B＋装置C＋通信用＝40＋30＋30＝100≦100　◎
・制御可能なデジタル入出力点数
装置B＋装置C＝400＋500＝900≦1000　◎
・制御可能なアナログ入出力点数
装置B＋装置C＝32＋34＝66＞64　×

①～③より，装置Aと装置Bが1台のPLCで制御可能となります．

【設問 2】

　2つの装置を1台のPLCで制御する場合に，最小限必要となるアナログ入力モジュールについて考えます．

　装置Aと装置Bを合わせて，アナログ入力は計32点必要です．アナログ入力モジュールは1モジュールあたり最大4点です．そのため，1台のPLCにおいて最低限必要となるアナログ入力モジュールのモジュール数は8台となります．

$$32 \div 4 = 8$$

【解答】

　設問1　①　A　②　B

　設問2　8モジュール

問題 4

　以下の［回路図］を参照して次の［プログラムリスト］の［①］〜［⑦］に当てはまる命令語または変数名を答えなさい．

［プログラムリスト］

　［①］：=（［②］［③］CCW）AND NOT CW AND［④］E_STP；

　［⑤］：=（［⑥］OR CW）［⑦］NOT CCW AND NOT E_STP；

［回路図］

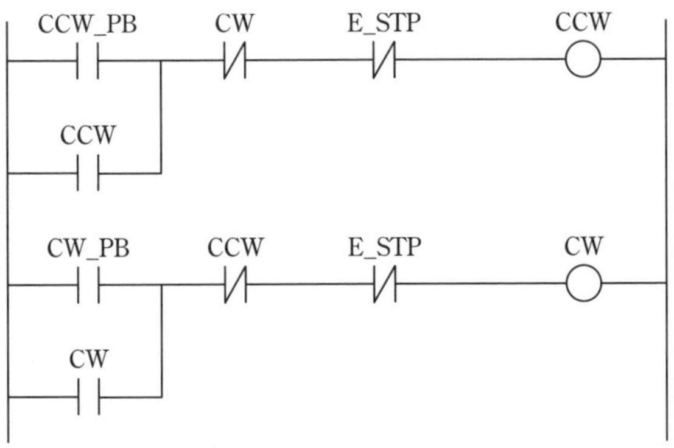

以下，JIS B3503 構造化テキスト（ST）言語より抜粋

演算	記号	対象となるデータ型	使用例
代入	： =		A：= 2；
括弧	（　式　）		A：=(A + B)/2；
比較	＜　＞　=　＜＞　＞=	INT, DINT, UINT, UDINT	A＞= 2；
数値演算	＋　−　＊　／	INT, DINT, UINT, UDINT	A：= A/2 + B；
論理演算	NOT, AND, OR, XOR	BOOL, WORD, DWORD	X：= Y AND W；
制御文	IF CASE FOR		

問題4の解説

［プログラムリスト］と［回路図］の処理について，1，2行目を枠の順に考えていきます．

［プログラムリスト］

［①］：＝（［②］　［③］　CCW）　AND　NOT　CW　AND　［④］　E_STP；

［⑤］：＝（［⑥］　OR　CCW）　［⑦］　NOT　CCW　AND NOT　E_STP；

［回路図］

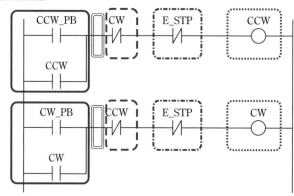

よって，

　①CCW：＝（②CCW_PB ③OR CCW）AND NOT CW AND ④NOT E_STP；
　⑤CW：＝（⑥CW_PB OR CW）⑦AND NOT CCW AND NOT E_STP；
となります．

【解答】

①　CCW　②　CCW_PB　③　OR　④　NOT　⑤　CW　⑥　CW_PB　⑦　AND

1-04 ▶ 2級計画立案等作業試験（練習問題IV）

問題1

次のラダー図プログラムおよび注意事項に従って，［タイムチャート］を完成させなさい．

［ラダー図プログラム］

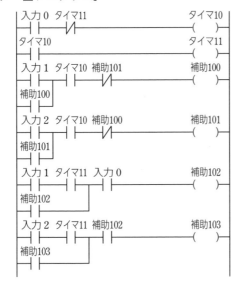

［注意事項］
① タイマ10は2秒のオンディレイ
② タイマ11は3秒のオンディレイ

［タイムチャート］

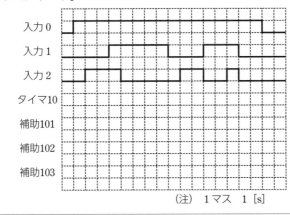

(注) 1マス 1[s]

157

→ 問題1の解説

　初期状態⓪から入力信号が①～⑧と変化したときとタイマが動作したタイミングで動作出力信号がどのように変化するか，順に追っていきます.

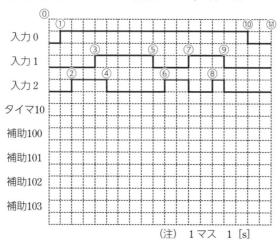

(注)　1マス　1 [s]

⓪	
出力信号	状態
M100	OFF
M101	OFF
M102	OFF
M103	OFF
タイマ 10	OFF
タイマ 11	OFF

①	
出力信号	状態
M100	OFF
M101	OFF
M102	OFF
M103	OFF
タイマ 10	通電
タイマ 11	OFF

②	
出力信号	状態
M100	OFF
M101	OFF
M102	OFF
M103	OFF
タイマ 10	通電 1s
タイマ 11	OFF

②⇒ 1s 後

出力信号	状態
M100	OFF
M101	ON
M102	OFF
M103	OFF
タイマ 10	ON
タイマ 11	通電

③	
出力信号	状態
M100	OFF
M101	ON
M102	OFF
M103	OFF
タイマ 10	ON
タイマ 11	通電 1s

④	
出力信号	状態
M100	OFF
M101	ON
M102	OFF
M103	OFF
タイマ 10	ON
タイマ 11	通電 2s

④⇒ 1s 後

出力信号	状態
M100	OFF
M101	OFF
M102	ON
M103	OFF
タイマ 10	OFF ⇒通電
タイマ 11	ON ⇒ OFF

④⇒ 3s 後

出力信号	状態
M100	ON
M101	OFF
M102	ON
M103	OFF
タイマ 10	ON
タイマ 11	通電

⑤	
出力信号	状態
M100	ON
M101	OFF
M102	ON
M103	OFF
タイマ 10	ON
タイマ 11	通電 1s

⑥

出力信号	状態
M100	ON
M101	OFF
M102	ON
M103	OFF
タイマ10	ON
タイマ11	通電 2s

⑥ ⇒ **1s 後**

出力信号	状態
M100	OFF
M101	OFF
M102	ON
M103	ON
タイマ10	OFF ⇒通電
タイマ11	ON ⇒ OFF

⑦

出力信号	状態
M100	OFF
M101	OFF
M102	ON
M103	ON
タイマ10	通電 1s
タイマ11	OFF

⑦ ⇒ **1s 後**

出力信号	状態
M100	ON
M101	OFF
M102	ON
M103	ON
タイマ10	ON
タイマ11	通電

⑧

出力信号	状態
M100	ON
M101	OFF
M102	ON
M103	ON
タイマ10	ON
タイマ11	通電 1s

⑨

出力信号	状態
M100	ON
M101	OFF
M102	ON
M103	ON
タイマ10	ON
タイマ11	通電 2s

⑨ ⇒ **1s**

出力信号	状態
M100	OFF
M101	OFF
M102	ON
M103	ON
タイマ10	OFF ⇒通電
タイマ11	ON ⇒ OFF

⑩

出力信号	状態
M100	OFF
M101	OFF
M102	OFF
M103	OFF
タイマ10	OFF
タイマ11	OFF

⑪

出力信号	状態
M100	OFF
M101	OFF
M102	OFF
M103	OFF
タイマ10	OFF
タイマ11	OFF

計画立案等作業試験 編

【解答】

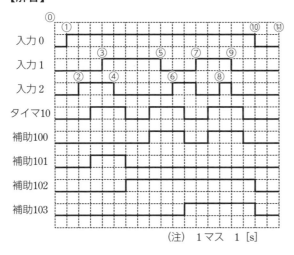

（注）　1マス　1［s］

問題2

　次の「処理内容1」および「処理内容2」を参照して，［①］～［⑧］内に当てはまる適切な語句，数値を解答し，FBDを完成させなさい．

「処理内容1」

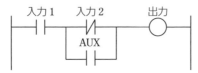

「処理内容2」

Data4　= Data1 − Data2 × Data3

ただし，Data1，Data2，Data3，Data4 は INT 形データである．

　　　　Data1，Data2，Data3 は 1～99 の範囲とする．

FBD プログラム

（＊処理内容1＊）

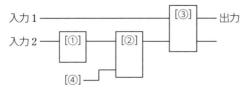

（＊処理内容2＊）

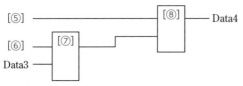

以下，JIS B3503 より抜粋

演算	記号	対象となるデータ型
算術演算	MUL, DIV, MOD, ADD, SUB	INT, DINT, UINT, UDINT
論理演算	NOT, AND, OR, XOR	BOOL, WORD, DWORD
比較	GT, GE, EQ, LE, LT, NE	INT, DINT, UINT, UDINT
選択	SEL, MAX, MIN	INT, DINT, UINT, UDINT

→ 問題2の解説

［処理内容1］

　プログラムの1，2行目についてそれぞれ次の枠の順に処理内容を考えます．

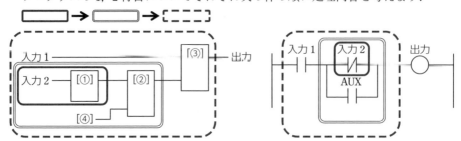

1行目の処理内容は次のとおりです．

⬚の演算処理は，［① NOT］入力2になります．

⬚の演算処理は，⬚と［④ AUX］を［② OR］します．

⬚は，入力1と⬚を［③ AND］します．

［処理内容2］

次の枠の順に処理を考えます．

⬚➡⬚

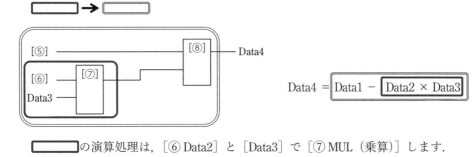

$$Data4 = Data1 - \boxed{Data2 \times Data3}$$

⬚の演算処理は，［⑥ Data2］と［Data3］で［⑦ MUL（乗算）］します．

⬚の演算処理は，［⑤ Data1］から⬚を［⑧ SUB（減算）］します．

【解答】

① NOT　② OR　③ AND　④ AUX　⑤ Data1　⑥ Data2　⑦ MUL　⑧ SUB

計画立案等作業試験　編

問題3

ある装置を PLC を使って制御する．以下に示す「装置の仕様」「使用する PLC の各モジュールの仕様」「PLC のシステム仕様」を踏まえて，設問1および設問2に答えなさい．

設問1　装置の制御のために必要となる各モジュールの数を答えなさい．ただし，入出力モジュールは点数の余裕や配線しやすさ等を考慮せず，できるだけモジュールの最大仕様まで使用することで必要最低限の数で構成すること．

　デジタル入力モジュール：（①）モジュール
　デジタル出力モジュール：（②）モジュール
　アナログ入力モジュール：（③）モジュール
　アナログ出力モジュール：（④）モジュール

設問2　右記に示す「PLC のシステム仕様」にしたがって構成した場合，増設モジュールは何モジュール必要か答えなさい．

　増設モジュール数：（⑤）モジュール

■装置の仕様（制御に必要な入出力点数）

デジタル入力点数	単位：点	600
デジタル出力点数	単位：点	400
アナログ入力点数	単位：点	100
アナログ出力点数	単位：点	60

■使用するPLCの各モジュール仕様

PLCモジュール	仕様
CPUモジュール	プログラム総ステップ数　最大200キロステップ
デジタル入力モジュール	1モジュールあたり，最大64点
デジタル出力モジュール	1モジュールあたり，最大64点
アナログ入力モジュール	1モジュールあたり，最大16点
アナログ出力モジュール	1モジュールあたり，最大16点

■ PLCのシステム仕様

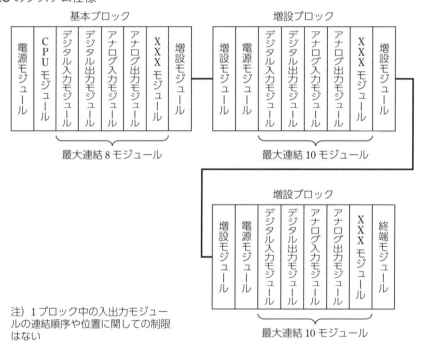

注）1ブロック中の入出力モジュールの連結順序や位置に関しての制限はない

→ 問題3の解説

[設問1]

　問題の「装置の仕様」「使用するPLCの各モジュール仕様」により，各モジュールの数を割り出します．

・デジタル入力モジュール：10モジュール

　　600 ÷ 64 = 9.4 ≒ 10

・デジタル出力モジュール：7モジュール

　　　400 ÷ 64 = 6.3 ≒ 7

・アナログ入力モジュール：7モジュール

　　　100 ÷ 16 = 6.3 ≒ 7

・アナログ出力モジュール：4モジュール

　　　60 ÷ 16 = 3.8 ≒ 4

[設問2]

「PLCのシステム仕様」に従って校正した場合の増設ブロック数を求めます.

はじめに，設問1の各モジュールの総数を計算します.

　　　デジタル入力モジュール数＋デジタル出力モジュール数＋アナログ入力モジュール数＋アナログ出力モジュール = 10 + 7 + 7 + 4 = 28モジュール

よって，28モジュールを基本ブロック＋増設ブロックにより設置しなければなりません.

次に，「PLCのシステム仕様」を確認します.

基本ブロックは最大8台のモジュールを設置可能,増設ブロックは最大10台のモジュールを設置可能となっています.

　　　基本ブロックに8台＋増設ブロックに10台×x = 28台

$$x = \frac{28 - 8}{10} = 2$$

よって，増設ブロック数は2台となります.

【解答】

設問1　①　10　②　7　③　7　④　4
設問2　⑤　2

問題4

回路図を参照して次のプログラムリストの［①］～［⑦］に当てはまる命令語または変数名を，答えなさい.

[プログラムリスト]

　［①］:=（タイマ［②］NOT フリッカ）［③］（NOT［④］AND フリッカ）;

　［⑤］:=（フリッカ OR［⑥］）AND［⑦］リセット;

[回路図]

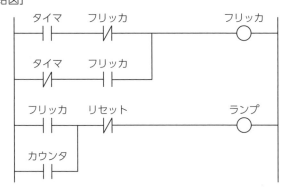

以下，JIS B3503 より抜粋

演算	記号	対象となるデータ型	使用例
代入	： ＝		A：＝2；
括弧	（　式　）		A：＝(A＋B)/2；
比較	＜　＞　＝　＜＞　＞＝	INT, DINT, UINT, UDINT	A＞＝2；
数値演算	＋　－　＊　／	INT, DINT, UINT, UDINT	A：＝A/2＋B；
論理演算	NOT, AND, OR, XOR	BOOL, WORD, DWORD	X：＝Y AND W；
制御文	IF CASE FOR		

⮕ 問題 4 の解説

　［プログラムリスト］と［回路図］の処理について，1, 2行目を枠の順に考えていきます．

□ ➡ ▭ ➡ ⌐ ⌐ ➡ ⌐ ⌐

［プログラムリスト］

［①］ ：＝ （タイマ ［②］ NOT フリッカ） ［③］ （NOT ［④］ AND フリッカ）；

［⑤］ ：＝ （フリッカ OR ［⑥］） AND ［⑦］ リセット；

[●●●]

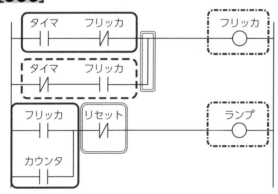

よって，
　①フリッカ：＝（タイマ ② AND NOT フリッカ）③ OR（NOT ④タイマ AND フリッカ）；
　ランプ：＝（フリッカ OR ⑥カウンタ）AND ⑦ NOT リセット；
となります．

【解答】
①　フリッカ　②　AND　③　OR　④　タイマ　⑤　ランプ　⑥　カウンタ　⑦　NOT

1 級計画立案等作業試験

[試験時間：1時間, 問題数：4問]

2-01 > 1 級計画立案等作業試験（練習問題 I ）

問題 1

次の［ラダー図プログラム］に従って，［タイムチャート］を完成させなさい.

［ラダー図プログラム］

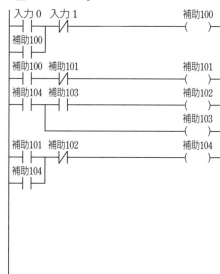

計画立案等作業試験 ------ 編

［タイムチャート］

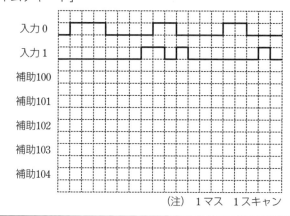

（注）1マス 1スキャン

→ 問題1の解説

初期状態⓪から入力信号が①〜⑫と変化したタイミングで動作出力信号がどのように変化するかを，順に追っていきます．

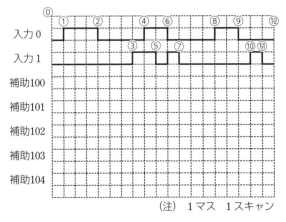

（注）　1マス　1スキャン

⓪

出力信号	状態
補助 100	OFF
補助 101	OFF
補助 102	OFF
補助 103	OFF
補助 104	OFF

①

出力信号	状態
補助 100	ON
補助 101	ON
補助 102	OFF
補助 103	OFF
補助 104	ON

①⇒1スキャン後

出力信号	状態
補助 100	ON
補助 101	OFF
補助 102	OFF
補助 103	ON
補助 104	ON

①⇒2スキャン後

出力信号	状態
補助 100	ON
補助 101	ON
補助 102	ON
補助 103	ON
補助 104	OFF

②

出力信号	状態
補助 100	ON
補助 101	OFF
補助 102	OFF
補助 103	OFF
補助 104	OFF

②⇒1スキャン後

出力信号	状態
補助 100	ON
補助 101	ON
補助 102	OFF
補助 103	OFF
補助 104	ON

②⇒2スキャン後

出力信号	状態
補助 100	ON
補助 101	OFF
補助 102	OFF
補助 103	ON
補助 104	ON

③

出力信号	状態
補助 100	OFF
補助 101	OFF
補助 102	ON
補助 103	ON
補助 104	OFF

④

出力信号	状態
補助 100	OFF
補助 101	OFF
補助 102	OFF
補助 103	OFF
補助 104	OFF

⑤

出力信号	状態
補助 100	ON
補助 101	ON
補助 102	OFF
補助 103	OFF
補助 104	ON

⑥

出力信号	状態
補助 100	OFF
補助 101	OFF
補助 102	OFF
補助 103	ON
補助 104	ON

⑦

出力信号	状態
補助 100	OFF
補助 101	OFF
補助 102	ON
補助 103	ON
補助 104	OFF

⑦⇒１スキャン後

出力信号	状態
補助 100	OFF
補助 101	OFF
補助 102	OFF
補助 103	OFF
補助 104	OFF

⑧

出力信号	状態
補助 100	ON
補助 101	ON
補助 102	OFF
補助 103	OFF
補助 104	ON

⑧⇒１スキャン後

出力信号	状態
補助 100	ON
補助 101	OFF
補助 102	OFF
補助 103	ON
補助 104	ON

⑨

出力信号	状態
補助 100	ON
補助 101	ON
補助 102	ON
補助 103	ON
補助 104	OFF

⑩

出力信号	状態
補助 100	OFF
補助 101	OFF
補助 102	OFF
補助 103	OFF
補助 104	OFF

⑪

出力信号	状態
補助 100	OFF
補助 101	OFF
補助 102	OFF
補助 103	OFF
補助 104	OFF

⑫

出力信号	状態
補助 100	OFF
補助 101	OFF
補助 102	OFF
補助 103	OFF
補助 104	OFF

【解答】

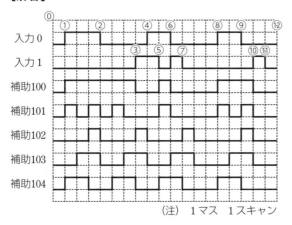

（注）　１マス　１スキャン

問題 2

　次の「処理内容 1」および「処理内容 2」を参照して，FBD プログラムの［①］〜［⑦］に当てあまる適切な命令語，変数名または数値を，答えなさい.

「処理内容 1」

　Data1，Data2，Data3 の最大値，最小値と平均値を求める.

「処理内容 2」

　上で求めた最大値，最小値と平均値との差を計算し，その絶対値を求める.

　ただし Data1，Data2，Data3，最大値，最小値，平均値，最大平均差，最小平均差は INT 型とする.

FBD プログラム

（＊処理内容 1 ＊）　　　　　　　　　　　　　（＊処理内容 2 ＊）

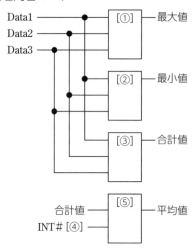

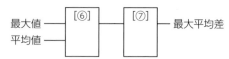

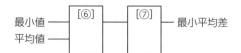

以下，JIS B3503 より抜粋

演算の種類	ファンクション名	対象となるデータ型の例
数値演算	ABS, SQRT, EXP, SIN, COS	INT, DINT, REAL
算術演算	MUL, DIV, MOD, ADD, SUB	INT, DINT, UINT, UDINT
論理演算	NOT, AND, OR, XOR	BOOL, WORD, DWORD
比較	GT, GE, EQ, LE, LT, NE	INT, DINT, UINT, UDINT
選択	SEL, MAX, MIN	INT, DINT, UINT, UDINT
ビットシフト	ROL, ROR, SHL, SHR	WORD, DWORD

問題 2 の解説

演算処理と内容は次のようになります．

演算	内容	データ型	内容
SQRT	入力値の平方根を演算する	SIN	入力値の SIN を演算する
EXP	eを底とする数値のべき乗を演算する	COS	入力値の COS を演算する
		ABS	入力値の絶対値を演算する
ROL	16, 32 ビットの入力値を左にビットローテーションする	SHL	16, 32 ビットの入力値を左にビットシフトする
ROR	16, 32 ビットの入力値を右にビットローテーションする	SHR	16, 32 ビットの入力値を右にビットシフトする

［処理内容 1］

Data1, Data2, Data3 の最大値，最小値と平均値を求めます．次の枠の順に処理を考えます．

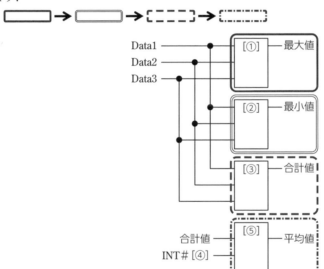

◯◯◯の演算処理は，入力値を［① MAX］して，最大値を求めます．

◯◯◯の演算処理は，入力値を［② MIN］して，最小値を求めます．

◯◯◯の演算処理は，入力値を［③ ADD］して，合計値を求めます．

◯◯◯の演算処理は，合計値を［④ 3（Data の数)］で［⑤ DIV（除算)］して，平均値を求めます．

［処理内容 2］

［処理内容 1］で求めた最大値，最小値と平均値との差を計算し，その絶対値を求めます．次の枠の順に処理を考えます．

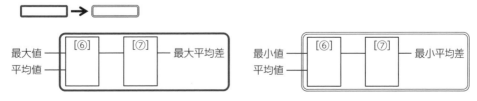

　　　　　　　の演算処理は，最大値と平均値の差を［⑥ SUB（減算）］により演算し，
［⑦ ABS（絶対値）］により，最大平均差を求めます．

　　　　　　　の演算処理は，最小値と平均値の差を［⑥ SUB（減算）］により演算し，
［⑦ ABS（絶対値）］により，最小平均差を求めます．

【解答】

①　MAX　②　MIN　③　ADD　④　3　⑤　DIV　⑥　SUB　⑦　ABS

問題3

　4つの装置（装置 A，B，C，D）を，3台の PLC を使って制御する．つまり，3台の PLC のうち1台は2つの装置を制御するシステム構成とする．ただし，下記に示す構成上の制約条件および PLC の仕様の範囲内で構成が可能であること．以上を踏まえて，設問1 および設問2 に答えなさい．

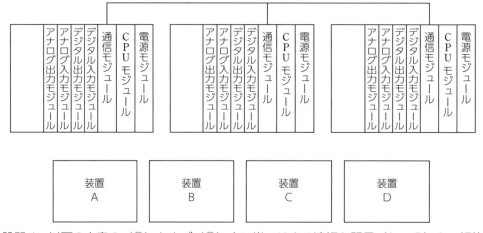

設問1　以下の文章の（①）および（②）内に当てはまる適切な記号（A 〜 D）を，解答欄に記入しなさい．

　　装置（①）と装置（②）が1台の PLC で制御される．

設問2　設問1で選択した2つの装置の組合せにおいて，装置ごとに1台ずつの PLC で制御した場合と，2つの装置を1台の PLC で制御した場合とでは，最小限必要となるデジタル入力モジュールとデジタル出力モジュールの合計数はどう変化するか．以下の選択肢から一つ選び，その記号を答えなさい．

　　イ）2つの装置を1台の PLC で制御した場合の方が，1モジュール多くなる
　　ロ）2つの装置を1台の PLC で制御した場合の方が，1モジュール少なくなる
　　ハ）2つの装置を1台の PLC で制御した場合の方が，2モジュール少なくなる
　　ニ）モジュール数は変化しない

■構成上の制約条件
・1つの装置を複数の PLC で制御してはいけない．
・各 PLC 間は通信により接続されるが，PLC 間を通信で接続した場合，通信モジュール

は PLC1 台ごとに 1 台のみ必要となる．また，PLC1 台ごとに（制御用プログラムの他に）通信用プログラムが 1 キロステップ必要となり，これは PLC1 台が制御する装置数によって変化しない．

・プログラム容量は今後のメンテナンスのために 10 キロステップ以上の空きを残すこと．
・入力モジュールおよび出力モジュールは点数の余裕や配線しやすさ等を考慮せず，できるだけ最大仕様まで使用することで必要最小限の数で構成すること．

■各装置の制御に必要なプログラム容量と入出力点数

装置名		A	B	C	D
制御用プログラムのステップ数	単位：キロステップ	30	20	40	50
デジタル入力	単位：点	400	200	300	300
デジタル出力	単位：点	300	200	100	200
アナログ入力	単位：点	70	80	100	90
アナログ出力	単位：点	50	60	70	50

■使用する PLC の各モジュール仕様

PLC モジュール	仕様
CPU モジュール	・プログラム容量は最大 100 キロステップ ・1CPU モジュールで制御可能なデジタル入出力点数は　　最大 1000 点 ・1CPU モジュールあたりのアナログモジュール装着数は　　最大 20 モジュール
電源モジュール	―
デジタル入力モジュール	1 モジュールあたり，最大 32 点
デジタル出力モジュール	1 モジュールあたり，最大 32 点
アナログ入力モジュール	1 モジュールあたり，最大 16 点
アナログ出力モジュール	1 モジュールあたり，最大 16 点
通信モジュール	―

（使用する PLC の各モジュールの仕様は，どの装置においても同じものとする．）

■装置ごとに 1 台の PLC を使用した場合のシステム構成

装置名		A	B	C	D
プログラムステップ数 （通信用，余裕分を含む）	単位：キロステップ	50	40	60	70
CPU モジュール	単位：モジュール	1	1	1	1
電源モジュール	単位：モジュール	1	1	1	1
デジタル入力モジュール数	単位：モジュール	13	7	10	10
デジタル出力モジュール数	単位：モジュール	10	7	4	7
アナログ入力モジュール数	単位：モジュール	5	5	7	6
アナログ出力モジュール数	単位：モジュール	4	4	5	4
通信モジュール数	単位：モジュール	1	1	1	1

計画立案等作業試験　編

→ 問題 3 の解説

[設問 1]

「構成上の制約条件」「使用する PLC の各モジュール仕様」により，プログラム容量を考えます．

1 台の PLC の CPU モジュールは**最大 100 キロステップ**で，**制御可能なデジタル入出力点数は最大 1000 点**，**制御可能なアナログ入出力点数は最大 320 点 = 20 モジュール × 16 点**となります．

ただし，PLC 間の通信に**通信用プログラム 10 キロステップ**が必要になり，**メンテナンスのために 10 キロステップ以上の空きを残し**ます．

プログラムステップ数の合計 ＋ 通信用プログラム ＋ 空き容量 ≦ プログラム容量
（最大 80 キロステップ）　　　　（10 キロステップ）　（10 キロステップ）（100 キロステップ）

「各装置の制御に必要なプログラム容量と入出力点数」から，1 台の PLC で装置 2 台を制御できるか判断します．

装置名		A	B	C	D
制御用プログラムのステップ数	単位：キロステップ	30	20	40	50
デジタル入力	単位：点	400	200	300	300
デジタル出力	単位：点	300	200	100	200
アナログ入力	単位：点	70	80	100	90
アナログ出力	単位：点	50	60	70	50

① 装置 2 台の総プログラムステップ数（100 キロステップ以下）

装置 C ＋装置 D ＋通信用＋メンテナンス用 = 40 ＋ 50 ＋ 10 ＋ 10 = 110 ＞ 100　×
その他の組合せ　○

① を満たす候補は，装置 A ＋装置 B or 装置 C or 装置 D，装置 B ＋装置 C or 装置 D となります．

② PLC2 台の総デジタル入出力点数（最大 1000 点）

① を満たす候補の中から検討します．

装置 A と装置 B~D の組合せはいずれも総デジタル入出力点数＞1000　×
その他の組合せ　○

①，② を満たす候補は，装置 B ＋装置 C or 装置 D です．

③ PLC2 台の総アナログ入出力点数（最大 320 点 = 20 モジュール × 16 点）

①，② を満たす候補の中から検討します．

すべての装置の組合せで，総アナログ入出力点数≦ 320　○

次に，総モジュール数で確認します．

装置 B ＋装置 C：入力 180 点 ≒ 12 モジュール，出力 130 点 ≒ 9 モジュールより，
21 ＞ 20　×

装置 B ＋装置 D：入力 170 点 ≒ 11 モジュール，出力 110 点 ≒ 7 モジュールより，
18 ≦ 20　○

①，②，③ を満たす候補は，装置 B ＋装置 D となります．

　　　よって，装置Bと装置Dが1台のPLCで制御可能です．

[設問2]

　①装置Bと装置Dについて，装置ごとに1台ずつのPLCで制御した場合，デジタル入力モジュールとデジタル出力モジュールの合計数について考えます．

装置名		A	B	C	D
プログラムステップ数 （通信用，余裕分を含む）	単位：キロステップ	50	40	60	70
CPUモジュール	単位：モジュール	1	1	1	1
電源モジュール	単位：モジュール	1	1	1	1
デジタル入力モジュール数	単位：モジュール	13	7	10	10
デジタル出力モジュール数	単位：モジュール	10	7	4	7
アナログ入力モジュール数	単位：モジュール	5	5	7	6
アナログ出力モジュール数	単位：モジュール	4	4	5	4
通信モジュール数	単位：モジュール	1	1	1	1

　　　総デジタル入力モジュール数 = 17 + 10 = 17
　　　総デジタル出力モジュール数 = 7 + 7 = 14

　②装置Bと装置Dの2つを1台のPLCで制御する場合の，デジタル入力モジュールとデジタル出力モジュールの合計数について考えます．

装置名		A	B	C	D
制御用プログラムのステップ数	単位：キロステップ	30	20	40	50
デジタル入力	単位：点	400	200	300	300
デジタル出力	単位：点	300	200	100	200
アナログ入力	単位：点	70	80	100	90
アナログ出力	単位：点	50	60	70	50

　　　総デジタル入力モジュール数 = 200 + 300 = 500 点
　　　　500 点 ÷ 32 ≒ 15.6 ≒ 16 モジュール
　　　総デジタル出モジュール数 = 200 + 200 = 400 点
　　　　400 点 ÷ 32 ≒ 12.5 ≒ 13 モジュール
　　　よって，デジタル入力モジュールで1つ，デジタル出力モジュールで1つの計2モジュール少なくなります．

【解答】
設問1　①　B　②　D　（順不同）
設問2　ハ

問題 4

次の制御対象の動作順序のとおりに，下記の **SFC** 構造図の①～⑧に当てはまる適切な記号を答えなさい．

[制御対象の動作]

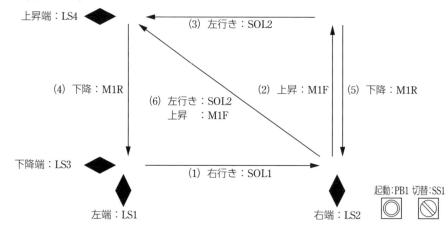

動作順序　切換えスイッチ SS1 が **OFF** のとき，（1）→（2）→（3）→（4）

　　　　　切換えスイッチ SS1 が **ON** のとき，（1）→（2）→（5）→（6）→（4）

動作条件　LS1 と LS3 が **ON** のとき，PB1 の **ON** で起動する．

記号の意味　PB　：押しボタンスイッチ

　　　　　　SS　：切換えスイッチ

　　　　　　LS　：リミットスイッチ

　　　　　　SOL　：ソレノイドバルブ

　　　　　　M　　：モータ　F：正転　R：逆転

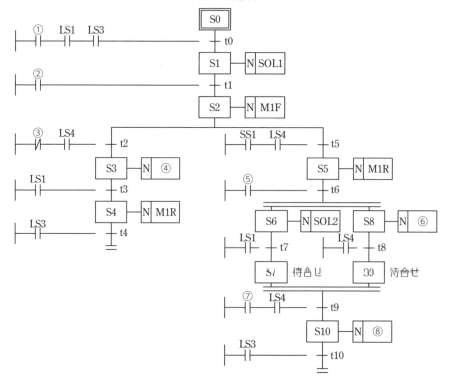

→ 問題 4 の解説

「制御対象の動作」について確認します.

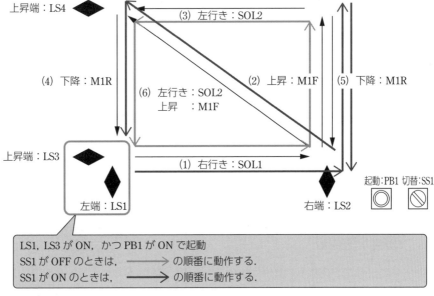

矢印の動作順序のとおり，SFC 構造図の動作を考えます.

［入力条件］

t0 〜 t10 は次の動作へ移行する，入力機器の条件が入ります.

　　PB：押しボタンスイッチ

　　SS：切換えスイッチ

　　LS：リミットスイッチ

［出力機器］

S0 をイニシャルステートメント（先頭のステップ）とし，S1 〜 S10 に出力機器の動作命令が入ります.

　　SOL：ソレノイドバルブ

　　M：モータ　　F：正転　　R：逆転

S0 からの移行は，下記の条件が成立した場合になります.

> 動作条件　LS1 と LS3 が ON のとき，PB1 の ON で起動する.

制御対象の動作順序を SFC 構成図で考えます. 動作の流れを矢印で示します.

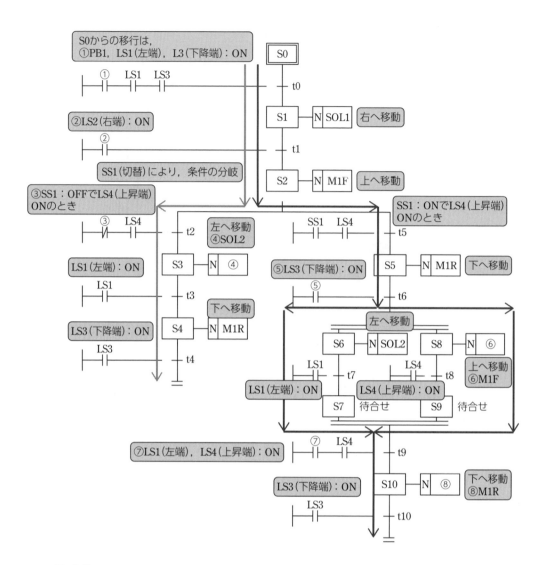

【解答】

① PB1　② LS2　③ SS1　④ SOL2　⑤ LS3　⑥ M1F　⑦ LS1　⑧ M1R

2-02 ▶ 1級計画立案等作業試験（練習問題Ⅱ）

問題1

次の［ラダー図プログラム］に従って，［タイムチャート］を完成させなさい.

［ラダー図プログラム］

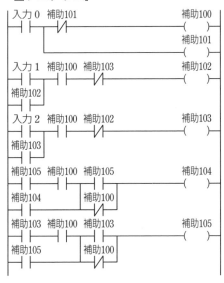

［タイムチャート］

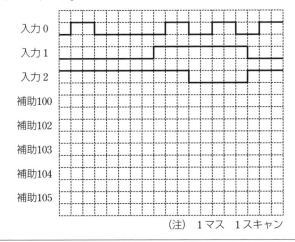

（注）　1マス　1スキャン

問題1の解説

　初期状態⓪から入力信号が①〜⑩と変化したタイミングで動作出力信号がどのように変化するか，順に追っていきます．

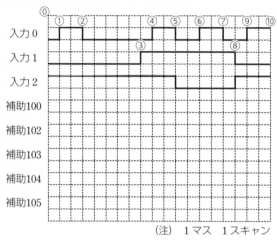

（注）　1マス　1スキャン

⓪

出力信号	状態
補助 100	OFF
補助 101	OFF
補助 102	OFF
補助 103	OFF
補助 104	OFF
補助 105	OFF

①

出力信号	状態
補助 100	ON
補助 101	ON
補助 102	OFF
補助 103	ON
補助 104	OFF
補助 105	ON

①⇒1スキャン後

出力信号	状態
補助 100	OFF
補助 101	ON
補助 102	OFF
補助 103	OFF
補助 104	OFF
補助 105	ON

②

出力信号	状態
補助 100	OFF
補助 101	OFF
補助 102	OFF
補助 103	OFF
補助 104	OFF
補助 105	ON

③

出力信号	状態
補助 100	OFF
補助 101	OFF
補助 102	OFF
補助 103	OFF
補助 104	OFF
補助 105	ON

④

出力信号	状態
補助 100	ON
補助 101	ON
補助 102	ON
補助 103	OFF
補助 104	ON
補助 105	OFF

④⇒1スキャン後

出力信号	状態
補助 100	OFF
補助 101	ON
補助 102	OFF
補助 103	OFF
補助 104	ON
補助 105	OFF

⑤

出力信号	状態
補助 100	OFF
補助 101	OFF
補助 102	OFF
補助 103	OFF
補助 104	ON
補助 105	OFF

⑥

出力信号	状態
補助 100	ON
補助 101	ON
補助 102	ON
補助 103	OFF
補助 104	OFF
補助 105	OFF

⑥⇒1スキャン後

出力信号	状態
補助100	OFF
補助101	ON
補助102	OFF
補助103	OFF
補助104	OFF
補助105	OFF

⑦

出力信号	状態
補助100	OFF
補助101	OFF
補助102	OFF
補助103	OFF
補助104	OFF
補助105	OFF

⑧

出力信号	状態
補助100	OFF
補助101	OFF
補助102	OFF
補助103	OFF
補助104	OFF
補助105	OFF

⑨

出力信号	状態
補助100	ON
補助101	ON
補助102	OFF
補助103	ON
補助104	OFF
補助105	ON

⑨⇒1スキャン後

出力信号	状態
補助100	OFF
補助101	ON
補助102	OFF
補助103	OFF
補助104	OFF
補助105	ON

⑩

出力信号	状態
補助100	OFF
補助101	ON
補助102	OFF
補助103	OFF
補助104	OFF
補助105	ON

【解答】

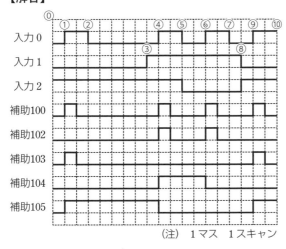

(注)　1マス　1スキャン

問題 2

　次の「処理内容 1」および「処理内容 2」を参照して，PBD プログラムの ［①］ ～ ［⑦］
に当てはまる命令語，数値または処理結果を答えなさい.

「処理内容 1」

　5 名の生徒の中間テストの成績を，それぞれ成績 A，B，C，D，E としたとき，その平
均点を求める.

「処理内容 2」

　成績 C と平均点との差の絶対値を求める（偏差の絶対値）.

ただし，成績 A，B，C，D，E および平均点は INT 型とする.

PBD プログラム

（＊処理内容 1 ＊）

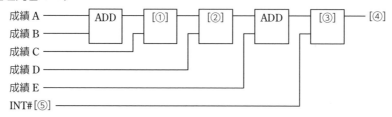

（＊処理内容 2 ＊）

以下，JIS B3503 より抜粋

演算の種類	ファンクション名	対象となるデータ型の例
数値演算	ABS, SQRT, EXP, SIN, COS	INT, DINT, REAL
算術演算	MUL, DIV, MOD, ADD, SUB	INT, DINT, UINT, UDINT
論理演算	NOT, AND, OR, XOR	BOOL, WORD, DWORD
比較	GT, GE, EQ, LE, LT, NE	INT, DINT, UINT, UDINT
選択	SEL, MAX, MIN	INT, DINT, UINT, UDINT
ビットシフト	ROL, ROR, SHL, SHR	WORD, DWORD

→ 問題 2 の解説

［処理内容 1］

　次の枠の順に処理を考えます.

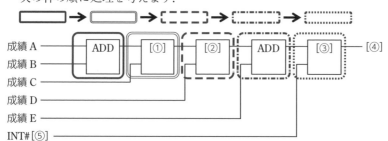

　　　　　　の演算処理は，成績 A と成績 B の値を［ADD（加算）］します．

　　　　　　の演算処理は，［成績 A～成績 B の合計値］と成績 C の値を［① ADD（加算）］します．

　　　　　　の演算処理は，［成績 A～成績 C の合計値］と成績 D の値を［② ADD（加算）］します．

　　　　　　の演算処理は，［成績 A ～成績 D の合計値］と成績 E の値を［ADD（加算）］します．

　　　　　　の演算処理は，［成績 A ～成績 E の合計値］を［⑤ 5（成績の数)］で［③ DIV（除算）］します．

　　演算処理により得られる値は，成績 A ～成績 E の［④平均点］になります．

【処理内容 2】

　　次の枠の順に処理を考えます．

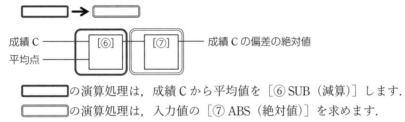

　　　　　　の演算処理は，成績 C から平均値を［⑥ SUB（減算）］します．

　　　　　　の演算処理は，入力値の［⑦ ABS（絶対値)］を求めます．

【解答】

①　ADD　②　ADD　③　DIV　④　平均点　⑤　5　⑥　SUB　⑦　ABS

問題 3

　PLC を使って，ある装置を制御する．装置の制御に使用できる PLC には，A タイプ，B タイプの 2 つのタイプがあり，システム仕様は同じだが PLC のタイプごとにモジュールの仕様が異なる．

　以下に示す「PLC システム仕様」「構成上の制約条件」「装置の仕様」「使用する PLC の各モジュールの仕様」を踏まえ，設問 1 および設問 2 に答えなさい．

設問 1　以下の文章の（　）内に当てはまる，適切な数値を答えなさい．

　　A タイプの PLC を使用した場合の構成で，最低限必要なデジタル入出力モジュールの合計は全部で（①）モジュールである．また，最低限必要となる通信モジュールの合計は全部で（②）モジュールである．

設問 2　A タイプの PLC を使用した場合と B タイプの PLC を使用した場合で，最低限必要な増設ブロックの合計数がどう違うか，以下の選択肢から一つ選び，その記号を答えなさい．

イ) AタイプのPLCを使用した構成の方が，1ブロック少ない

ロ) AタイプのPLCを使用した構成の方が，2ブロック少ない

ハ) AタイプのPLCを使用した構成の方が，1ブロック多い

ニ) いずれの構成でも増設ブロック数の合計は同じ

■PLCシステム仕様（Aタイプ，Bタイプ共通）

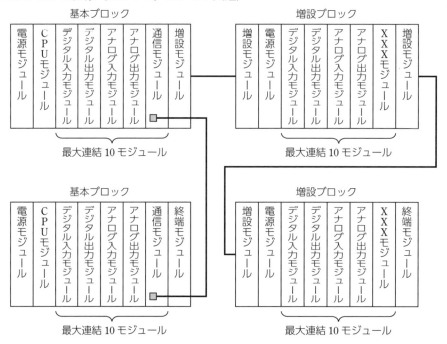

注1) 1ブロック中の入出力モジュールの連結の順序や位置についての制限はない
注2) 増設ブロックの接続数に制限はない

■構成上の制約条件

・CPUモジュールの使用台数が最小限となる構成にすること．

・入出力モジュールは点数の余裕や配線しやすさ等は考慮せず，できるだけ最大仕様まで使用することで必要最低限の数で構成すること．

・複数台のPLCを使用して装置を制御するには，通信モジュールにてPLC間をつなぐ．ただし，通信モジュールでつなげるのは同一タイプのPLC間だけである．

■装置の仕様（制御に必要な入出力点数）

デジタル入力点数	単位：点	600
デジタル出力点数	単位：点	400
アナログ入力点数	単位：点	130
アナログ出力点数	単位：点	120

■使用する PLC の各モジュールの仕様

		Aタイプ	Bタイプ
1CPU モジュールあたりのデジタル入出力最大点数	単位：点	2000	1500
1CPU モジュールあたりのアナログ入出力最大点数	単位：点	400	200
デジタル入力モジュール点数	単位：点	64	32
デジタル出力モジュール点数	単位：点	64	32
アナログ入力モジュール点数	単位：点	16	8
アナログ出力モジュール点数	単位：点	16	8

→ 問題 3 の解説

［設問 1］

　A タイプの PLC で必要なデジタル入出力モジュール点数と通信モジュール点数を求めます.

　「装置の仕様」により, デジタル入出力点数とアナログ入出力点数を確認します.

　「使用する PLC の各モジュール仕様」により, 使用する 2 種類の PLC の仕様を確認します.

　デジタル入出力点数（A タイプ：最大 2000 点, B タイプ：最大 1500 点）

　アナログ入出力点数（A タイプ：最大 400 点, B タイプ：最大 200 点）

　デジタル入出力モジュール点数（A タイプ：64 点, B タイプ：32 点）

　アナログ入出力モジュール点数（A タイプ：16 点, B タイプ：8 点）

①デジタル入出力モジュールの必要な点数を求めます.

　　デジタル入力モジュール数：10 モジュール

　　　　600 点 ÷ 64 ≒ 9.4 ≒ 10

　　デジタル出力モジュール数：7 モジュール

　　　　400 点 ÷ 64 ≒ 6.3 ≒ 7

　デジタル入出力モジュールの合計は, 10 + 7 = 17 モジュールとなります.

②装置の仕様と A タイプの PLC の仕様を比較します.

　　○デジタル入出力の合計の点数

　　　　装置：1000 点＜A タイプの PLC：2000 点

　　○アナログ入出力の合計の点数

　　　　装置：250 点＜A タイプの PLC：400 点

　A タイプの PLC1 台で制御可能のため, 通信モジュールの合計は, 0 モジュールになります.

［設問 2］

　A タイプの PLC を使用した場合と B タイプの PLC を使用した場合で, 最低限必要な増設ブロックの合計数がどう違うか, 求めます.

　「PLC システムの仕様」を確認します. 基本ブロックは最大連結：10 モジュール, 増設ブロックは最大連結：10 モジュールとなっています.

計画立案等作業試験　編

183

① A タイプの PLC
　　・デジタル入力モジュール数：10 モジュール
　　　　600 点 ÷ 64 ≒ 9.4 ≒ 10
　　・デジタル出力モジュール数：7 モジュール
　　　　400 点 ÷ 64 ≒ 6.3 ≒ 7
　　・アナログ入力モジュール数：9 モジュール
　　　　130 点 ÷ 16 ≒ 8.1 ≒ 9
　　・アナログ出力モジュール数：8 モジュール
　　　　120 点 ÷ 16 = 7.5 ≒ 8
全部で 10 + 7 + 9 + 8 = 34 モジュール必要になります.
基本ブロック 1 台（10 モジュール × 1）＋増設ブロック 3 台（10 モジュール × 3）の全 4 台の構成になります.

② B タイプの PLC
　　・デジタル入力モジュール数：19 モジュール
　　　　600 点 ÷ 32 ≒ 18.8 ≒ 19
　　・デジタル出力モジュール数：13 モジュール
　　　　400 点 ÷ 32 = 12.5 ≒ 13
　　・アナログ入力モジュール数：17 モジュール
　　　　130 点 ÷ 8 ≒ 16.3 ≒ 17
　　・アナログ出力モジュール数：15 モジュール
　　　　120 点 ÷ 8 = 15
全部で 19 + 13 + 17 + 15 = 64 モジュール必要になります.
ここで装置と B タイプの PLC のアナログ入出力点数の合計を比較します.
装置：250 点＞ PLC：200 点より, B タイプの PLC は 2 台必要になります.
基本ブロック 2 台（10 モジュール × 2）＋増設ブロック 5 台（10 モジュール × 50）の全 7 台の構成になります.
①, ②より, 増設ブロックの合計数を比較すると,
　　　　A タイプの PLC ＜ B タイプの PLC
　　　　増設ブロック：3 台　　　増設ブロック：5 台
A タイプの PLC を使用した構のほうが 2 ブロック少なくなります.

【解答】
設問 1　①　17　②　0
設問 2　ロ

問題 4

　次の制御対象の動作順序を参考に，SFC 構造図の（①）〜（⑧）に当てはまる適切な記号を答えなさい．

[制御対象の動作]

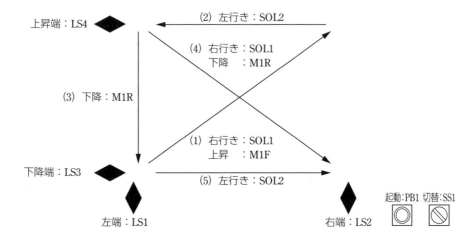

動作順序　　切換えスイッチ SS1 が OFF のとき，（1）→（2）→（3）
　　　　　　切換えスイッチ SS1 が ON のとき，（1）→（2）→（4）→（5）

動作条件　　LS1 と LS3 が ON のとき，PB1 の ON で起動する．

記号の意味　PB　　：押しボタンスイッチ
　　　　　　SS　　：切換えスイッチ
　　　　　　LS　　：リミットスイッチ
　　　　　　SOL　：ソレノイドバルブ
　　　　　　M　　 ：モータ　F：正転　R：逆転

SFC 構造図

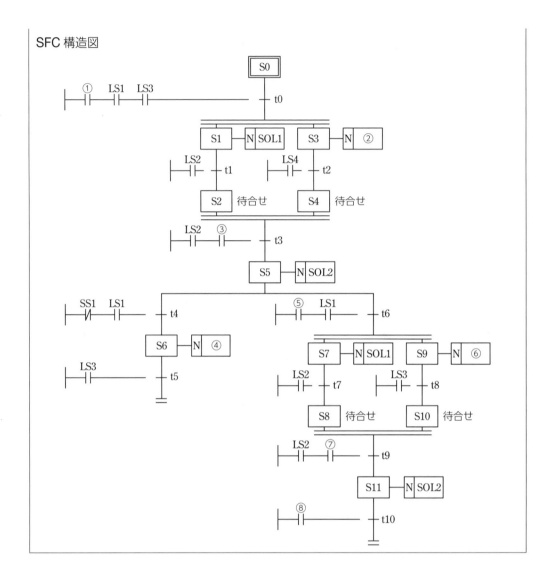

→ 問題 4 の解説

「制御対象の動作」について確認します.

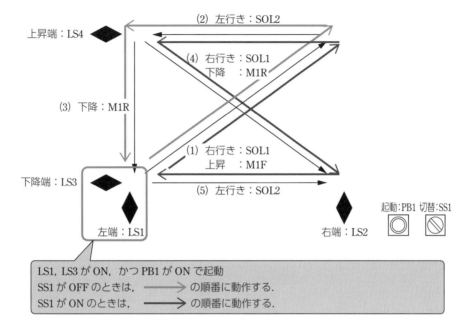

矢印の動作順序のとおり，SFC 構造図の動作を考えます.

［入力条件］

t0 ～ t10 は次の動作へ移行する，入力機器の条件が入ります.

PB：押しボタンスイッチ

SS：切換えスイッチ

LS：リミットスイッチ

［出力機器］

S0 をイニシャルステートメントとし，S1 ～ S11 に出力機器の動作命令が入ります.

SOL：ソレノイドバルブ

M：モータ　　F：正転　　R：逆転

S0 からの移行は，下記の条件が成立した場合になります.

> 動作条件　LS1 と LS3 が ON のとき，PB1 の ON で起動する.

制御対象の動作順序を SFC 構成図で考えます.

動作の流れは，──→ と ━━→ で示します.

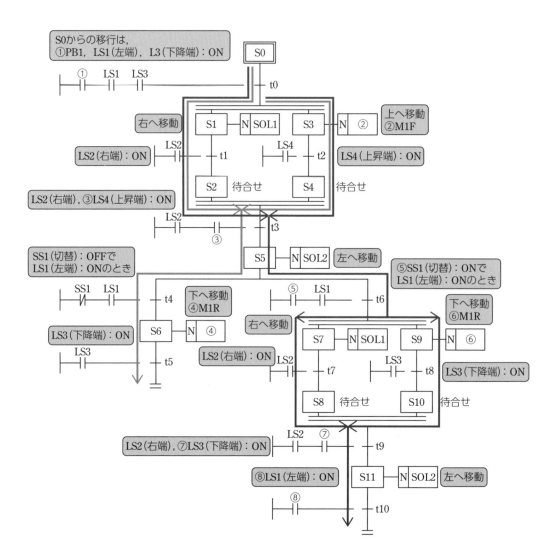

【解答】

①　PB1　②　M1F　③　LS4　④　M1R　⑤　SS1　⑥　M1R　⑦　LS3　⑧　LS1

2-03 ▶ 1級計画立案等作業試験（練習問題Ⅲ）

問題1

　次の［ラダー図プログラム］に従って，［タイムチャート］を完成させなさい．

［ラダー図プログラム］

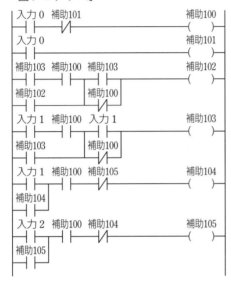

［タイムチャート］

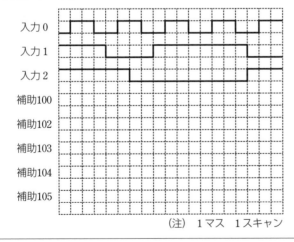

（注）　1マス　1スキャン

→) 問題 1 の解説

　初期状態⓪から入力信号が①〜⑭と変化したタイミングで動作出力信号がどのように変化するか，順に追っていきます.

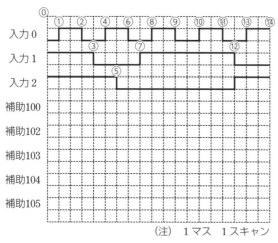

（注）　１マス　１スキャン

⓪

出力信号	状態
補助 100	OFF
補助 101	OFF
補助 102	OFF
補助 103	OFF
補助 104	OFF
補助 105	OFF

①

出力信号	状態
補助 100	ON
補助 101	ON
補助 102	OFF
補助 103	ON
補助 104	ON
補助 105	OFF

①⇒１スキャン後

出力信号	状態
補助 100	OFF
補助 101	ON
補助 102	OFF
補助 103	ON
補助 104	OFF
補助 105	OFF

②

出力信号	状態
補助 100	OFF
補助 101	OFF
補助 102	OFF
補助 103	ON
補助 104	OFF
補助 105	OFF

③

出力信号	状態
補助 100	OFF
補助 101	OFF
補助 102	OFF
補助 103	ON
補助 104	OFF
補助 105	OFF

④

出力信号	状態
補助 100	ON
補助 101	ON
補助 102	ON
補助 103	OFF
補助 104	OFF
補助 105	ON

⑤

出力信号	状態
補助 100	OFF
補助 101	ON
補助 102	ON
補助 103	OFF
補助 104	OFF
補助 105	OFF

⑥

出力信号	状態
補助 100	OFF
補助 101	OFF
補助 102	ON
補助 103	OFF
補助 104	OFF
補助 105	OFF

⑦

出力信号	状態
補助 100	OFF
補助 101	OFF
補助 102	ON
補助 103	OFF
補助 104	OFF
補助 105	OFF

⑧

出力信号	状態
補助 100	ON
補助 101	ON
補助 102	OFF
補助 103	ON
補助 104	ON
補助 105	OFF

⑧⇒1スキャン後

出力信号	状態
補助 100	OFF
補助 101	ON
補助 102	OFF
補助 103	ON
補助 104	OFF
補助 105	OFF

⑨

出力信号	状態
補助 100	OFF
補助 101	OFF
補助 102	OFF
補助 103	ON
補助 104	OFF
補助 105	OFF

⑩

出力信号	状態
補助 100	ON
補助 101	ON
補助 102	ON
補助 103	ON
補助 104	ON
補助 105	OFF

⑩⇒1スキャン後

出力信号	状態
補助 100	OFF
補助 101	ON
補助 102	ON
補助 103	ON
補助 104	OFF
補助 105	OFF

⑪

出力信号	状態
補助 100	OFF
補助 101	OFF
補助 102	ON
補助 103	ON
補助 104	OFF
補助 105	OFF

⑫

出力信号	状態
補助 100	OFF
補助 101	OFF
補助 102	ON
補助 103	ON
補助 104	OFF
補助 105	OFF

⑬

出力信号	状態
補助 100	ON
補助 101	ON
補助 102	ON
補助 103	OFF
補助 104	OFF
補助 105	ON

⑬⇒1スキャン後

出力信号	状態
補助 100	OFF
補助 101	ON
補助 102	OFF
補助 103	OFF
補助 104	OFF
補助 105	OFF

⑭

出力信号	状態
補助 100	OFF
補助 101	ON
補助 102	OFF
補助 103	OFF
補助 104	OFF
補助 105	OFF

計画立案等作業試験 編

【解答】

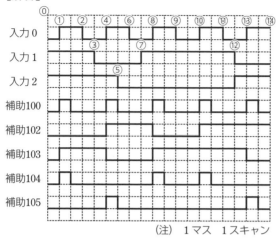

（注）　1マス　1スキャン

問題2

　以下の［回路図］を参照して次の［プログラムリスト］の［①］～［⑦］に当てはまる命令語，数値または変数名を答えなさい．

［プログラムリスト］
```
    [①] バーコード    [②]
    [③]：  製品  ：＝100；
      2：  製品  ：＝[④]
   3..5：  [⑤]  ：＝300；
    [⑥]   製品  ：＝[⑦]
    END CASE；
```
　ここで，バーコード，製品はUINT形データである．

［回路図］

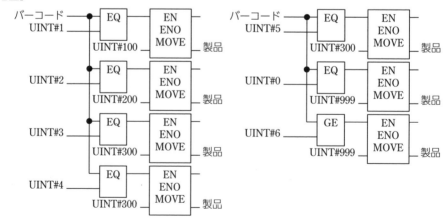

以下，JIS B3503 構造化テキスト（ST）言語より抜粋

演算	記号	対象となるデータ型	使用例
代入	：＝		A：＝2；
括弧	（　式　）		A：＝(A＋B)/2；
比較	＜　＞　＝　＜＞　＞＝	INT, DINT, UINT, UDINT	A＞＝2；
数値演算	＋　－　＊　／	INT, DINT, UINT, UDINT	A：＝A/2＋B；
論理演算	NOT, AND, OR, XOR	BOOL, WORD, DWORD	X：＝Y AND W；
制御文	IF CASE FOR		

→ 問題 2 の解説

制御文	内容
IF	IF 文は，条件に応じて処理を分岐したいときに使用する． **IF ＜条件 A ＞ THEN ＜処理 1 ＞；** 　⇒＜条件 A ＞のとき，＜処理 1 ＞を実行 **ELSEIF ＜条件式 B ＞ THEN ＜処理 2 ＞；** 　⇒＜条件 A ＞ではなく，＜条件 B ＞のとき，＜処理 2 ＞を実行 **ELSE ＜処理 3 ＞；** 　⇒＜条件 A ＞および＜条件 B ＞ではないとき，＜処理 3 ＞を実行 **END IF** 　⇒ IF 文を終了
CASE	CASE は，条件に応じて処理を分岐したいときに使用する． **CASE　＜判定する変数＞　OF；** 　⇒＜判定する変数＞の値により，処理を分岐 値 1：＜変数＞：＝＜処理 1 ＞； 　⇒変数が 1 のとき，＜処理文 1 ＞を実行 値 2：＜変数＞：＝＜処理 2 ＞； 　⇒変数が 2 のとき，＜処理 2 ＞を実行 **END CASE** 　⇒ CASE 文を終了
FOR	FOR 文は，条件を満たしている間，同じ処理を繰り返したいときに使用する． **FOR（＜変数の初期化＞；＜条件式＞；＜ステップを進める式＞）** 　**{** 　　**繰り返したい処理内容；** 　**}** 　＜変数＞が＜条件式＞を満たすとき，＜繰り返したい処理内容＞を実行する．次に，**＜ステップを進める式＞**を行い，＜変数＞が＜条件式＞を満たしていれば，＜繰り返したい処理内容＞を繰り返し実行する．

　プログラムリストと回路図から，当てはまる命令語，数値または変数を解答します．次の枠の順に処理を考えます．

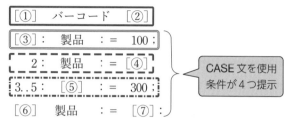

END_CASE；

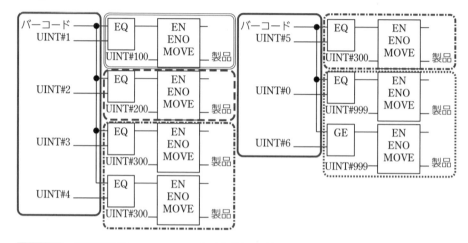

　　　　　　　の演算処理は，バーコード（変数）の値により，プログラム処理を選択します．最終行に「END_CASE」があるため，1行目は，［① CASE］［バーコード］［② OF］となります．

　　　　　　　の演算処理は，［バーコードの値］が［③ 1］ならば，［製品］を［100］とします．

　　　　　　　の演算処理は，［バーコードの値］が［2］ならば，［製品］を［④ 200］とします．

　　　　　　　の演算処理は，［バーコードの値］が［3〜5］ならば，［⑤ 製品］を［300］とします．

　　　　　　　の演算処理は，［バーコードの値］が［⑥ ELSE（上記以外）］ならば，［製品］を［⑦ 999］とします．

　CASE文を使用して，バーコードの値により，製品の番号を振り分けています．

【解答】

①　CASE　②　OF　③　1　④　200　⑤　製品　⑥　ELSE　⑦　999

問題3

　4つの装置（装置 A，B，C，D）を，3台の PLC を使って制御する．つまり，3台の PLC のうち1台は2つの装置を制御するシステム構成とする．ただし，下記に示す構成上の制約条件および PLC の仕様の範囲内で構成が可能であること．以上を踏まえて，設問1 および設問2 に答えなさい．

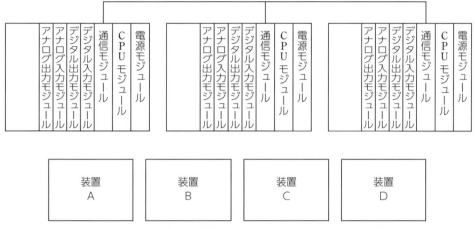

設問1　以下の文章の（①）および（②）内に当てはまる，適切な記号（A ～ D）を解答欄に記入しなさい．

　装置（①）と装置（②）が1台の PLC で制御される．

設問2　設問1 で選択した2つの装置の組合せにおいて，装置ごとに1台ずつの PLC で制御した場合と，2つの装置を1台の PLC で制御した場合とでは，最小限必要となるデジタル入力モジュールとデジタル出力モジュールの合計数はどう変化するか．以下の選択肢から一つ選び，その記号を答えなさい．

イ）2つの装置を1台の PLC で制御した場合の方が，1モジュール多くなる
ロ）2つの装置を1台の PLC で制御した場合の方が，1モジュール少なくなる
ハ）2つの装置を1台の PLC で制御した場合の方が，2モジュール少なくなる
ニ）モジュール数は変化しない

■構成上の制約条件
・1つの装置を複数の PLC で制御してはいけない．
・各 PLC 間は通信により接続されるが，PLC 間を通信で接続した場合，通信モジュールは PLC 1台ごとに1台のみ必要となる．PLC 1台ごとに（制御用プログラムの他に）通信用プログラムが 20 キロステップ必要となり，これは PLC 1台が制御する装置数によって変化しない．
・プログラム容量は今後のメンテナンスのために 10 キロステップ以上の空きを残すこと．
・入力モジュールおよび出力モジュールは点数の余裕や配線しやすさ等を考慮せず，できるだけ最大仕様まで使用することで必要最小限の数で構成すること．

■各装置の制御に必要なプログラム容量と入出力点数

装置名		A	B	C	D
制御用プログラムのステップ数	単位：キロステップ	30	40	20	50
デジタル入力	単位：点	300	350	280	280
デジタル出力	単位：点	200	200	180	220
アナログ入力	単位：点	40	30	30	60
アナログ出力	単位：点	30	25	25	40

■使用する PLC の各モジュール仕様

PLC モジュール	仕様
CPU モジュール	・プログラム容量は，最大 100 キロステップ ・1CPU モジュールで制御可能なデジタル入出力点数は 　　最大 1000 点 ・1CPU モジュールあたりのアナログモジュール装着数は 　　最大 20 モジュール
電源モジュール	―
デジタル入力モジュール	1 モジュールあたり，最大 32 点
デジタル出力モジュール	1 モジュールあたり，最大 32 点
アナログ入力モジュール	1 モジュールあたり，最大 8 点
アナログ出力モジュール	1 モジュールあたり，最大 8 点
通信モジュール	―

（使用する PLC の各モジュールの仕様は，どの装置においても同じものとする．）

■装置ごとに 1 台の PLC を使用した場合のシステム構成

装置名		A	B	C	D
プログラムステップ数 （通信用，余裕分を含む）	単位：キロステップ	60	70	50	80
CPU モジュール	単位：モジュール	1	1	1	1
電源モジュール	単位：モジュール	1	1	1	1
デジタル入力モジュール数	単位：モジュール	10	11	9	9
デジタル出力モジュール数	単位：モジュール	7	7	6	7
アナログ入力モジュール数	単位：モジュール	5	4	4	8
アナログ出力モジュール数	単位：モジュール	4	4	4	5
通信モジュール数	単位：モジュール	1	1	1	1

→ 問題3の解説

［設問1］

1台のPLCで制御可能な装置2台の組合せを求めます.

「構成上の制約条件」「使用するPLCの各モジュール仕様」により, プログラム容量を考えます.

1台のPLCのCPUモジュールは**最大100キロステップ**で, **制御可能なデジタル入出力点数は最大1000点**, **制御可能なアナログ入出力点数は最大320点 = 20モジュール × 16点**となります.

ただし, PLC間の通信に**通信用プログラム20キロステップ**が必要になり, **メンテナンスのために10キロステップ以上の空き**を残します.

プログラムステップ数の合計 ＋ 通信用プログラム ＋ 空き容量 ≦ プログラム容量
（最大70キロステップ）　　（20キロステップ）　（10キロステップ）（100キロステップ）

「各装置の制御に必要なプログラム容量と入出力点数」より, 1台のPLCで装置2台を制御できるか判断します.

装置名		A	B	C	D
制御用プログラムのステップ数	単位：キロステップ	30	40	20	50
デジタル入力	単位：点	300	350	280	280
デジタル出力	単位：点	200	200	180	220
アナログ入力	単位：点	40	30	30	60
アナログ出力	単位：点	30	25	25	40

①装置2台の総プログラムステップ数で確認（100キロステップ以下）

装置A＋装置D＋通信用＋メンテナンス用 = 30 + 50 + 20 + 10 = 110 > 100　×
装置B＋装置D＋通信用＋メンテナンス用 = 40 + 50 + 20 + 10 = 120 > 100　×
その他の組合せ　○

①を満たす候補は装置A＋装置B or 装置C, 装置B＋装置C, 装置C＋装置Dとなります.

②PLC2台の総デジタル入出力点数（最大1000点）

①を満たす候補から検討します.

装置A＋装置B = 500 + 550 = 1050 > 1000　×
装置B＋装置C = 550 + 460 = 1010 > 1000　×

①, ②を満たす候補は装置A＋装置C, 装置C＋装置Dとなります.

③PLC2台の総アナログ入出力点数（最大320点 = 20モジュール×16点）

①, ②を満たす候補から検討します.

すべての装置の組合せで, 総アナログ入出力点数≦320　○

次に, 総モジュール数で確認します.

装置A＋装置C：入力70点≒9モジュール, 出力55点≒7モジュールより,
16 < 20　○

装置C＋装置D：入力90点≒12モジュール, 出力65点≒9モジュールより,

21 ＞ 20　×

①，②，③を満たす候補は装置 A ＋装置 C となります.

よって，装置 A ＋装置 C が 1 台の PLC で制御可能となります.

［設問 2］

①装置ごとに 1 台ずつの PLC で制御した場合，デジタル入力モジュールとデジタル出
力モジュールの合計数について考えます.「装置ごとに 1 台の PLC を使用した場合
のシステム構成」より，

総デジタル入力モジュール数＝装置 A ＋装置 C ＝ 10 ＋ 9 ＝ 19 モジュール

総デジタル出力モジュール数＝装置 A ＋装置 C ＝ 7 ＋ 6 ＝ 13 モジュール

②2 つの装置を 1 台の PLC で制御する場合の，デジタル入力モジュールとデジタル出
力モジュールの合計数について考えます.「各装置の制御に必要なプログラム容量と
入出力点数」より，

総デジタル入力モジュール数＝装置 A ＋装置 C ＝ 300 ＋ 280 ＝ 580 点

580 点÷ 32 ≒ 18.1 ≒ 19 モジュール

総デジタル出モジュール数＝装置 A ＋装置 C ＝ 200 ＋ 180 ＝ 380 点

380 点÷ 32 ≒ 11.9 ≒ 12 モジュール

よって，デジタル入力モジュールは同数，デジタル出力モジュールで 1 点減となり，
合計 1 点少なくなります.

【解答】

設問 1　①　A　②　C

設問 2　ロ

問題 4

　次の制御対象の動作順序のとおりに，下記の **SFC** 構造図の（①）〜（⑧）に当てはま
る適切な記号を答えなさい.

［制御対象の動作］

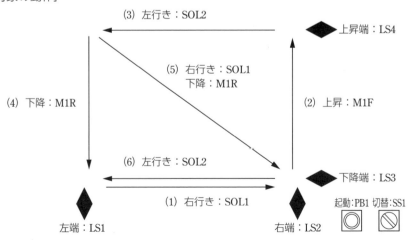

動作順序　　切換えスイッチ SS1 が OFF のとき，（1）→（2）→（3）→（4）

　　　　　　切換えスイッチ SS1 が ON のとき，（1）→（2）→（3）→（5）→（6）

動作条件　　LS1 と LS3 が ON のとき，PB1 の ON で起動する．

記号の意味　PB　　：押しボタンスイッチ

　　　　　　SS　　：切換えスイッチ

　　　　　　LS　　：リミットスイッチ

　　　　　　SOL　：ソレノイドバルブ

　　　　　　M　　 ：モータ　F：正転　R：逆転

SFC 構造図

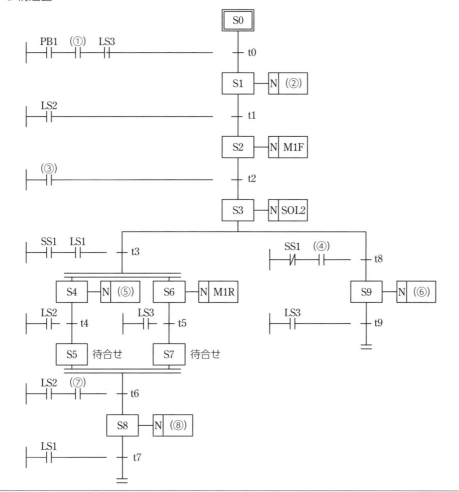

→ 問題 4 の解説

「制御対象の動作」について確認します.

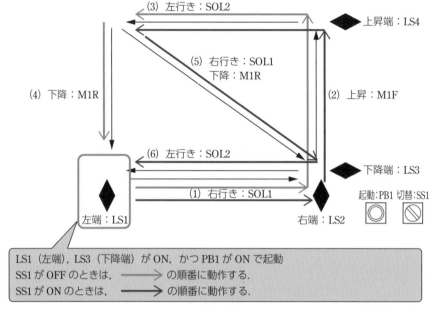

グレーの矢印の動作順序のとおり, SFC 構造図の動作を考えます.

[入力条件]

t0 〜 t9 は次の動作へ移行する, 入力機器の条件が入ります.

　PB：押しボタンスイッチ

　SS：切換えスイッチ

　LS：リミットスイッチ

[出力機器]

S0 をイニシャルステートメントとし, S1 〜 S9 に出力機器の動作命令が入ります.

　SOL：ソレノイドバルブ

　M：モータ　　F：正転　　R：逆転

S0 からの移行は, 下記の条件が成立した場合になります.

動作条件　LS1 と LS3 が ON のとき, PB1 の ON で起動する.

制御対象の動作順序を SFC 構成図で考えます.

動作の流れは, ──→ と ━━→ で示します.

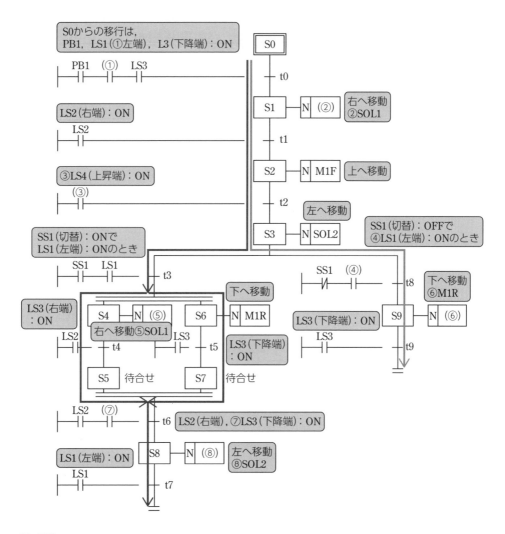

【解答】
① LS1　② SOL1　③ LS4　④ LS1　⑤ SOL1　⑥ M1R　⑦ LS3　⑧ SOL2

2-04 > 1級計画立案等作業試験（練習問題Ⅳ）

練習問題1

次の［ラダー図プログラム］に従って，［タイムチャート］を完成させなさい．

［ラダー図プログラム］

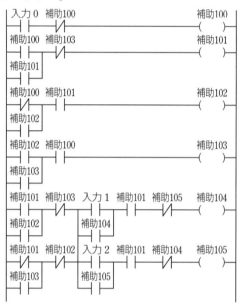

［タイムチャート］

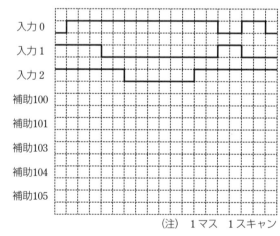

（注）　1マス　1スキャン

→ 問題 1 の解説

　　初期状態⓪から入力信号が①～⑧と変化したタイミングで動作出力信号がどのように変化するか，順に追っていきます．

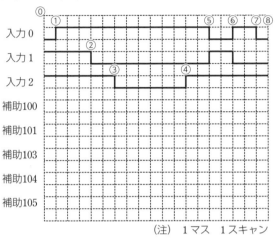

(注)　1 マス　1 スキャン

⓪

出力信号	状態
補助 100	OFF
補助 101	OFF
補助 102	OFF
補助 103	OFF
補助 104	OFF
補助 105	OFF

①

出力信号	状態
補助 100	ON
補助 101	ON
補助 102	OFF
補助 103	OFF
補助 104	ON
補助 105	OFF

①⇒1スキャン後

出力信号	状態
補助 100	OFF
補助 101	ON
補助 102	ON
補助 103	OFF
補助 104	ON
補助 105	OFF

①⇒2スキャン後

出力信号	状態
補助 100	ON
補助 101	ON
補助 102	ON
補助 103	ON
補助 104	ON
補助 105	OFF

②

出力信号	状態
補助 100	OFF
補助 101	OFF
補助 102	OFF
補助 103	OFF
補助 104	OFF
補助 105	OFF

②⇒1スキャン後

出力信号	状態
補助 100	ON
補助 101	ON
補助 102	OFF
補助 103	OFF
補助 104	OFF
補助 105	ON

③

出力信号	状態
補助 100	OFF
補助 101	ON
補助 102	ON
補助 103	OFF
補助 104	OFF
補助 105	ON

③⇒1スキャン後

出力信号	状態
補助 100	ON
補助 101	ON
補助 102	ON
補助 103	ON
補助 104	OFF
補助 105	ON

③⇒2スキャン後

出力信号	状態
補助 100	OFF
補助 101	OFF
補助 102	OFF
補助 103	OFF
補助 104	OFF
補助 105	OFF

③⇒3スキャン後

出力信号	状態
補助100	ON
補助101	ON
補助102	OFF
補助103	OFF
補助104	OFF
補助105	OFF

③⇒4スキャン後

出力信号	状態
補助100	OFF
補助101	ON
補助102	ON
補助103	OFF
補助104	OFF
補助105	OFF

③⇒5スキャン後

出力信号	状態
補助100	ON
補助101	ON
補助102	ON
補助103	ON
補助104	OFF
補助105	OFF

④

出力信号	状態
補助100	OFF
補助101	OFF
補助102	OFF
補助103	OFF
補助104	OFF
補助105	OFF

④⇒1スキャン後

出力信号	状態
補助100	ON
補助101	ON
補助102	OFF
補助103	OFF
補助104	OFF
補助105	ON

⑤

出力信号	状態
補助100	OFF
補助101	ON
補助102	ON
補助103	OFF
補助104	OFF
補助105	ON

⑥

出力信号	状態
補助100	ON
補助101	ON
補助102	ON
補助103	ON
補助104	OFF
補助105	ON

⑥⇒1スキャン後

出力信号	状態
補助100	OFF
補助101	OFF
補助102	OFF
補助103	OFF
補助104	OFF
補助105	OFF

⑦

出力信号	状態
補助100	OFF
補助101	OFF
補助102	OFF
補助103	OFF
補助104	OFF
補助105	OFF

⑧

出力信号	状態
補助100	OFF
補助101	OFF
補助102	OFF
補助103	OFF
補助104	OFF
補助105	OFF

【解答】

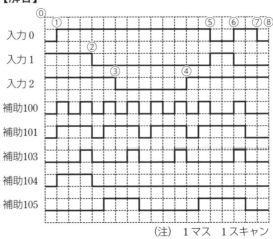

(注) 1マス 1スキャン

問題2

　次の「処理内容1」および「処理内容2」を参照して，［①］〜［⑦］内に当てはまる語句，数値を解答し，FBD を完成させなさい．

「処理内容1」

Data1，Data2，Data3 の最大値，最小値と平均値を求める．

「処理内容2」

上で求めた最大値，最小値と平均値との差を計算し，その絶対値を求める．

　ただし Data1，Data2，Data3，最大値，最小値，合計値，平均値，最大平均差，最小平均差は INT 形とする．

FBD プログラム

（＊処理内容1＊）

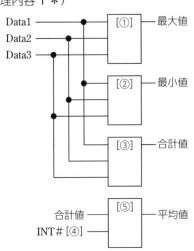

（＊処理内容2＊）

以下，JIS B3503 より抜粋

演算の種類	ファンクション記号	対象となるデータ形の例
数値演算	ABS, SQRT, EXP, SIN, COS	INT, DINT, REAL
算術演算	MUL, DIV, MOD, ADD, SUB	INT, DINT, UINT, UDINT
論理演算	NOT, AND, OR, XOR	BOOL, WORD, DWORD
比較	GT, GE, EQ, LE, LT, NE	INT, DINT, UINT, UDINT
選択	SEL, MAX, MIN	INT, DINT, UINT, UDINT
ビットシフト	ROL, ROR, SHL, SHR	WORD, DWORD

問題2の解説

次の枠の順に処理を考えます.

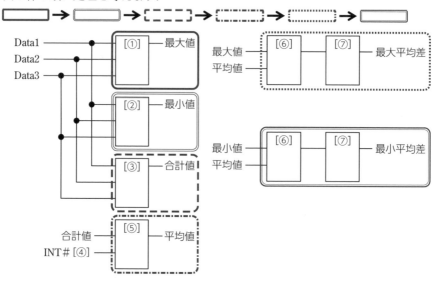

⬛の演算処理は, Data1 〜 Data3 の ［① MAX (最大値)］を求めます.

▢の演算処理は, Data1 〜 Data3 の ［② MIN (最小値)］を求めます.

▭の演算処理は, Data1 〜 Data3 を ［③ ADD (加算)］することで合計値を求めます.

▭の演算処理は, ［合計値］を ［④ 3 (Data の数)］で ［⑤ DIV (除算)］して平均値を求めます.

▭の演算処理は, 最大値から平均値を ［⑥ SUB (減算)］し, 入力値の ［⑦ ABS (絶対値)］を計算することで, 最大平均差を求めます.

▭の演算処理は, 最小値から平均値を ［⑥ SUB (減算)］し, 入力値の ［⑦ ABS (絶対値)］を計算することで, 最小平均差を求めます.

【解答】

①　MAX　②　MIN　③　ADD　④　3　⑤　DIV　⑥　SUB　⑦　ABS

問題3

　PLC を使って, ある装置を制御する. 装置の制御に使用できる PLC には, A タイプ, B タイプの 2 つのタイプがあり, システム仕様は同じだが PLC のタイプごとにモジュールの仕様が異なる.

　以下に示す「PLC システム仕様」「構成上の制約条件」「装置の仕様」「使用する PLC の各モジュールの仕様」を踏まえ, 設問 1 および設問 2 に答えなさい.

設問 1　以下の文章の ( ) 内に入る適当な数字を答えなさい.

　A タイプの PLC を使用した場合の構成で最低限必要なアナログ入出力モジュールの合計は全部で (①) モジュール, B タイプの PLC を使用した場合の構成で最低限必要となる

通信モジュールの合計は全部で（②）モジュールである.

設問2　AタイプのPLCを使用した場合とBタイプのPLCを使用した場合で，最低限必要な増設ブロックの合計数がどう違うか，以下の選択肢から選びなさい.

イ）AタイプのPLCを使用した構成のほうが，3ブロック少ない
ロ）AタイプのPLCを使用した構成のほうが，1ブロック少ない
ハ）BタイプのPLCを使用した構成のほうが，2ブロック多い
ニ）いずれの構成でも増設ブロック数の合計は同じ

■PLCシステム仕様（Aタイプ，Bタイプ共通）

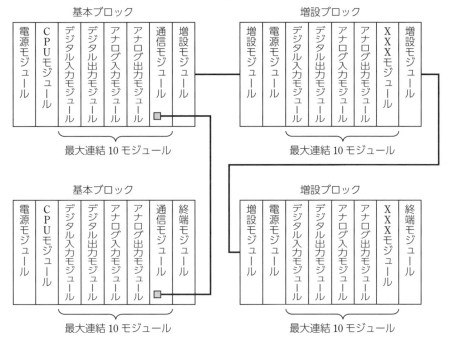

注）1ブロック中の入出力モジュールの連結の順序や位置についての制限は無い

■構成上の制約条件
・CPUモジュールおよび入出力モジュールは点数の余裕や配線しやすさ等は考慮せず，できるだけ最大仕様まで使用することで必要最低限の数で構成すること.
・複数台のPLCを使用して装置を制御するには，通信モジュールにてPLC間をつなぐ.ただし，通信モジュールでつなげるのは同一タイプのPLC間だけである.

■装置の仕様（制御に必要な入出力点数）

デジタル入力点数	単位：点	600
デジタル出力点数	単位：点	400
アナログ入力点数	単位：点	70
アナログ出力点数	単位：点	50

計画立案等作業試験……編

■使用する PLC の各モジュールの仕様

		A タイプ	B タイプ
1CPU モジュールあたりのデジタル入出力最大点数	単位：点	2000	1200
1CPU モジュールあたりのアナログ入出力最大点数	単位：点	256	128
デジタル入力モジュール点数	単位：点	64	32
デジタル出力モジュール点数	単位：点	64	32
アナログ入力モジュール点数	単位：点	16	8
アナログ出力モジュール点数	単位：点	16	8

➡ 問題 3 の解説

【設問 1】

　A タイプの PLC で必要なアナログ入出力モジュール点数と B タイプの PLC で必要な通信モジュール点数を求めます．

　「装置の仕様」により，デジタル入出力点数とアナログ入出力点数を確認します．

　「使用する PLC の各モジュール仕様」により，使用する 2 種類の PLC の仕様を確認します．

　デジタル入出力点数（A タイプ：最大 2000 点，B タイプ：最大 1200 点）

　アナログ入出力点数（A タイプ：最大 256 点，B タイプ：最大 128 点）

　デジタル入出力モジュール点数（A タイプ：64 点，B タイプ：32 点）

　アナログ入出力モジュール点数（A タイプ：16 点，B タイプ：8 点）

① A タイプの PLC で必要なアナログ入出力モジュールの必要な点数を求めます．

　アナログ入力モジュール数：5 モジュール

　　　70 点 ÷ 16 ≒ 4.4 ≒ 5

　アナログ出力モジュール数：4 モジュール

　　　50 点 ÷ 16 ≒ 3.1 ≒ 4

　アナログ入出力モジュールの合計は，5 + 4 = 9 モジュールとなります．

② B タイプの PLC で必要な通信モジュール点数を考えます．

　○デジタル入出力の合計の点数

　　　装置：1000 点＜ B タイプの PLC：1200 点

　○アナログ入出力の合計の点数

　　　装置：120 点＜ B タイプの PLC：128 点

　B タイプの PLC1 台で制御可能のため，通信モジュールの合計は，0 モジュールになります．

【設問 2】

　A タイプの PLC を使用した場合と B タイプの PLC を使用した場合で，最低限必要な増設ブロックの合計数がどう違うか，求めます．

　「PLC システムの仕様」を確認します．基本ブロックは最大連結：10 モジュール，増設ブロックは最大連結：10 モジュールとなっています．

　①Aタイプの PLC
　　　・デジタル入力モジュール数：10 モジュール
　　　　　600 点 ÷ 64 ≒ 9.4 ≒ 10
　　　・デジタル出力モジュール数：7 モジュール
　　　　　400 点 ÷ 64 ≒ 6.3 ≒ 7
　　　・アナログ入力モジュール数：5 モジュール
　　　　　70 点 ÷ 16 ≒ 4.4 ≒ 5
　　　・アナログ出力モジュール数：4 モジュール
　　　　　50 点 ÷ 16 ≒ 3.1 ≒ 4
　　　　全部で 10 + 7 + 5 + 4 = 26 モジュール必要になります.
　基本ブロック 1 台（10 モジュール × 1）＋増設ブロック 2 台（10 モジュール × 2）の全 3 台の構成になります.
　②Bタイプの PLC
　　　・デジタル入力モジュール数：19 モジュール
　　　　　600 点 ÷ 32 ≒ 18.8 ≒ 19
　　　・デジタル出力モジュール数：13 モジュール
　　　　　400 点 ÷ 32 = 12.5 ≒ 13
　　　・アナログ入力モジュール数：9 モジュール
　　　　　70 点 ÷ 8 ≒ 8.8 ≒ 9
　　　・アナログ出力モジュール数：7 モジュール
　　　　　50 点 ÷ 8 = 6.3
　　　　全部で 19 + 13 + 9 + 7 = 48 モジュール必要になります.
　　　　ここで装置と B タイプの PLC のアナログ入出力点数の合計を比較します.
　基本ブロック 1 台（10 モジュール × 1）＋増設ブロック 4 台（10 モジュール × 40）の全 5 台の構成になります.
　①，②より，増設ブロックの合計数を比較すると,
　A タイプの PLC（増設ブロック：2 台）＜ B タイプの PLC（増設ブロック：4 台）
　B タイプの PLC を使用した構のほうが 2 ブロック多くなります.

【解答】
設問 1　①　9　②　0
設問 2　ハ

問題 4

　次の制御対象の動作順序を参考に，SFC 構造図の（①）〜（⑧）に当てはまる適切な記号を解答欄に記入しなさい．

[制御対象の動作]

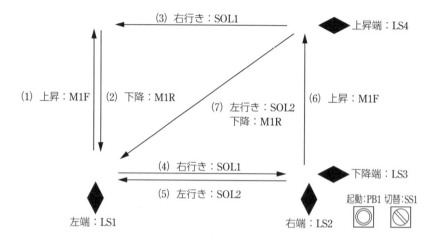

動作順序　　切換えスイッチ SS1 が ON のとき，（1）→（2）→（4）→（6）→（7）
　　　　　　切換えスイッチ SS1 が OFF のとき，（1）→（3）→（7）→（4）→（5）

動作条件　　LS1 と LS3 が ON のとき，PB1 の ON で起動する．

記号の意味　PB　：押しボタンスイッチ
　　　　　　SS　：切換えスイッチ
　　　　　　LS　：リミットスイッチ
　　　　　　SOL　：ソレノイドバルブ
　　　　　　M　：モータ　F：正転　R：逆転

SFC 構造図

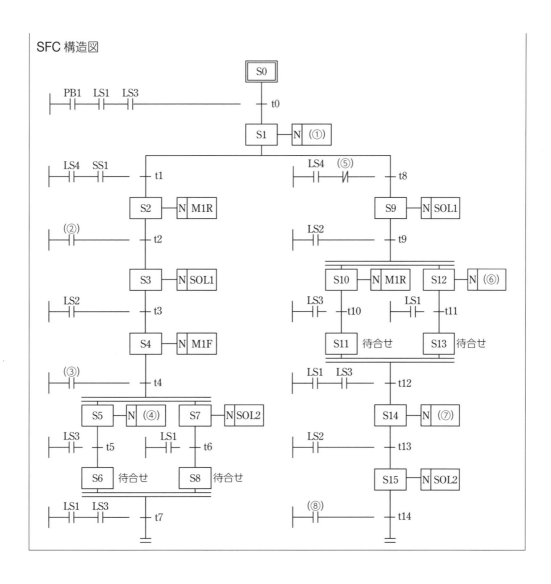

計画立案等作業試験 編

→ 問題 4 の解説

「制御対象の動作」について確認します.

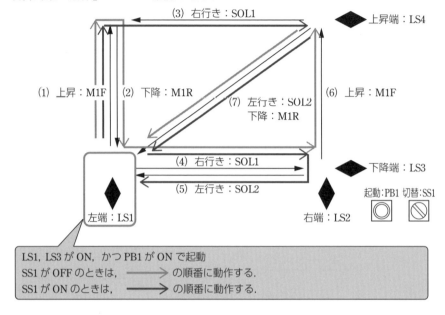

LS1, LS3 が ON, かつ PB1 が ON で起動
SS1 が OFF のときは, ――→ の順番に動作する.
SS1 が ON のときは, ――→ の順番に動作する.

グレーの矢印の動作順序のとおり, SFC 構造図の動作を考えます.

【入力条件】

t0 ～ t14 は次の動作へ移行する, 入力機器の条件が入ります.

　　PB：押しボタンスイッチ

　　SS：切換えスイッチ

　　LS：リミットスイッチ

【出力機器】

S0 をイニシャルステートメントとし, S1 ～ S15 に出力機器の動作命令が入ります.

　　SOL：ソレノイドバルブ

　　M：モータ　　　F：正転　　　R：逆転

S0 からの移行は, 下記の条件が成立した場合になります.

動作条件　LS1 と LS3 が ON のとき, PB1 の ON で起動する.

制御対象の動作順序を SFC 構成図で考えます.

動作の流れは, ――→と――→で示します.

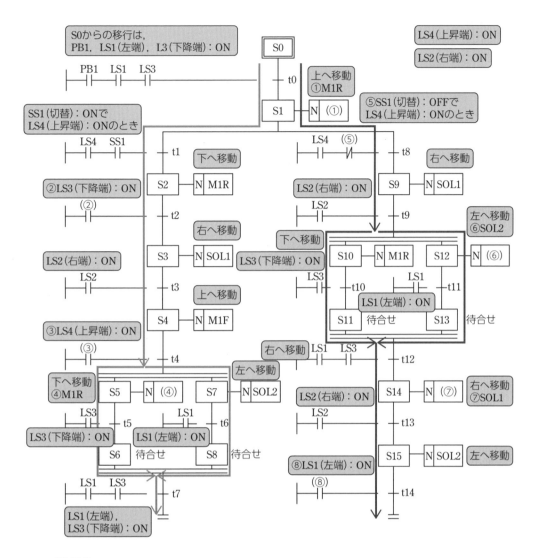

【解答】

① M1F　② LS3　③ LS4　④ M1R　⑤ SS1　⑥ SOL2　⑦ SOL1　⑧ LS1

学科試験

編

　学科試験は過去に出題された内容に類似した問題が出題されます．過去問題を中心とした練習問題Ⅰ～Ⅳを解くことで出題傾向をつかみ，わからない問題については繰り返し解くことで，合格レベルの知識を身につけましょう．

3 級学科試験

[試験時間：1 時間，問題数：30 問]

　3 級学科試験は真偽法で出題されます．一つ一つの問題の内容が正しいか誤っているかを判断し解答します．試験はマークシート方式で行われます．

1-01 ▷ 3 級学科試験（練習問題Ⅰ）

次の各問について正しいか誤っているかを判断し答えなさい．

番号	問　題
01	60Hz で運転していた誘導電動機を 50Hz で運転すると，回転速度は 1.2 倍となる．
02	三相誘導電動機の回転方向を変えるには，3 本の電線のうち 2 本を入れ替えればよい．
03	継電器（リレー）は回路を電気的信号によって開閉する機器である．
04	蒸気タービン発電機とは，火力発電所や原子力発電所において蒸気を原動力とする発電機である．
05	下図の回路の力率は，0.6 である． 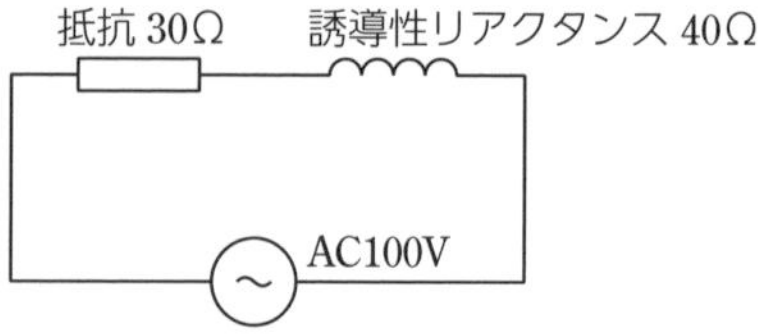 抵抗 30Ω　誘導性リアクタンス 40Ω AC100V
06	下図の回路において，電圧計 V の指示値は 0 となる．ただし，内部抵抗は無限大とする． 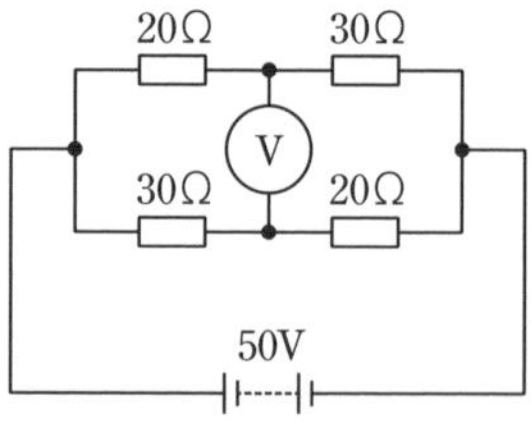 20Ω　30Ω V 30Ω　20Ω 50V
07	下図のように，永久磁石の中に導体 AB を置き，スイッチ S を閉じたとき，導体は矢印方向に力を受ける． 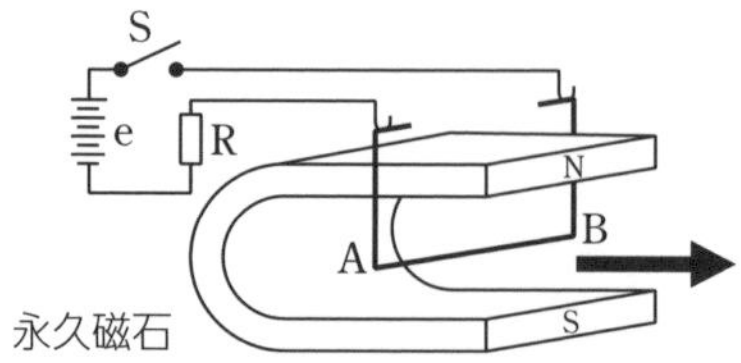 S e　R N A　B S 永久磁石

08	日本産業規格（JIS）によれば，下図の電気用図記号は接地を表す． 
09	日本産業規格（JIS）によれば，下図の電気用図記号はランプを表す． 
10	マイクロメータは，測定面どうしを密着させて保管しなければならない．
11	ボール盤で穴をあける場合，硬い材料ほど，切削速度（ドリル回転速度）を上げて加工する．
12	銅は強磁性体材料である．
13	変圧器から取り出した電気絶縁油は，消防法による危険物に該当する．
14	事業者が新たに労働者を雇い入れたときには，その従事する業務に関する安全または衛生のための教育を行わなければならない．
15	事業者は，つり上げ荷重が 5t 未満の床上操作クレーンの運転業務に労働者を就かせるときには，操作方法を説明すれば，特別な教育を行うことなく作業に従事させることができる．
16	16 進数 "5A3C" を 2 進数で表すと "0101 1010 0011 1100" である．
17	オンディレイ機能とは，オン動作条件が成立してから，オン出力するまでの時間遅れをもった機能をいう．
18	メーク接点は，リレーが動作していないときに閉じている．
19	入出力割付とはセンサやリレーを配線することである．
20	PLC のスキャン時間は，プログラム実行時間のみである．
21	PLC のラダー図プログラムを RUN させると 0 ステップから順に実行し，END 命令を実行すると停止する．
22	下図の回路は，ワンショット回路である． 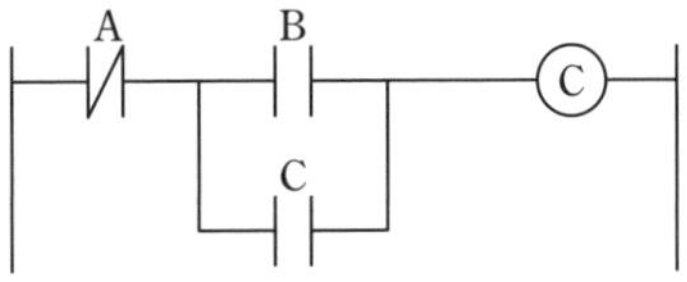
23	日本産業規格（JIS）によれば，型宣言における WORD とは，16 ビットのビット列である．
24	立上りエッジとは，ブール型変数の 0 から 1 への変化のことを意味する．
25	「パワーフロー」は，電磁リレーシステムの電気の流れに相当する．
26	電磁開閉器は，ノイズを発生しない．
27	PLC の電源は，動力回路の電源と分離することが望ましい．
28	リレー出力モジュールは，交流負荷用として使用できない．
29	バッテリは，時間経過によって性能が落ちることはないため，予備品としてできる限りたくさんもつのが望ましい．
30	一般的に，腐食性ガスが発生しない環境で PLC を使用する必要がある．

3級学科試験（練習問題1）の解答・解説

01　×　回転速度 $Ns = \dfrac{120f}{p}$（f：周波数，p：極数）より，回転速度は 0.83 倍（$\dfrac{50}{60}$ 倍）となります．

02　○　三相誘導電動機の回転方向を変えるには，3本の電線のうち2本を入れ替えます．

03　○　継電器（リレー）は，電気的信号によって回路の接点を開閉する機器です．

04　○　蒸気タービン発電機とは，火力発電所や原子力発電所において蒸気を原動力とする発電機です．

05　○　回路の力率は，$\dfrac{30}{\sqrt{30^2 + 40^2}} = \dfrac{30}{50} = 0.6$ となります．

06　×　電圧計 V の指示値が 0 となるのは，対面の抵抗をかけた値が同じときです．問題の回路において，電圧計 V の指示値は 10V となります．

07　○　フレミングの左手の法則（人差指：磁界の向き，中指：電流，親指：力の向き）により矢印の方向へ力を受けます．

08　○　問題の電気用図記号は接地を表します．

09　○　問題の電気用図記号はランプを表します．

10　×　マイクロメータは，測定面どうしを密着させて保管すると熱膨張により測定具が痛むおそれがあるため，測定面を密着して保管してはなりません．

11　×　ボール盤で穴をあける場合，硬い材料ほど，切削速度（ドリル回転速度）を**下げて**加工します．

12　×　強磁性体材料は鉄，ニッケル等です．銅は**反磁性体材料**です．

13　○　電気絶縁油は可燃性の油であり，消防法上は「第四類・第三石油類」の可燃性液体に分類される危険物に該当します．

14　○　事業者は労働者に対して，安全または衛生のための教育を行う義務があります．

15　×　事業者は，つり上げ荷重が 5t 未満の床上操作クレーンの運転業務に労働者を就かせるときには，特別な教育を行わなければなりません．

16　○　16進数 "5A3C" を2進数で表すと "0101（5）1010（A）0011（3）1100（C）" です．

17　○　オンディレイ（オンが遅れる）機能とは，オン動作条件が成立してから，オン出力するまでの時間遅れをもった機能です．

18　×　リレーが動作していないときに閉じているのは**ブレイク接点**です．

19　×　入出力割付は入出力部に対してのセンサやリレーの割り当て内容を示します．

20　×　PLC のスキャン時間は，プログラム一巡（0 行から END 命令まで）の処理時間すべてを含みます．

21　×　PLC のラダー図プログラムを RUN させると 0 ステップから順に実行し，END 命令を実行すると再び 0 ステップから順に実行することを繰り返します．

22　×　図の回路は**自己保持回路**で，ワンショット回路（入力を ON にすると，一瞬だけ出力が ON になる回路）ではありません．

23 ○ 日本産業規格（JIS）によれば，型宣言における WORD とは，16 ビットの
　　　 ビット列です．DWORD が，32 ビットのビット列となります．

24 ○ 立ち上がりエッジとは，ブール型変数の 0 から 1 へ変化することを意味
　　　 します．立ち下がりエッジは，ブール型変数の 1 から 0 へ変化すること
　　　 を意味します．

25 ○ 「パワーフロー」は，電力の流れを意味し，電磁リレーシステムの電気の
　　　 流れに相当します．

26 × 電磁開閉器は，接点を開閉する際，コイルへ電圧を印加するため，ノイズ
　　　 を発生します．

27 ○ 動力回路の電源は始動電流等により電圧が変動するおそれがあるため，
　　　 PLC の電源は，動力回路の電源と分離することが望ましいです．

28 × リレー出力モジュールは，直流負荷用，交流負荷用として使用できます．

29 × バッテリは，**時間経過によって充電容量が低下する**など性能が落ちます．

30 ○ 一般的に，腐食性ガス（機器の性能を損なう）等が発生しない環境で PLC
　　　 を使用します．

1-02 > 3級学科試験（練習問題Ⅱ）

次の各問について正しいか誤っているかを判断し答えなさい．

番号	問　題
01	電気機器の巻線用電線には平行線が使用され，丸線は使用されない．
02	光ファイバーケーブルは，制御用配線として使用されるが，通信用伝送媒体としては使用されない．
03	変流器は，主回路大電流を，計測に適した小電流に変換する機器である．
04	タービン発電機は，一般に 2 極の場合は 3000min^{-1}（rpm）または 3600 min^{-1}（rpm）で回転して発電する．
05	フレミングの左手の法則では，左手の親指・人差し指・中指をお互いに直角に開いたとき，中指が磁界の方向，人差し指が電流の流れる方向，親指が電磁力の働く方向を示す．
06	断面積 2mm^2，長さ 10m で電気抵抗が 0.5Ω の金属材料がある．同一材料で断面積 3mm^2，長さ 18m の場合の電気抵抗は 0.4Ω である．
07	下図の回路において，AC 間に流れる電流は 4A である．

08	600V ビニル絶縁電線の記号は，IV である．
09	日本産業規格（JIS）によれば，機械製図における寸法補助記号の R は円の直径を示している．
10	ねじのリードとは，ねじ一回転あたりに進む距離である．
11	電気溶接は，アーク溶接と静電溶接に大別できる．
12	金属導体は，一般に，温度の上昇によって電気抵抗値が増加する．
13	下図に例示する旧電気用品取締法表示のある中古の電気用品は，手続きなしでそのまま販売することが可能である． 
14	業務用消火器の適応火災には，普通火災，電気火災，油火災がある．
15	労働安全衛生関係法令によれば，精密な作業を行う場所の作業面の照度は，300 ルクス以上とすることと規定されている．
16	PLC を使用して時限制御を行うには，必ず，PLC は別に外付けのタイマが必要である．
17	フィードバック制御とは，制御量を目標値と比較し，それらを一致させるように操作量を生成する制御方式である．
18	日本産業規格（JIS）によれば，PLC は Programmable Ladder Controller と定義されている．
19	近接スイッチは，接触することにより物体の有無を検知する．
20	SFC（シーケンシャル ファンクション チャート）では，プログラムを表現するため，"ステップ" "アクション" "トランジション" などを用いる．
21	立下りエッジとは，ブール変数の 0 から 1 への変化のことを意味する．
22	下図のように相互に同時出力できないようにすることを自己保持という． 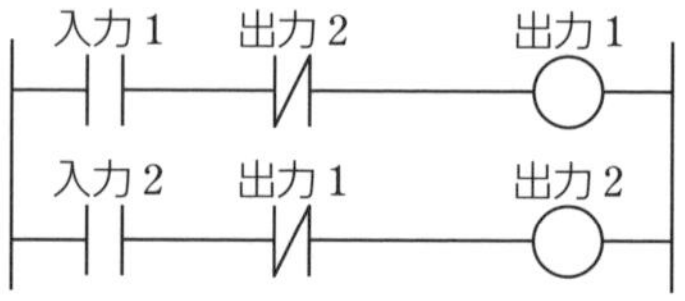
23	一般的にデバッグとは，プログラムの誤りを発見し，修正する作業である．
24	PLC の演算速度が速くなると，一般的にスキャン時間は短くなる．
25	(A) の FBD をラダー図（LD）で表すと（B）となる． 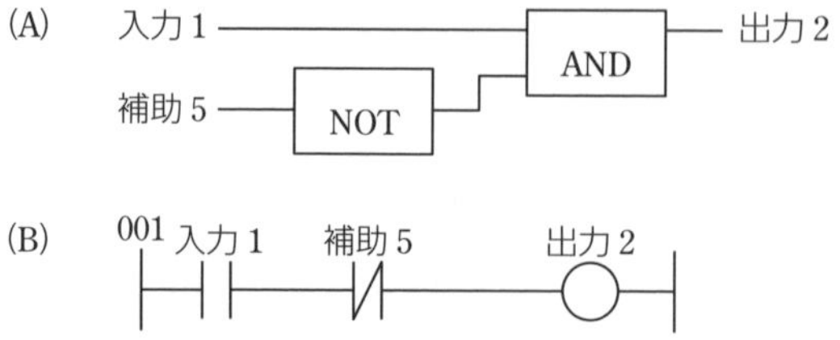
26	盤内の配線は，できる限り電力線と信号線を束ねて，きれいに配線する．
27	通信速度が 100Mbps とは，1 秒間に 100M バイトのデータを転送することである．

28	プログラムのバックアップに使用される SRAM カードは，不揮発性メモリである．
29	PLC システムの予防保全を目的とした点検には，日常点検と定期点検がある．
30	PLC システムは，点検を十分に行えば故障しないので，入出力モジュール等の予備品は必要ない．

➡ 3 級学科試験（練習問題Ⅱ）の解答・解説

01 × 電気機器（モータやコイル等）の巻線用電線には，単線の**丸線や平角線**を使用します．

02 × 光ファイバーケーブルは，通信用伝送媒体として使用されます．

03 ○ 変流器は，主回路大電流を，電流計等の計測器に適した小電流に変換します．

04 ○ タービン発電機は，一般に 2 極の場合は 3000min^{-1}（rpm）または 3600min^{-1}（rpm）で，4 極の場合は 1500min^{-1}（rpm）または 1800min^{-1}（rpm）で回転して発電します．

05 × フレミングの左手の法則では，左手の親指・人差し指・中指をお互いに直角に開いたとき，**中指が電流の流れる方向**，**人差し指が磁界の方向**，親指が電磁力の働く方向を示します．

06 × 電気抵抗は次の式で表します．

$$抵抗〔\Omega〕=\frac{\rho〔\Omega \cdot m〕\cdot 長さ〔m〕}{断面積〔mm^2〕}\times 10^6 \quad（\rho：抵抗率）$$

$$0.5\Omega=\frac{\rho〔\Omega \cdot m〕\cdot 10m}{2mm^2}\times 10^6 \quad より，\quad \rho=0.1\times 10^{-6}\Omega \cdot m$$

$$\frac{0.1\times 10^{-6}\Omega \cdot m \cdot 18m}{3mm^2}\times 10^6=0.6\Omega \neq 0.4\Omega \quad となります．$$

07 ○ 対辺の抵抗を掛け合わせた値が同じため，3Ω の抵抗には電流が流れません．そのため，AC 間に流れる電流は，$\dfrac{12}{\dfrac{1}{6}+\dfrac{1}{6}}=\dfrac{12}{\dfrac{1}{3}}=\dfrac{12}{3}=4A$ となります．

08 ○ 600V ビニル絶縁電線の記号は，IV です．

09 × 日本産業規格（JIS）では，機械製図における寸法補助記号の R は**円の半径**を示しています．直径を示す図記号はΦです．

10 ○ ねじのリードとは，ねじ一回転あたりに進む距離です．

11 × 電気溶接は，抵抗熱を利用した**スポット溶接**と**静電溶接**があります．アーク溶接として，被膜アーク溶接，Tig 溶接があります．

12 ○ 金属導体は，一般に，温度の上昇によって電気抵抗値が増加します．一方，半導体の場合，電気抵抗値は減少します．

13 ○ 旧電気用品取締法表示のある中古の電気用品は，手続きなしでそのまま販売できます．

14 ○ 業務用消火器の適応火災には，普通火災（白色），電気火災（青色），油火災（黄色）があります．

15 ○ 一般的な事務作業（精密な作業，普通の作業）を行う場所の作業面の照度

は 300 ルクス以上です．付随的な事務作業（資料の袋詰め等）は 150 ルクス以上となっています．

16　×　PLC を使用して時限制御を行うには，PLC 内蔵のタイマも使用できます．

17　○　問題文のとおりです．シーケンス制御はあらかじめ定められた順序または手続きに従って制御の各段階を逐次進めていく制御方式です．

18　×　PLC は，Programmable Logic Controller と定義されています．

19　×　近接スイッチは，**非接触**で物体の有無を検知するスイッチ（センサ）です．

20　○　SFC では，プログラムを"ステップ""アクション""トランジション"などによりフローチャートのように表します．

21　×　立下りエッジとは，ブール変数が**1 から 0 へ**変化することを意味します．

22　×　問題の図のように相互に同時出力できないようにすることを**インターロック**といいます．

23　○　問題文のとおりです．

24　○　PLC の演算速度が速くなると，スキャン時間（プログラムを処理する時間）は短くなります．

25　○　問題文のとおりです．FBD とラダー図の表し方に慣れましょう．

26　×　盤内の配線は，ノイズ等による誤作動を軽減するため，できる限り電力線と信号線を**離して**配線します．

27　×　通信速度が 100Mbps とは，1 秒間に **100M ビット**のデータを転送することを意味します．

28　×　SRAM カードは**揮発性メモリ**のため，保存には電源を必要とし，電源が切れるとデータは全て消えます．不揮発性メモリは，ROM，フラッシュメモリなどです．

29　○　予防保全として，日常点検と定期点検があり，点検により故障の発生を減らします．

30　×　入出力モジュール等は使用頻度に応じて故障する可能性があるため予備品は必要です．

1-03 ▶ 3 級学科試験（練習問題Ⅲ）

次の各問について正しいか誤っているかを判断し答えなさい．

番号	問　題
01	同一仕様の誘導電動機の電源周波数を，50Hz と 60Hz に設定して比較した場合，回転速度は異なる．
02	抜取検査で合格となったロット中には，不良品は全く含まれていない．
03	押しボタンスイッチの種類には，モーメンタリ型（自動復帰，自己復帰動作）とオルタネイト型（位置保持，自己保持動作）とがある．
04	ガス遮断器やガス絶縁変圧器には，六ふっ化硫黄（SF₆）ガスが使用される．

05	下図の回路の力率は 0.8 である. 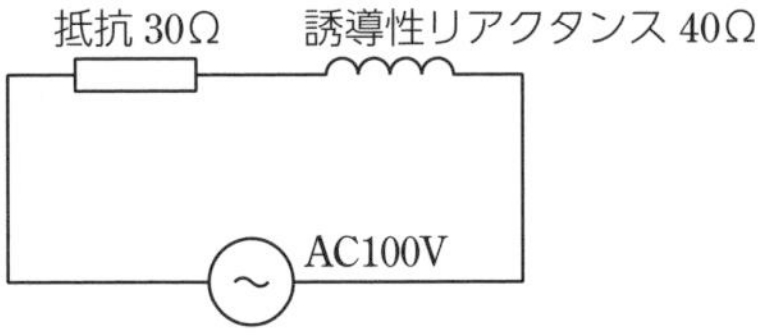
06	可動鉄片形計器は，電流を可動コイルに流したときに生じる磁界が，可動軸に取付けた鉄片に作用する電磁力により，可動トルクを発生する.
07	下図に示すように電流の流れる方向を右ねじの進む方向と一致させると，電流によって生じる磁界は，右ねじの回転する方向と一致する．これをアンペアの右ねじの法則という. 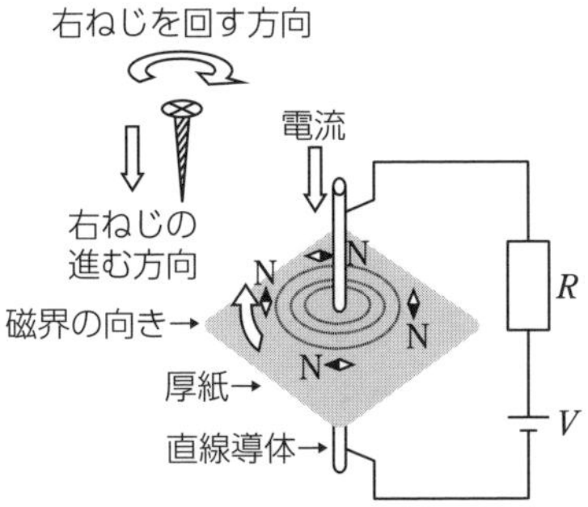
08	日本産業規格（JIS）によれば，下図の電気用図記号はランプを表す. 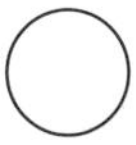
09	日本産業規格（JIS）によれば，尺度の種類は，縮尺と倍尺の 2 種類である.
10	ねじのピッチは，一つのねじ山から隣のねじ山までの距離のことである.
11	加工する材料が硬いものほど，一般にドリルの先端切れ刃角を小さくする.
12	定電圧ダイオードは，直流回路用サージキラーとし単独使用される.
13	化学物質排出把握管理促進法（PRTR 法）によれば，盤に組み込まれる基板の製造段階で使用されるはんだ付けのはんだの種類で，鉛を含むものは規制対象である.
14	労働安全衛生関係法令によれば，検電器具はその日の使用開始前に，検電性能について点検しなければならない.
15	ボール盤で穴あけ作業をするときには，手袋を着用する.
16	AND，OR，NOT，XOR は，論理演算子である.
17	自己保持回路とは，停電しても出力（ON）し続ける回路である.
18	ネットワークの伝送線として，光ファイバケーブルは，電気的ノイズの多いところでも使用できる.
19	測温抵抗体は，デジタル入力モジュールに直接接続して用いられる.
20	PLC スキャン時間に入出力処理時間は含まれない.
21	日本産業規格（JIS）によれば，ラダー図（LD）は，PLC のプログラム言語として規定されている.

学科試験 編

22	下図の回路は，自己保持回路である． 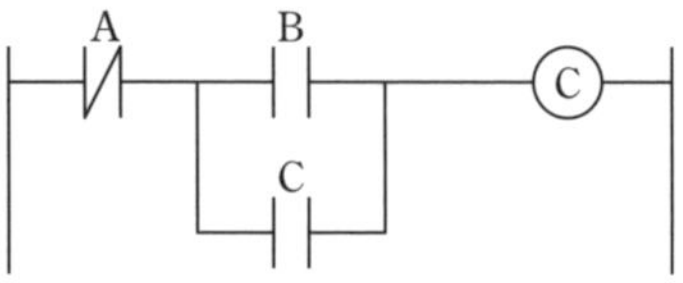
23	PADT（プログラミング アンド デバギング ツール）の代表的な機能に，PLCとの間のプログラムの書き込み／読み出しがある．
24	次の回路でAの入力とCの入力をON，Bの入力をOFFすると，YはOFFになる． 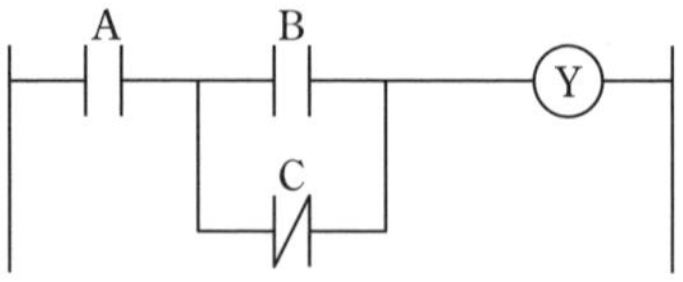
25	日本産業規格（JIS）によれば，型宣言におけるDWORDとは，長さ16のビット列である．
26	保護接地は，人体から感電を防止するために必要な接地である．
27	電磁開閉器は，ノイズを発生しない．
28	毎日あるいは定期的に故障の原因となる部分を点検・測定して，故障にいたる前にこれを取り除き，故障のない安定した運転を保持することを「予防保全」という．
29	一般的に，PLCを使用するときは，ノイズを発生する電気機器の影響を考慮した対策を講じる必要がある．
30	PLCには，有寿命部品が多数使用されているので，寿命に達してから部品を交換することで保全に必要な経費を削減することが望ましい．

3級学科試験（練習問題Ⅲ）の解答・解説

01 ○ 回転速度 $Ns = \dfrac{120f}{p}$（f：周波数，p：極数）で表すため，周波数が変化すると回転速度も変化します．

02 × 抜取検査のため，合格となったロット中にも，不良品が含まれている可能性があります．

03 ○ 問題文のとおりです．

04 ○ 問題文のとおりです．六ふっ化硫黄（SF$_6$）ガスは高圧の遮断器等に使用されています．

05 × 回路の力率は，$\dfrac{30}{\sqrt{30^2 + 40^2}} = \dfrac{30}{50} = 0.6$ となります．

06 × 可動鉄片形計器は，電流を固定コイルに流したときに生じる磁界が，可動軸に取付けた鉄片に作用する電磁力により，可動トルクを発生する．

07 ○ 問題文のとおりです．

08 × ランプの図記号は，⊗です．

09 × 日本産業規格（JIS）では，尺度の種類は，現尺，縮尺と倍尺の**3種類**があります．

10　○　問題文のとおりです.

11　×　加工する材料が硬いものほど, 一般にドリルの先端切れ刃角を**大きく**とります.

12　×　定電圧ダイオードは, 電流が変化しても電圧が一定であるという特長を利用して, サージ電流や静電気から IC などを保護するため, **他の電子部品と組み合わせて**使用します.

13　○　鉛を含むはんだは規制対象のため, 鉛フリーのものが使用されています.

14　○　検電器具等の測定器は, 使用開始前に, 必ず性能・動作の点検をします.

15　×　ボール盤で穴あけ作業をする時には, 巻き込み防止のため**手袋の着用は禁止**されています.

16　○　問題文のとおりです.

17　×　自己保持回路は, 停電すると**出力は OFF** になります.

18　○　光ファイバケーブルは, 電気的ノイズの影響を受けないケーブルです.

19　×　測温抵抗体は, 温度値をデジタルデータに変換して, デジタル入力モジュールへ接続します.

20　×　PLC のスキャン時間には, 入出力処理時間も含まれます.

21　○　その他に, FBD（ファンクションブロックダイアグラム）, SFC（シーケンシャルファンクションチャート）, IL（インストラクションリスト）, ST（ストラクチャードテキスト）があります.

22　○　図の回路は, 自己保持回路です.

23　○　PADT 機能として, PLC へのプログラムの書き込み／読み出しの他, プログラム作成, 動作確認等があります.

24　○　入力 A が ON かつ, 入力 C が OFF または入力 B が ON のとき, Y が ON になります.

25　×　型宣言における DWORD のときは, 長さ **32** のビット列になります.

26　○　問題文のとおりです.

27　×　電磁開閉器の接点を動作するときに, コイルを励磁・消磁するため, ノイズが発生します.

28　○　問題文のとおりです.

29　○　ノイズを発生する機器との距離を取る, ノイズフィルタを設置するなどの対策を講じます.

30　×　寿命に達する前に部品を交換し, また, 故障を未然に防ぐために, 定期点検を実施することが望ましい.

1-04 > 3 級学科試験（練習問題Ⅳ）

次の各問について正しいか誤っているかを判断し答えなさい.

番号	問　題
01	トランジスタの種類には, 半導体の組合せによって, PNP 型と NPN 型がある.

02	オシロスコープは，電圧の波形の観測に使用できる．
03	抵抗器のカラーコード（4 帯表示）の第 1 色帯から第 4 色帯は抵抗値を表す．
04	遮断器は，一般に，短絡事故等の異常時に保護継電器と連動して，電路を遮断するスイッチである．
05	銅の電気抵抗は温度によって変化し，温度が高くなると抵抗が増す．
06	図において回路に流れる電流 *I* は，1.0A である．
07	テスタではダイオードの極性が区別できない．
08	電磁力の強さは，電流が同一で鉄心が磁気飽和していなければ，コイルの巻数が少ないほうが大きくなる．
09	日本産業規格（JIS）によれば，機械製図における寸法補助記号の D は，円の半径を示している．
10	オイルレス軸受は，材質が多孔質で，あらかじめ潤滑油がしみ込ませてある．
11	ボール盤で穴をあける場合，軽い材料ほど，切削速度（ドリル回転速度）を上げて加工する．
12	電線は構造上，単線とより線に区分されるが，より線を構成する単線を特に素線という．
13	化学物質排出把握管理促進法（PRTR 法）によれば，盤組立に使用されるねじ・ボルト類の六価クロムメッキ品も規制対象である．
14	クレーンの点検は，毎月 1 回実施すれば問題なく使用できる．
15	事業者が新たに労働者を雇い入れたときには，その従事する業務に関する安全または衛生のための教育を行う必要はない．
16	オンディレイタイマとは，入力コイルが ON してから一定時間後に出力接点が ON し，かつ，入力コイルが OFF すると即時に出力接点が OFF するタイマをいう．
17	フィードバック制御とは，制御結果を入力に戻し，目標とのズレを修正する操作を加える制御方式である．
18	近接スイッチは，非接触で物体の有無を検知する．
19	入出力割付は入出力部に対してのセンサやリレーの割り当て内容を示す．
20	PLC の電源が落ちたときに，出力コイルを保持するためには，自己保持回路を使う．
21	「パワーフロー」は，制御プログラムをシミュレーションするときなどに使用する．
22	立上りエッジとは，ブール型変数の 1 から 0 への変化のことを意味する．
23	PLC の演算速度が速くなると，一般的に，プログラムの処理時間は短くなる．

24	LD（ラダーダイアグラム）では，プログラムを表現するため，"ステップ""アクション""トランジション" などを用いる．
25	下図のように相互に同時出力できないようにすることをインターロック回路という． 入力1　出力2　出力1 入力2　出力1　出力2
26	通信速度が100Mbpsとは，1分間に100Mビットのデータを転送することである．
27	PLCの設定は，D種接地工事とすることが基本である．
28	リレー出力モジュールは，直流負荷用として使用できない．
29	絶縁抵抗は，テスタで測定可能である．
30	日本では電力事情が安定しているので，PLCへの供給電圧や入出力モジュール用電源の電圧などは，数か月ごとの定期点検のタイミングでチェックすれば十分である．

→ 3級学科試験（練習問題Ⅳ）の解答・解説

01 ○　問題文のとおりです．

02 ○　オシロスコープは，垂直軸（電圧軸）と水平軸（時間軸）により，電圧の波形の観測に使用できます．

03 ×　抵抗器のカラーコード（4帯表示）では第1色帯から第3色帯で抵抗値を表します．第4色帯は抵抗値の許容差を表しています．

04 ○　遮断器は，過負荷や短絡事故等の異常時に保護継電器と連動して，電路を遮断します．

05 ○　銅の電気抵抗は温度が高くなると抵抗が増します．

06 ×　回路の合成抵抗は，$60 + \dfrac{140 \times 60}{140 + 60} = 60 + \dfrac{8400}{200} = 60 + 42 = 102\,\Omega$

　　　回路に流れる電流 I は，$\dfrac{200}{102} \fallingdotseq 2.0\mathrm{A}$

07 ×　テスタ（回路計）でダイオードの極性を区別できます．

08 ×　電磁力の強さは，電流が同一で鉄心が磁気飽和していなければ，コイルの巻数が**多いほう**が大きくなります．

09 ○　機械製図における寸法補助記号のRは円の半径を，Dは**直径**を表します．

10 ○　問題文のとおりです．

11 ×　ボール盤で穴をあける場合，材料の**材質**に合わせて切削速度（ドリル回転速度）を決めます．

12 ○　問題文のとおりです．

13 ○　問題文のとおりです．

14 ×　クレーンの点検には，年次点検，月次点検，使用前点検等があります．

15 ×　事業者が新たに労働者を雇い入れたときには，その従事する業務に関する安全または衛生のための教育を行わなければなりません．

16 ○　オンディレイ（オンが遅れる）タイマは，入力コイルがONになってから

一定時間後に出力接点が ON になります．また，入力コイルが OFF になると即時に出力接点が OFF になります．

17 ○ 問題文のとおりです．

18 ○ 近接スイッチは，非接触で物体の有無を検知します．

19 ○ 問題文のとおりです．

20 × PLC の電源が落ちたときに，出力コイルを保持するには，**停電保持リレー**を使います．

21 ○ 問題文のとおりです．

22 × 立上りエッジとは，ブール型変数の **0 から 1 へ**の変化のことを意味する．

23 ○ PLC の演算速度が速くなると，プログラムの処理時間が短くなり，スキャン時間も短くなります．

24 × 問題文は SFC の説明になります．

25 ○ 問題文のとおりです．

26 × 通信速度が 100Mbps とは，**1 秒間**に 100M ビットのデータを転送することです．

27 ○ 安全を考慮して，PLC には D 種接地工事を施します．

28 × リレー出力モジュールは，直流負荷および交流負荷用として使用できます．

29 × 絶縁抵抗は，**絶縁抵抗計**で測定します．テスタを使用しません．

30 × 電力事情が安定している環境であっても，動作不良や不具合を防ぐため，PLC への供給電圧や入出力モジュール用電源の電圧などの日常点検が必要です．

2級学科試験

[試験時間：1時間40分，問題数：50問（A群25問，B群25問）]

　2級学科試験はA群（真偽法）とB群（多肢択一法）とに分かれています．A群の問題（真偽法）は，一つ一つの問題の内容が正しいか誤っているかを判断し解答します．B群の問題（多肢択一法）は正解と思うものを一つだけ選んで解答します．いずれもマークシート方式です．

2-01 ▷ 2級学科試験（練習問題Ⅰ）

【A群25問（真偽法）】

次の各問について，正しいか誤っているかを判断し答えなさい．

番号	問　題
01	継電器がうなる原因の一つとして，接点の過電流が考えられる．
02	変圧器コイルの巻線方法は，型巻，直巻に大別される．
03	絶縁抵抗計で機器の絶縁抵抗を計測するときに，被測定箇所が充電された状態で測定した．
04	フレミングの左手の法則で親指は力を，人差し指は電子を，中指は電流を表す．
05	日本産業規格（JIS）によれば，次の記号はリセット（ラッチ解除）コイルを表す． -------------⟨R⟩-------------
06	日本産業規格（JIS）によれば，図面の寸法数字に付記される寸法補助記号でCは45°の面取りを表している．
07	ねじのリードとは，ねじ山部分の軸方向の長さである．
08	測定範囲0-25mmの外側マイクロメータを格納するときは，測定面にゴミが入らないようにきちんと密着させておかなければならない．
09	けがき作業でのセンタポンチとは，穴あけ加工の中心を示すときに打つポンチである．
10	材料に荷重を加えるときの応力とは，荷重に断面積を乗じたものである．
11	真性半導体に不純物を混入させて，p形やn形半導体を作るが，この操作をドーピングと呼んでいる．
12	漏電遮断器等の特定電気用品に表示するPSEマークは以下のものである． ◇PS E

13	労働安全衛生法関係法令によれば，作業環境における作業面の明るさは，精密作業で 250 ルクス以上が必要と規定されている．
14	下図の論理回路の動作で入力 1，2，3 がそれぞれ次に示す場合，出力は TRUE である． 入力 1：TRUE　　入力 2：FALSE　　入力 3：TRUE 入力 1 ── AND ── OR ── 出力（入力 1，入力 2 → AND，入力 3 → OR）
15	バイナリデータ「10111101」に偶数パリティビットを付け加えると，「10111011」になる．ただし，最下位ビットをパリティビットとする．
16	交流負荷から発生するノイズの対策には，ダイオードを用いるのがよい．
17	システムの信頼性を向上させるための RAS 機能の「RAS」は，以下の 3 つの単語の頭文字を組み合わせたものである． 　　リライアビリティ（Reliability） 　　アベイラビリティ（Availability） 　　セーフティ（Safety）
18	前進端や後退端のリミットスイッチからの信号はアナログ信号である．
19	4 ビットあれば，16 通りのデータを表現することができる．
20	PLC のプログラム言語において，INT 型データで表すことができる数値の範囲は，−7999 〜 +7999 である．
21	日本産業規格（JIS）によれば，SFC のトランジションとは，1 つ以上の前置ステップから 1 つ以上の後置ステップへ制御を展開させる条件と規定されている．
22	PLC のラダー回路は，リレーで組む回路と全く同じ動きをするので，リレー回路図をそのまま PLC のラダー回路に置き換えればよい．
23	直流ソレノイドに逆並列に接続されたダイオードは，サージ吸収効果がある．
24	制御盤内における PLC の周囲温度が 80℃以下なら，強制冷却の必要はない．
25	PLC 本体の故障時におけるトラブルシューティングには，PLC の自己診断機能が有効である．

［B 群 25 問（多肢択一法）］

次の各問について，正解と思うものを選択肢イ〜ニの中から 1 つ選びなさい．

番号	問　題
01	コンデンサが下図のように接続されているとき，AB 間の合成容量として，適切なものはどれか． 　イ　6.0μF 　ロ　13.4μF 　ハ　19.0μF 　ニ　27.0μF （A ── 9μF ──・── 8μF ──・── B，中央に 8μF と 10μF が並列）

02	圧着接続に関する記述として，誤っているものはどれか． イ　作業に合った熱容量であること． ロ　こて先は，急速に加熱され熱効率や熱復帰率がよいこと． ハ　こて先温度は，定格温度に達した後の温度変化が大きいこと． ニ　握り部が熱くならないこと．
03	絶縁材料として，誤っているものはどれか． イ　ガラスエポキシ ロ　マイカ（雲母） ハ　ベークライト ニ　カーボン
04	ねじ締付け作業に使用する工具として，誤っているものは． イ　モンキレンチ ロ　ダイス ハ　六角棒スパナ ニ　ボックスレンチ
05	2つの特性を横軸と縦軸とし，観測値を打点して，データの相関を表すものとして正しいものはどれか． イ　パレート図 ロ　散布図 ハ　特性要因図 ニ　ヒストグラム
06	図に示す回路に流れる電流値 I の値として，正しいものはどれか． イ　2.5A ロ　5.0A ハ　6.7A ニ　7.5A 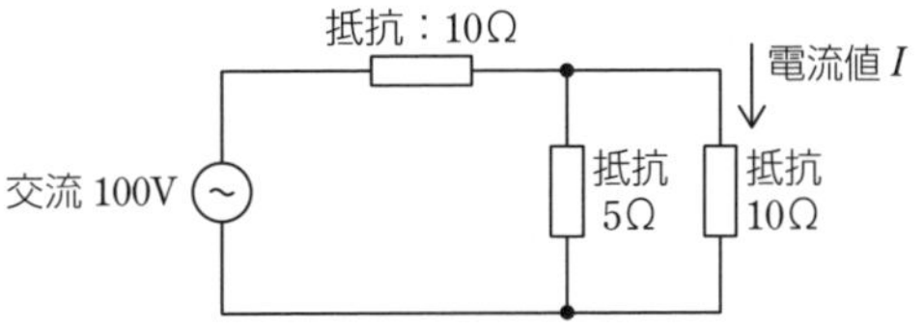 抵抗：10Ω　電流値 I 交流 100V　抵抗 5Ω　抵抗 10Ω
07	下図の回路に，100V，50Hz の交流電圧をかけた場合に流れる電流〔A〕として正しいものはどれか． イ　約 0.0064 ロ　約 0.064 ハ　約 0.64 ニ　約 6.4 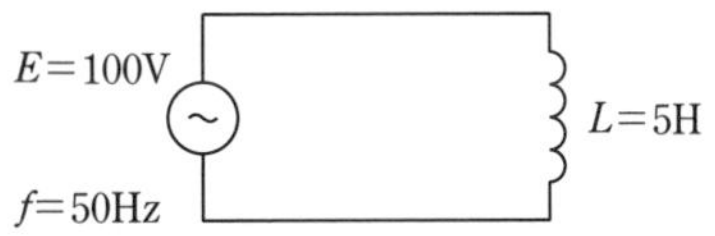 $E=100V$　$L=5H$　$f=50Hz$
08	日本産業規格（JIS）によれば，下図の電気用図記号の名称として，正しいものはどれか． イ　押しボタンスイッチ ロ　近接スイッチ ハ　リミットスイッチ ニ　温度スイッチ 

09	組み合わされた2枚の歯車の回転軸が平行になるものはどれか.
	イ　平歯車
	ロ　すぐばかさ歯車
	ハ　ウォームギア
	ニ　まがりばかさ歯車

10	ブロックゲージの説明として, 適切なものはどれか.
	イ　直接測定用のゲージである.
	ロ　比較測定用の標準ゲージである.
	ハ　測定対象をはさんで目盛りを読む.
	ニ　測定圧が一定になるとラチェットが空転する.

11	金属材料と元素記号の組合せとして, 適切でないものはどれか.
	金属材料　　　　　元素記号
	イ　金　　　　　　　　Au
	ロ　銀　　　　　　　　Ag
	ハ　銅　　　　　　　　Cu
	ニ　白金　　　　　　　Wg

12	各種金属材料を常温における導電率の大きいものから順に並べたものとして, 正しいものはどれか.
	イ　銀＞金＞銅
	ロ　金＞銀＞銅
	ハ　銀＞銅＞金
	ニ　金＞銅＞銀

13	次のうち, 半導体でない材料はどれか.
	イ　リチウム
	ロ　アンチモン
	ハ　セレン
	ニ　ゲルマニウム

14	PID制御の要素として, 適切でないものはどれか.
	イ　比例動作
	ロ　時限動作
	ハ　積分動作
	ニ　微分動作

15	タイムチャートの説明として, 誤っているものはどれか.
	イ　一般的に入力機器, 出力機器は, すべてあげて作成するのが効果的である.
	ロ　アクチュエータの動作時間が分かる.
	ハ　動作タイミングの同期が見やすい
	ニ　制御システムの状態遷移が記述できる.

16	電気的条件の項目と単位の組合せとして，適切でないものはどれか.

	項目	単位
イ	瞬時停電	ms
ロ	耐電圧	V
ハ	絶縁抵抗	MΩ
ニ	電界強度	A/m

17	日本産業規格（JIS）によれば，SFC のトランジションを記述する場合に規定されていないものはどれか.

- イ LD 言語
- ロ ST 言語
- ハ C 言語
- ニ FBD 言語

18	アナログ入出力モジュールの仕様を表す用語として，正しいものはどれか.

- イ デジタル分解能
- ロ 計数速度
- ハ 速度指令
- ニ 通信速度

19	日本産業規格（JIS）の LD 言語の接点記号で誤っているものはどれか.

- イ ---| |--- a 接点
- ロ ---|／|--- b 接点
- ハ ---| R |--- 立下がり検出接点
- ニ ---| P |--- 立上がり検出接点

20	日本産業規格（JIS）によれば，基本データ型の「予約語」と「説明」の組合せとして，誤っているものはどれか.

	予約語	説明
イ	BYTE	4 ビットのビット列
ロ	WORD	16 ビットのビット列
ハ	DWORD	32 ビットのビット列
ニ	LWORD	64 ビットのビット列

21	文中の（ ）に入る用語の組合せとして，適切なものはどれか. 日本産業規格（JIS）によると，構造化テキスト（A）言語は，代入文，サブプログラム制御文，選択文および繰返し文を使用した（B）のプログラム言語である.

	A	B
イ	IL	テキスト形式
ロ	IL	図式形式
ハ	ST	テキスト形式
ニ	ST	図式形式

22	LANケーブルに関する記述として，誤っているものはどれか． 　イ　LANケーブルには，ストレートケーブルがある． 　ロ　LANケーブルには，クロスケーブルがある． 　ハ　LANケーブルには，ノイズに強いSTPケーブルがある． 　ニ　LANケーブルには，シールド加工したUTPケーブルがある．
23	日本産業規格（JIS）によれば，PLC使用者を支援するアプリケーションプログラムの試験機能に関する文中の（A）と（B）の組合せとして正しいものはどれか． 　　　　　A　　　　　　　　　　B 　イ　状態確認　　　　　　　シミュレーション 　ロ　実行順序の確認　　　　シミュレーション 　ハ　状態確認　　　　　　　実行順序の確認 　ニ　シミュレーション　　　実行順序の確認
24	文中の（　）内に当てはまる値として，適切なものはどれか． 日本産業規格（JIS）によれば，PLCは標高（　）mまでの運用に適合しなければならない． 　イ　500 　ロ　1000 　ハ　1500 　ニ　2000
25	PLCの定期点検の内容として，誤っているものはどれか． 　イ　PLC周辺の湿度は測定しなくてもよい． 　ロ　AC電源電圧の電圧範囲やひずみ率が，規定範囲内かどうかを確認する． 　ハ　電池（バッテリ）の電圧低下の警報は出力されていないが，交換期限を過ぎているので電池を交換する． 　ニ　端子ネジの緩みがあるので増し締めする．

→ 2級学科試験（練習問題Ⅰ）の解答・解説

［A群25問（真偽法）］

01　×　継電器がうなる原因の一つとして，**コイルへの過電流**が考えられます．

02　○　問題文のとおりです．

03　×　絶縁抵抗計を計測するときは，被測定箇所が**充電されていない**状態にします．

04　×　フレミングの左手の法則で親指は力を，**人差し指は磁界の向き**，中指は電流の流れる方向を表します．

05　○　問題文のとおりです．

06　○　問題文のとおりです．

07　×　ねじが1回転したときに，**軸方向に進む距離**をリードといいます．

08　×　測定面を密着させて保管すると，熱膨張等により測定器が変形するおそれがあります．そのため，**隙間を空けて**保管します．

09　○　問題文のとおりです．

10　×　材料に荷重を加えるときの応力とは，荷重を断面積で**除した**値です．

$$応力 = \frac{荷重}{断面積}$$ で表されます．

11　○　問題文のとおりです．

12　○　問題文のとおりです．特定電気用品以外の電気用品に表示する PSE マークは$\binom{PS}{E}$になります．

13　×　作業環境における作業面の明るさは，精密作業で **300 ルクス以上**が必要と規定されています．

14　○　入力 1，入力 2 の AND（両方が TRUE のとき出力が TRUE）により FALSE が出力されます．この値と入力 3 の OR（どちらか一方が TRUE のとき出力が TRUE）により，TRUE が出力されます．

15　○　バイナリデータ「10111101」の 1 の個数を数えると，「6（偶数）個」となります．そのため，偶数パリティビットを最下位ビットに付け加えると，「10111101 1」となり，1 桁増えます．

16　×　交流負荷から発生するノイズの対策には，**コンデンサ**や**インダクタ**で構成するフィルタを使用します．ダイオードはサージ対策に使用します．

17　×　RAS は，リライアビリティ（Reliability：信頼性），アベイラビリティ（Availability：可用性），サービスアビリティ（Serviceability：保守性）の 3 つの要素を表しています．

18　×　前進端や後退端のリミットスイッチからの信号は ON/OFF の**デジタル信号**です．

19　○　問題文のとおりです．

20　×　PLC のプログラム言語において，INT 型データの数値範囲は，$-32768 \sim 32767$ です．

21　○　問題文のとおりです．

22　×　PLC のラダー回路は，リレーを組む回路と同じ動きはしません．リレー回路の電磁継電器等の動作タイミングが PLC のラダー回路と異なるため，そのままの置き換えはできません．

23　○　問題文のとおりです．

24　×　PLC の仕様周囲温度は 5 〜 40℃程度であるため，80℃の場合は強制冷却の必要があります．

25　○　問題文のとおりです．

[B 群 25 問（多肢択一法）]

01　イ　AB 間の合成容量は，$\dfrac{9 \times (8 + 10)}{9 + (8 + 10)} = \dfrac{9 \times 18}{9 + 18} = \dfrac{162}{27} = 6\mu F$ となります．

02　ハ　こて先温度は，定格温度に達した後の温度変化が小さいことが大切です．

03　ニ　カーボン（炭素）は導電性があります．

04　ロ　ダイスは下穴にねじ山加工するときに使用する工具です．

05　ロ　パレート図は不具合等を原因別・状況別に数値の大きい順に並べ，棒グラフとその累積構成比で表します．特性要因図は，特性と要因の関係を線で結び，系統的に表します．ヒストグラムは，横軸に階級を，縦軸に度数を取り，度数分布の状態を棒グラフで表します．

06　イ　回路の合成抵抗は，$10 + \dfrac{5 \times 10}{5 + 10} = 10 + \dfrac{50}{15} = \dfrac{40}{3}\,\Omega$

回路全体に流れる電流 $= \dfrac{100}{\dfrac{40}{3}} = 7.5\mathrm{A}$

よって，求める電流 $I = 7.5 \times \dfrac{5}{15} = 2.5\mathrm{A}$

07　ロ　コイルのリアクタンスは，$2 \times \pi \times 50 \times 5 = 500\pi\,\Omega$

電流は，$\dfrac{100}{500\pi} = \dfrac{0.2}{3.14} \fallingdotseq 0.064\mathrm{A}$

08　ロ　問題の図記号の名称は近接スイッチです．イの図記号はℇ⌐，ハの図記号は⌐，ニの図記号は⌐⊓⌐です．

09　イ　組み合わされた2枚の歯車の回転軸が平行なものは，平歯車となります．

10　ロ　ブロックゲージは直接測定するものではなく，比較測定用の標準ゲージです．

11　ニ　白金の元素記号は，Pt です．

12　ハ　導電率の大きいものは順に，銀＞銅＞金となります．

13　イ　リチウムは，リチウムイオン電池等に導電体として使用される材料です．

14　ロ　PID 制御とは，P は比例動作，I は積分動作，D は微分動作を表しています．時限動作は含まれていません．

15　ニ　制御システムの状態遷移を表すには状態遷移図を使用します．

16　ニ　電界強度の単位は，m/V となります．

17　ハ　SFC のトランジションを記述する場合に規定されていないものは C 言語になります．

18　イ　アナログは連続的なデータを扱い，デジタルは段階的なデータを扱います．アナログ入出力モジュールでは，連続的なデータである速度指令を扱います．

19　ハ　立下り検出接点は --- | N | --- となります．

20　イ　BYTE は8ビットのビット列です．

21　ハ　正しい組合せは，（A：ST）言語，（B：テキスト形式）になります．IL（Instruction List）は命令リストをテキスト形式で記述するプログラム言語です．

22　ニ　UTP は Unshielded Twisted Pair の略でシールド処理が施されていない，ペアの撚りケーブルを指します．STP は Shielded Twisted Pair の略でシールド処理されています．

23　ロ　（A）が実行順序の確認，（B）がシミュレーションになります．

24　ニ　PLC は標高2000m までの気圧等の条件下で使用できなければなりません．

25　イ　PLC には多数の電子部品が内蔵されており，多湿な環境で使用すると短寿命化する可能性があるため，周辺の湿度を測定する必要があります．

2-02 > 2級学科試験（練習問題Ⅱ）

［A群25問（真偽法）］

次の各問について正しいか誤っているかを判断し答えなさい．

番号	問　題
01	光電センサで一般的に拡散反射形と呼ばれるセンサは，使用に当たりミラー反射板が必要である．
02	銅線を焼きなまし後，曲げを行った場合，動線の中心より外側は，曲げる前より薄くなり，内側は厚くなる．
03	テスタによる測定において測定値が予測できない場合は，最小の測定範囲から順次上位に切り替えていく．
04	単相交流の有効電力は，皮相電力と力率の積である．
05	三相同期発電機の回転速度は，極数が4，周波数が50Hzのとき，1500min^{-1}である．
06	下図の（1）に示す見取図を第三角法で投影した図として，（2）の投影図は正しい． 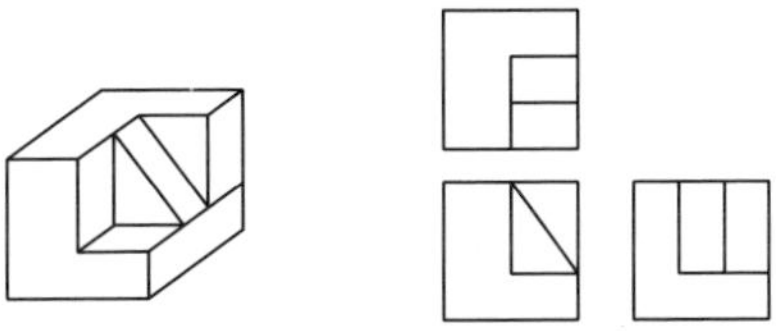 （1）見取図　　　　　（2）投影図
07	ねじが一回転して軸方向に進む距離をリードといい，一つのねじ山から隣のねじ山までの距離をピッチという．
08	セラミックは，ブロックゲージの材料として適している．
09	ろう付けは，母材より低い融点の金属を溶融させ，接合部に流し込んで接合する方法である．
10	材料に集中応力が加わる切り欠き部分は，壊れやすい．
11	半導体に使われるガリウムの元素記号は，Gaである．
12	電気用品安全法関係法令によれば，次のマークは，特定電気用品に付けられるPSEマークである．  PS E
13	労働安全衛生関係法令によれば，作業環境における作業面の明るさは，精密作業で300ルクス以上が必要とされている．
14	16進型データ "5AB6" はバイナリ型データで表すと "0101 1010 1011 0110" になる．
15	PID制御は，P動作，I動作およびD動作を含む制御方式だが，D動作とは微分動作のことである．
16	熱電対からの出力信号は，アナログ信号である．

17	コモンモードノイズとは，筐体あるいは大地に電流が流れ，アース間に電位差が生じること等により起こるノイズである．
18	リレーのメーク接点は，リレーが動作していないときは閉じている．
19	日本産業規格（JIS）によれば，オフディレイ機能とは「オフ動作条件が成立してから，オフ出力するまでの時間遅れを持った機能」のことである．
20	日本産業規格（JIS）によれば，ラダー図言語のコイルは，右側に接続している状態をそのまま左側へ伝える．
21	BCD データは，ビットの重みを各々 4 ビットごとに区切り，1 ～ 9 を使って表現される．
22	SFC 言語では並列処理はできない．
23	ノイズの影響を受けにくくするため，PLC とインバータユニットの接地を共通にするとよい．
24	電源モジュールは無通電状態において経年劣化を起こすので，常用品および予備品を 1 ～ 2 年ごとにローテンションするとよい．
25	PLC の自己診断機能で，システムすべての異常を検出できる．

〔B 群 25 問（多肢択一法）〕

次の各問について，正解と思うものを選択肢イ～ニの中から 1 つ選びなさい．

番号	問　題
01	かご形三相誘導電動機の始動方法として，誤っているものはどれか． 　　イ　直入始動法 　　ロ　リアクトル始動法 　　ハ　二次抵抗器始動法 　　ニ　スターデルタ始動法
02	圧着接続に関する記述として，誤っているものはどれか． 　　イ　圧着端子よりはみ出した電線ひげは，マークチューブで絶縁する． 　　ロ　端子の種類に合った専用の圧着工具を使用する． 　　ハ　R2-4 の圧着端子の適合ねじは M4 である． 　　ニ　電線の太さにあったサイズの端子を使用する．
03	文中の（　）内に入る数値として，適切なものはどれか． 耐熱クラスの指定文字が B の絶縁材料において，最高連続使用温度は（　）℃である． 　　イ　105 　　ロ　120 　　ハ　130 　　ニ　155

04	日本産業規格（JIS）における十字ねじ回しの呼び番号と下図の基準寸法の組合せとして，誤っているものはどれか. 　　　　　呼び番号　　　　　基準寸法（mm） 　　イ　1 番　　　　　　　　4 　　ロ　2 番　　　　　　　　6 　　ハ　3 番　　　　　　　　8 　　ニ　4 番　　　　　　　　9 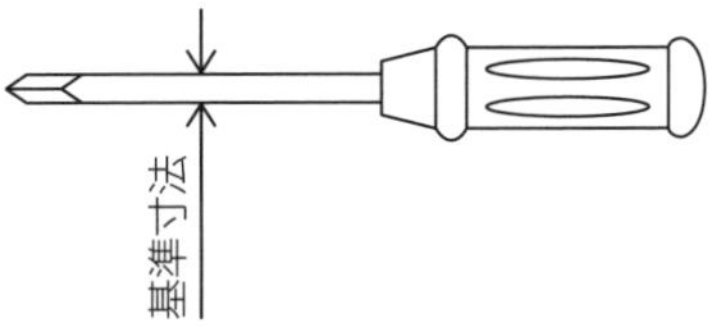
05	工程能力とは工程の実力のことで，この工程能力の程度に影響する 4M として誤っているものはどれか. 　　イ　機械 　　ロ　材料 　　ハ　方法 　　ニ　価格
06	三相電力 P〔W〕を表す一般式として，正しいものはどれか. ただし，E：線間電圧，I：線電流，R：抵抗，θ：位相角とする. 　　イ　$P = \sqrt{3}\,EI\sin\theta$ 　　ロ　$P = \sqrt{3}\,RI\sin\theta$ 　　ハ　$P = \sqrt{3}\,EI\cos\theta$ 　　ニ　$P = \sqrt{3}\,RI\cos\theta$
07	次に示す指示計器のうち，直流回路に最も適している計器はどれか. 　　イ　可動コイル形 　　ロ　振動片形 　　ハ　整流形 　　ニ　誘導形
08	中間ばめの説明として，適切なものはどれか. 　　イ　「すきま」が最大許容値のほぼ半分になるはめあい 　　ロ　「しめしろ」が最大許容値のほぼ半分になるはめあい 　　ハ　「すきま」も「しめしろ」もなく，ぴったりのはめあい 　　ニ　「すきま」または「しめしろ」のどちらかができるはめあい
09	NC 工作機械などで，精密で滑らかな運動を必要とする箇所に用いるねじはどれか. 　　イ　丸ねじ 　　ロ　のこ歯ねじ 　　ハ　角ねじ 　　ニ　ボールねじ
10	NC 工作機械の NC に関する説明として，適切なものはどれか. 　　イ　自動加工 　　ロ　数値制御 　　ハ　非接触式 　　ニ　大量生産用

学科試験　編

11	金属材料と元素記号との組合せとして，正しいものはどれか. 　　　　金属材料　　　　元素記号 　イ　鉄　　　　　　　F 　ロ　銀　　　　　　　Al 　ハ　亜鉛　　　　　　Zn 　ニ　アルミニウム　　Au
12	シリコンウェーハに関する記述として，正しいものはどれか. 　イ　シリコンの単結晶から切り出した薄板である. 　ロ　シリコンの微粉を薄い金属板に吹き付けたものである. 　ハ　シリコンが薄板状に多結晶化したものである. 　ニ　シリコン液を 2 枚の金属板ではさんだものである.
13	磁性材料として，適切なものはどれか. 　イ　合成ゴム 　ロ　ケイ素鋼 　ハ　陶磁器 　ニ　黄銅
14	入力 A，入力 B の値が異なるときは "1"，同じときは "0" を出力する論理演算の名称として，正しいのはどれか. 　イ　論理積 　ロ　否定論理積 　ハ　排他的論理和 　ニ　否定論理和
15	シーケンス制御の要素として，誤っているものはどれか. 　イ　条件制御 　ロ　時限制御 　ハ　順序制御 　ニ　フィードバック制御
16	PLC における RAS 機能の RAS を表しているものはどれか. 　イ　Relay Automatic System 　ロ　Reliability Availability Serviceability 　ハ　Redundancy Automatic System 　ニ　Recycle Availability Serviceability
17	日本産業規格（JIS）によれば，一般的な PLC（開放形）の動作周囲温度として，適切なものはどれか. 　イ　− 25℃〜＋ 70℃ 　ロ　＋ 5℃〜＋ 55℃ 　ハ　　0℃〜＋ 40℃ 　ニ　− 10℃〜＋ 70℃

18	PLC の電源の配線に関する記述として，適切でないものはどれか． 　イ　動力電源とは系統を分離して配線する． 　ロ　電線は単巻トランスに接続する． 　ハ　線は密にツイストして接続する． 　ニ　2mm² 以上のケーブルを使用する．
19	日本産業規格（JIS）によれば，LD 言語でコイル記号とその意味の組合せとして，規定されていないものはどれか． 　　　記号　　　　　　　意味 　イ　---（ R ）---　　リセットコイル 　ロ　---（ S ）---　　セットコイル 　ハ　---（　）---　　コイル 　ニ　---（ T ）---　　タイマコイル
20	日本産業規格（JIS）の「プログラマブルコントローラプログラム言語」によれば，データ要素とビット数の組合せとして，規定されていないものはどれか． 　　　データ要素　　　　ビット数 　イ　ワード　　　　　　16 ビット 　ロ　ダブルワード　　　32 ビット 　ハ　トリプルワード　　48 ビット 　ニ　ロングワード　　　64 ビット
21	PLC 制御動作を表現するものとして，適切でないものはどれか． 　イ　フローチャート 　ロ　タイムチャート 　ハ　ガントチャート 　ニ　シーケンシャルファンクションチャート
22	ネットワーク用のケーブルとして，次のうち電気的ノイズの影響を最も受けにくいものはどれか． 　イ　同時ケーブル 　ロ　光ファイバケーブル 　ハ　ツイストペアケーブル 　ニ　シールドケーブル
23	制御盤内の機器として，ノイズを発生しないもはどれか． 　イ　バリスタ 　ロ　リレーのコイル 　ハ　インバータ 　ニ　電磁開閉器
24	PLC の保全に関する記述として，誤っているものはどれか． 　イ　温度，湿度，振動などの環境条件が，PLC の寿命に大きな影響を与える． 　ロ　一般的に腐食性ガスが発生する環境で PLC を使用しても問題ない． 　ハ　PLC には，電解コンデンサやバッテリなどの有寿命部品が使用される． 　ニ　定期的に設備の点検，予備品の補充などを行い，トラブルを未然に防ぐ必要がある．

学科試験　編

25	交流電磁リレーのうなりの発生原因として，適切でないものはどれか． イ　可動片と鉄心間に異物混入 ロ　コイルの印加電圧の不足 ハ　鉄心の摩耗 ニ　接点の摩耗

2級学科試験（練習問題Ⅱ）の解答・解説

［A群25問（真偽法）］

01　×　光電センサの拡散反射形は検出物体に光を照射し，検出物体からの反射光を受光して検出します．回帰反射型はセンサから反射板等から戻ってくる光を検出物体が遮ることで検出します．

02　○　問題文のとおりです．

03　×　テスタの測定において測定値が予測できない場合は，**最大**の測定範囲から順次下位に切り替えていくことで，指針の振り切りなどによる損傷を防ぎます．

04　○　問題文のとおりです．

05　○　三相同期発電機の回転速度は，$\dfrac{120f}{p} = \dfrac{120 \times 50}{4} = 1500\mathrm{min}^{-1}$ となります．

06　×　右側面図は，右図のようになります．

07　○　問題文のとおりです．

08　○　セラミックは硬いうえ，温度変化が小さいため，ブロックゲージの材料として適しています．

09　○　問題文のとおりです．

10　○　問題文のとおりです．

11　○　問題文のとおりです．

12　○　問題文のとおりです．

13　○　作業環境における作業面の明るさは，精密作業で300ルクス以上が必要とされています．

14　○　16進型データ "5AB6" はバイナリ型（2進数型）データで表すと "0101 (5) 1010 (A) 1011 (B) 0110 (6)" になります．

15　○　PID制御のPは比例動作，Iは積分動作，Dは微分動作のことを表しています．

16　○　熱電対からの出力信号は，温度変化を連続した値としてアナログ信号で伝達します．

17　○　問題文のとおりです．ノーマルモードノイズは動力線や負荷開閉器の電磁誘導等に電源線や信号線に発生するノイズです．

18　×　リレーが動作していないときに閉じているのは，リレーの**ブレイク接点**です．メーク接点はリレーが動作していないときは開いています．

19　○　「オフディレイ＝オフが遅れる」を意味するため，「オフ動作条件が成立してから，オフ出力するまでの時間遅れを持った機能」となります．

20　×　ラダー図言語のコイルは，**左側**に接続している状態をそのまま**右側へ**伝えます.

21　×　BCD データは，ビットの重みを各々 4 ビットごとに区切り，**0 ～ 9** を使って表現します.

22　×　SFC 言語では直列処理や並列処理を実行できます.

23　×　インバータユニットのようにノイズを発生させる可能性のある機器については，PLC と**別々に接地**します.

24　○　問題文のとおりです.

25　×　PLC の自己診断機能で，ある程度の異常を検出できますが，すべての異常は検出できません.

［B 群 25 問（多肢択一法）］

01　ハ　二次抵抗器始動法は巻線形三相誘導電動機の始動方法です.

02　イ　圧着端子よりはみ出した電線ひげがあると，電線の電流容量が小さくなることや他の電線への接触等の不具合が起こります. そのため，圧着接続をやり直します.

03　ハ　耐熱クラスの指定文字と最高連続使用温度は次のようになります.
　　　　Y：90℃，A：105℃，E：120℃，B：130℃，F：155℃，H：180℃

04　イ　図の部分について，1 番の基準寸法は 5mm です.

05　ニ　工程能力の程度に影響する 4M は，Man（人），Machine（設備・機械），Method（方法），Material（材料）を意味します.

06　ハ　三相電力 P〔W〕を表す一般式は，$P = \sqrt{3}\ EI\cos\theta$ となります. $\cos\theta$ は力率を表しています.

07　イ　可動コイル形は直流回路に使用します. 可動鉄片形は直流・交流回路に，整流形は交流回路に，誘導形は交流回路に使用します.

08　ニ　中間ばめは「すきま」または「しめしろ」のどちらかができるはめあいです. すきまばめは穴寸法が軸寸法より大きいはめあいで，しまりばめは穴寸法が軸寸法より小さいはめあいです.

09　ニ　ボールねじは，回転の力を直線の力に変換するねじで，滑らかな運動を必要とする箇所に使用します. 機械効率がよく，高い位置決め精度を維持できるなどの特徴があります.

10　ロ　NC 工作機械の NC は Numerical Control の略で数値制御を意味します.

11　ハ　鉄は Fe，銀は Ag，アルミニウムは Al です. Au は金の元素記号です.

12　イ　シリコンウェーハはシリコンの単結晶から切り出した薄板です.

13　ロ　ケイ素鋼が磁性材料です. 黄銅は非磁性材料（磁石にくっつかない）です. 合成ゴム，陶磁器は絶縁材料（電気を通さない）です.

14　ハ　入力 A，入力 B の値が異なるときは "1"，同じときは "0" を出力する論理演算は排他的論理和になります. 2 つの入力値が異なるとき，"1" を出力します.

15　ニ　シーケンス制御とはあらかじめ定められた順序または手続きに従って制御の各段階を逐次進めていく制御のことをいい，要素として，条件制御，時限制御，順序制御があります.

16　ロ　PLC における RAS 機能の RAS は，Reliability（信頼性），Availability（可用

性），Serviceability（保守性）の3つの要素を表しています．

17　ロ　一般的なPLC（開放形）の動作周囲温度は，＋5℃～＋55℃になります

18　ロ　単巻トランスは一次巻線と二次巻線の一部を共有しており，電圧を少し変化させたい場合に使用します．複巻トランスは一次巻線と二次巻線が別々に巻かれており，電源用として使用します．

19　ニ　LD言語でタイマコイルの規定はありません．

20　ハ　データ要素として，トリプルワードという規定はありません．

21　ハ　ガントチャートは工事の進捗状況を管理するときに使用します．縦軸に作業名を横軸に期間を記入し，各作業と所要時間を帯状のグラフで表します．

22　ロ　光ファイバーケーブルは，通信用伝送媒体として使用され，光信号を送るため，電気的ノイズの影響を受けにくい配線方法です．

23　イ　バリスタは高電圧に弱い集積回路等の部品を突発的な高電圧（サージ）から保護するための電子部品です．負荷への電路の開閉を伴わず，ノイズが発生しません．

24　ロ　一般的に腐食性ガスが発生する環境でのPLCの使用は不具合の原因となるため，使用しないようにしなければなりません．

25　ニ　接点の摩耗は接触不良等により負荷を制御できないなどの不具合が発生します．しかし，交流電磁リレーのうなりの原因ではありません．

2-03 ▶ 2級学科試験（練習問題Ⅲ）

【A群25問（真偽法）】

次の各問について，正しいか誤っているかを判断し答えなさい．

番号	問　題
01	拡散反射式光電スイッチは，検出体表面の拡散反射光を検出するが，検出体の材質（表面状態）により動作距離は変化しない．
02	直流電動機で，回転子の電機子コイルは波巻コイルと重ね巻きコイルの2種類があり，小電流高電圧のものには重ね巻きが，大電流低電圧のものには波巻が使用される．
03	三相線路の負荷電流をクランプメータで測定する場合，2本の線をクランプ鉄心の中に通す．
04	交流正弦波の波高値（V_p）と実効値（V_e）は次の式で表される． $$V_p = \sqrt{3} \times V_e$$
05	抵抗40Ωとリアクタンス30Ωを直列に接続する場合，合成インピーダンスは50Ωである．
06	日本産業規格（JIS）の機械製図で，□は正方形の辺を示している．
07	歯車のモジュールとは，ピッチ円直径に歯数を乗じたものである．
08	測定範囲0-25mmの外側マイクロメータを格納するときは，熱膨張等による測定器の変形を考慮して測定面が密着しないよう隙間を空けて保管する．

09	NC 工作機械の NC とは，数値制御のことである．
10	強度の検討において，繰り返し荷重では静荷重より安全率を小さくする．
11	真性半導体に不純物を混入させて p 形や n 形半導体をつくるが，この操作をドーピングと呼んでいる．
12	電気用品安全法によれば，下図は，特定電気用品以外の電気用品に付けられる PSE マークである.  PS E
13	労働安全衛生関係法令によれば，ボール盤や面取り盤などの回転する刃物に手が巻き込まれるおそれのある場合，手袋を使用してはならない．
14	バイナリデータ "0101 0010 1001 0001" を，BCD で表すと "5491" になる．
15	順序制御，条件制御，計数制御の 3 つを合わせて，PID 制御という．
16	PLC のスキャンタイムは，ラダー図プログラムのステップ数が多くなれば，長くなる．
17	リレーの b 接点はリレーが動作していないときは閉じている．
18	交流負荷から発生するノイズ対策には，コンデンサやコイルを用いるのがよい．
19	日本産業規格（JIS）によれば，変数をプログラマブルコントローラの入力，出力，もしくはメモリ上の位置により直接的に表現する場合に用いる接頭語では，「I」は入力位置を表し，「O」は出力位置を表す．
20	ウォッチドッグタイマとは，プログラムをあらかじめ決められた実行時間を監視し，規定時間内に処理が完了しない場合に警報を出すためのタイマである．
21	次の LD 回路と FBD 図は，等価な回路である. 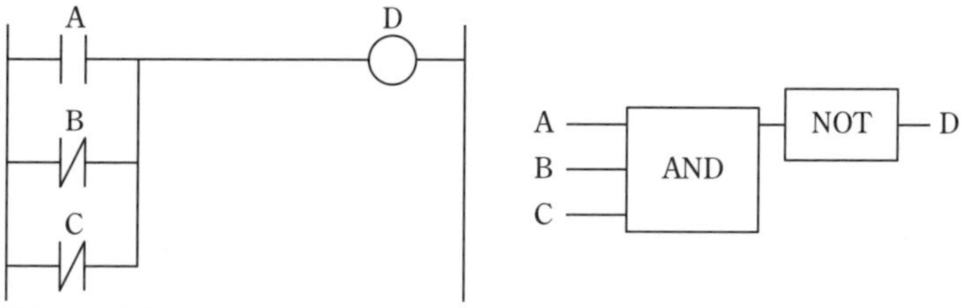
22	PLC のプログラム言語において，INT 型データで表すことのできる数値の範囲は，$-32768 \sim 32767$ である．
23	日本産業規格（JIS）によれば，次の接地端子の名称（A）と図記号（B）の組合せは正しい. （A）　　（B） 機能設置  保護設置 
24	PLC 本体の故障時におけるトラブルシューティングには，PLC の自己診断機能が有効である．
25	フェールセーフとは，機器または装置が故障した場合，必ず出力が OFF になるようにすることである．

学科試験　編

[B 群 25 問（多肢択一法）]

次の各問について，正解と思うものを選択肢イ〜ニの中から 1 つ選び，答えなさい．

番号	問　題
01	コンデンサが下図のように接続されているとき，AB 間の合成容量として，適切なものはどれか． 　　イ　2.0μF 　　ロ　4.5μF 　　ハ　9.0μF 　　ニ　27.0μF 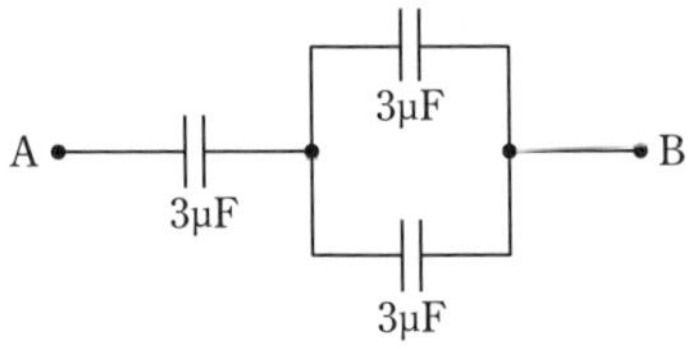 A —| |— 3μF　3μF　3μF — B
02	圧着端子「R5.5-4」が圧着されている電線の接続作業で用いる，正しいねじの呼び径はどれか． 　　イ　M3 　　ロ　M3.5 　　ハ　M4 　　ニ　M5
03	電気絶縁材料における「耐熱クラス」と指定文字の組合せとして，正しいものはどれか． 　　　　　耐熱クラス℃　　　指定文字 　　イ　90　　　　　　　　Y 　　ロ　120　　　　　　　 A 　　ハ　130　　　　　　　 E 　　ニ　180　　　　　　　 F
04	次の測定器のうち，直接長さを測定できないものはどれか． 　　イ　マイクロメータ 　　ロ　ダイヤルゲージ 　　ハ　ハイトゲージ 　　ニ　ノギス
05	正規分布において，母集団の平均値を A，標準偏差σをとすると，$A \pm 3\sigma$の範囲で正しいものは次のどれか． 　　イ　全体の約 96.7% 　　ロ　全体の約 97.7% 　　ハ　全体の約 98.7% 　　ニ　全体の約 99.7%
06	フレミングの左手の法則で，人差し指の示す方向として，正しいものはどれか． 　　イ　電磁力の方向 　　ロ　磁界の方向 　　ハ　電流の方向 　　ニ　運動の方向

07	下図の回路に，100V，60Hz の交流電圧をかけた場合に流れる電流（A）として正しいものはどれか. 　　イ　約 0.0053 　　ロ　約 0.053 　　ハ　約 0.53 　　ニ　約 5.3 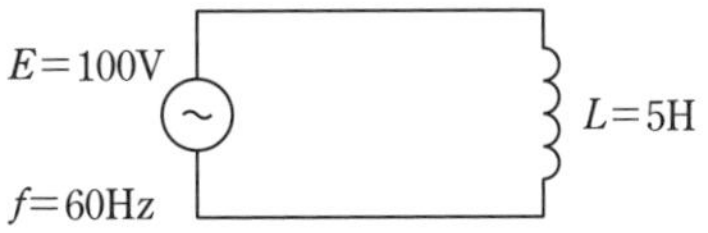 $E = 100V$　$\sim$　　$L = 5H$ $f = 60Hz$
08	日本産業規格（JIS）において，下図の図記号で表されるスイッチとして，正しいものはどれか. 　　イ　手動操作スイッチ 　　ロ　フロートスイッチ 　　ハ　圧力スイッチ 　　ニ　近接スイッチ 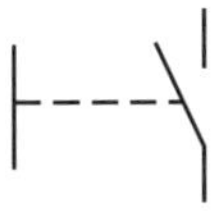
09	歯数 12 の歯車 A と歯数 48 の歯車 B からなる歯車機構において，歯車 A を 200min^{-1} で回転させたとき，歯車 B の回転数として，適切なものはどれか. 　　イ　50 min^{-1} 　　ロ　80 min^{-1} 　　ハ　500 min^{-1} 　　ニ　800 min^{-1}
10	ブロックゲージの説明として，誤っているものはどれか. 　　イ　間接測定用のゲージである. 　　ロ　比較測定用の標準ゲージである. 　　ハ　測定対象をはさんで目盛りを読む. 　　ニ　無理に擦って平面を摩耗させないように注意する.
11	文中の（　）に当てはまる語句として適切なものはどれか. 黄銅は（　）の合金である. 　　イ　「銅」と「すず」 　　ロ　「銅」と「亜鉛」 　　ハ　「すず」と「鉛」 　　ニ　「すず」と「銀」
12	各種金属材料の常温における電気抵抗率で，大きさの順として，正しいものはどれか. 　　イ　銀＞金＞銅 　　ロ　金＞銀＞銅 　　ハ　銀＞銅＞金 　　ニ　金＞銅＞銀
13	絶縁材料として，適切でないものはどれか. 　　イ　エボナイト 　　ロ　カーボン 　　ハ　ガラスエポキシ 　　ニ　ベークライト

14	図に示す PLC 各部の基本構成に関する組合せとして，正しいものはどれか. 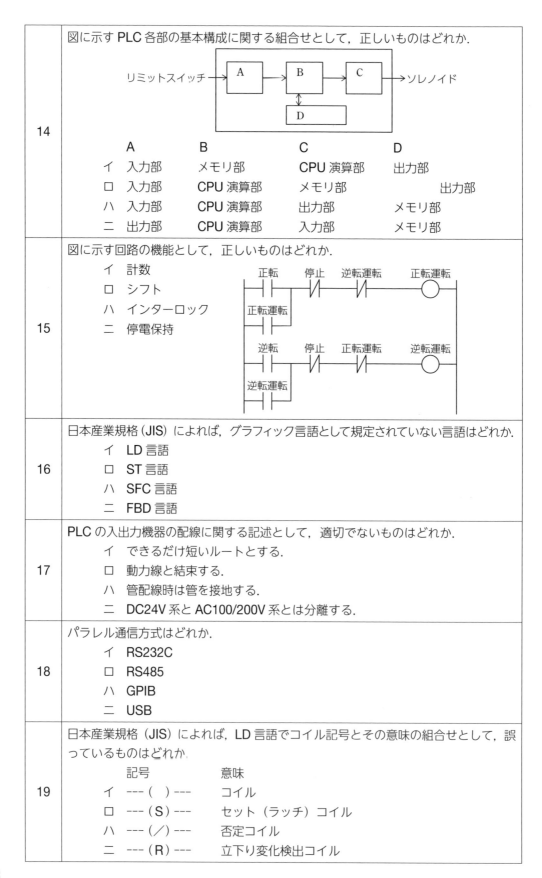

図に示す PLC 各部の基本構成に関する組合せとして，正しいものはどれか.

リミットスイッチ → A → B → C → ソレノイド
B ↕ D

	A	B	C	D
イ	入力部	メモリ部	CPU 演算部	出力部
ロ	入力部	CPU 演算部	メモリ部	出力部
ハ	入力部	CPU 演算部	出力部	メモリ部
ニ	出力部	CPU 演算部	入力部	メモリ部

15　図に示す回路の機能として，正しいものはどれか.

イ　計数
ロ　シフト
ハ　インターロック
ニ　停電保持

正転　停止　逆転運転　正転運転
正転運転

逆転　停止　正転運転　逆転運転
逆転運転

16　日本産業規格（JIS）によれば，グラフィック言語として規定されていない言語はどれか.

イ　LD 言語
ロ　ST 言語
ハ　SFC 言語
ニ　FBD 言語

17　PLC の入出力機器の配線に関する記述として，適切でないものはどれか.

イ　できるだけ短いルートとする.
ロ　動力線と結束する.
ハ　管配線時は管を接地する.
ニ　DC24V 系と AC100/200V 系とは分離する.

18　パラレル通信方式はどれか.

イ　RS232C
ロ　RS485
ハ　GPIB
ニ　USB

19　日本産業規格（JIS）によれば，LD 言語でコイル記号とその意味の組合せとして，誤っているものはどれか.

記号　　　　　意味
イ　--- ( ) ---　コイル
ロ　--- (S) ---　セット（ラッチ）コイル
ハ　--- (/) ---　否定コイル
ニ　--- (R) ---　立下り変化検出コイル

20	文中（　）に入る用語の組合せとして，適切なものはどれか． 日本産業規格（JIS）によると，構造化テキスト（①）言語は，代入文，サブプログラム制御文，選択および繰返し文を使用した（②）のプログラム言語である． 　　　　　　①　　　　　　　　② 　イ　IL　　　　　　　　テキスト形式 　ロ　IL　　　　　　　　図式形式 　ハ　ST　　　　　　　　テキスト形式 　ニ　ST　　　　　　　　図式形式
21	日本産業規格（JIS）によれば，「32 ビット整数」データ型の予約語として，正しいものはどれか． 　イ　SINT 　ロ　DINT 　ハ　LINT 　ニ　UINT
22	PLC に影響するノイズを発生しないものはどれか． 　イ　抵抗器 　ロ　電磁開閉器 　ハ　アーク溶接機 　ニ　インバータ駆動電動機
23	電気設備技術基準によれば，PLC の接地の種類として，通常適用されているものはどれか． 　イ　A 種接地 　ロ　B 種接地 　ハ　C 種接地 　ニ　D 種接地
24	PLC の定期点検の内容として，正しいものはどれか． 　イ　PLC 周辺の温度は測定するが，湿度は測定しなくてよい． 　ロ　AC 電源電圧の電圧範囲やひずみ率が規定範囲内かどうか確認する． 　ハ　電池（バッテリ）の電圧低下の警報は出力されていないため，交換期限を過ぎているがそのまま使用する． 　ニ　端子ネジの緩みを定期的に確認する必要はない．
25	異常現象に対する推定原因の組合せとして，誤っているものはどれか． 　　　異常現象　　　　　　　　　　　　　　　推定原因 　イ　PLC 電源回路のヒューズが頻繁に切れる　I/O ケーブル断線 　ロ　運転中に出力が ON しない　　　　　　出力モジュールの故障 　ハ　制御対象が仕様通りに動作しない　　　ラダー図プログラムのミス 　ニ　センサから信号が取り込めない　　　　入力モジュールの故障

学科試験 編

249

2級学科試験（練習問題Ⅲ）の解答・解説

［A群25問（真偽法）］

01 × 拡散反射式光電スイッチは，検出体表面の拡散反射光を検出するため，検出体の材質（表面状態）により反射光の拡散の仕方が変化します．したがって，動作距離は変わります．

02 × 直流電動機について，大電流低電圧のものには重ね巻きが，小電流高電圧のものには波巻が使用されます．

03 × 三相線路の負荷電流をクランプメータで測定する場合，1本の線をクランプ鉄心の中に通して測定します．3本をクランプすると，漏電電流の測定ができます．

04 × 交流正弦波の波高値 V_p と実効値 V_e の関係式は，$V_p = \sqrt{2} \times V_e$ となります．

05 ○ 合成インピーダンスは，$\sqrt{30^2 + 40^2} = 50\,\Omega$ となります．

06 ○ 問題文のとおりです．

07 × 歯車のモジュール m は，ピッチ円直径 d を歯数 z で除したものです．
$d = m \times z$

08 ○ 問題文のとおりです．

09 ○ NC工作機械のNCは numerical control の略で，数値制御を意味します．

10 × 静荷重とは常に一定値を保ち続ける荷重のことで，繰り返し荷重は一定間隔の時間を空けながら，繰り返しかかる荷重をいいます．繰り返し荷重では静荷重より安全率を**大きく**します．

11 ○ 問題文のとおりです．

12 ○ 問題文のとおりです．

13 ○ 回転する電動機を使用する場合は，巻き込み防止のため，手袋を使用しません．

14 × バイナリ（2進数）データ "0101（5）0010（2）1001（9）0001（1）" は，BCDで表すと "5291" になります．

15 × PID制御とは，**比例制御，積分制御，微分制御**の3つを合わせた制御方法です．

16 ○ PLCのスキャンタイムは，プログラム1巡（0行からEND命令まで）の処理時間を意味するため，ラダー図プログラムのステップ数が多くなれば，処理時間も長くなります．

17 ○ 問題文のとおりです．

18 ○ 交流負荷から発生するノイズの対策には，コンデンサやインダクタで構成するフィルタを使用します．

19 × Iは入力位置を，**Q**が出力位置を，Mがメモリ位置を表します．

20 ○ 問題文のとおりです．

21 ○ 問題文のとおりです．

22 ○ INT型データで表すことのできる数値の範囲は，$-32768 \sim 32767$ です．

23 ○ 問題文のとおりです．機能接地は，電気機器等を使用する場合に電源の電位を安定させることを目的としています．保護接地は，漏電による感電の

防止，火災の防止を目的とします．

24　○　問題文のとおりです．

25　×　フェールセーフとは，機器または装置が故障した場合，これを起因として災害や事故が発生しないように設計することをいいます．必ず出力をOFFにするとはいえません．

【B群25問（多肢択一法）】

01　イ　AB間の合成容量は，$\dfrac{3 \times (3 + 3)}{3 + (3 + 3)} = \dfrac{3 \times 6}{3 + 6} = \dfrac{18}{9} = 2\mu F$ となります．

02　ハ　R5.5-4 は，丸形圧着端子で電線 5.5mm^2 用，ねじの呼び径 M4 を意味します．

03　イ　電気絶縁材料における耐熱クラスの指定文字と最高連続使用温度は次のようになります．

　　　Y：90℃，A：105℃，E：120℃，B：130℃，F：155℃，H：180℃

04　ロ　ダイヤルゲージは直接数値を測るのではなく，基準との差を計測する測定器です．

05　ニ　正規分布において，正規分布するデータは，統計的平均値 ± 3σ（σは標準偏差）の範囲内に全体の99.7%のデータが含まれます．

06　ロ　フレミングの左手の法則で，人差し指は磁界の方向を示しています．

07　ロ　コイルのリアクタンスは，$2 \times \pi \times 60 \times 5 = 600\pi \, \Omega$

　　　電流 $= \dfrac{100}{600\pi} = \dfrac{1}{6 \times 3.14} \fallingdotseq 0.053A$

08　イ　問題の図記号は手動操作スイッチを表しています．ロの図記号は，$\boxed{\text{F}}\text{-}\diagdown\!\mid$，ハの図記号は，$\boxed{\text{P}}\text{-}\diagdown\!\mid$，ニの図記号は，$\diamond\!\diagdown\!\mid$ です．

09　イ　歯車Bの回転数 $= \dfrac{12}{48} \times 200 = 50 \text{min}^{-1}$

10　ハ　ブロックゲージで測定対象をはさむことはできません．

11　ロ　黄銅（真鍮）は「銅」と「亜鉛」の合金です．青銅は「銅」と「すず」の合金となります．

12　ニ　金属の電気抵抗率の大きさの順は，アルミニウム＞金＞銅＞銀となります．

13　ロ　カーボン（炭素）は導電性の材料です．

14　ハ　Aは入力部，Cが出力部になります．中央のBがCPU演算部，Dがメモリ部になります．

15　ハ　図の回路は，出力「正転運転」と「逆転運転」が同時にオンしない，インターロック回路となります．

16　ロ　ST言語は，グラフィック言語として規定されていません．

17　ロ　入出力機器の制御線は，動力線からのノイズの影響を小さくするため，近接しないよう距離を取ります．

18　ハ　パラレル通信方式は複数のデータ信号を同時並列的に送る方式です．シリアル通信方式はデータを1ビットずつ連続的に送受信する方式で，RS232C，RS485，USB などがあります．

19　ニ　立下り変化検出コイルは $\text{---}\mid \text{N} \mid\text{---}$ になります．

20　ハ　構造化テキスト（ST）言語は，代入文，サブプログラム制御文，選択文および繰返し文を使用した（テキスト形式）のプログラム言語です．

21　ロ　SINT は 8 ビット整数，DINT は 32 ビット整数，LINT は 64 ビット整数，UINT は符号なし整数（16 ビット）の予約語です．

22　イ　抵抗は負荷への電路の開閉を伴わないため，ノイズを発生しません．

23　ニ　PLC は低圧電路の AC100 〜 240V に使用されるため，D 種接地工事となります．

24　ロ　AC 電源電圧の電圧範囲やひずみ率が規定範囲内かどうか確認します．

25　イ　ヒューズが切れる原因は，電路の過電流・短絡などです．I/O ケーブルが断線すると，入出力信号の検出・出力できなくなります．

2-04 ▷ 2級学科試験（練習問題Ⅳ）

【A 群 25 問（真偽法）】

次の各問について，正しいか誤っているかを判断し答えなさい．

番号	問　題
01	誘導形近接スイッチで物体を検出する場合，鉄などの磁性金属は動作距離が短く，銅，アルミのような非磁性金属は動作距離が長い．
02	巻線用電線には，丸線は使用されない．
03	サーミスタ温度計は，接触式温度計の一種である．
04	単相交流の皮相電力は，有効電力と力率の積である．
05	鉛蓄電池は，放電すると電解液の比重が上がる．
06	日本産業規格（JIS）によれば，図面の寸法数字に付記される寸法補助記号で R45 は 45°面取りを表している．
07	軸受は，軸と軸受の接触状態によって分類すると，すべり軸受ところがり軸受に分類される．
08	測定器のブロックゲージの材料には，鋼，超鋼，セラミックなどがある．
09	けがき線は，加工後の寸法測定のために引く線のことである．
10	ひずみとは，外力に応じて材料内部に発生する抵抗力のことである．
11	鋳鉄は，炭素鋼より炭素の含有率が少ない．
12	電気用品安全関係法令によれば，(PS E) の記号は，輸入した特定電気用品を示す．
13	労働安全衛生関係法令によれば，作業環境における作業面の明るさは，普通の作業で 150 ルクス以上が必要と規定されている．

14	図の論理回路の動作で，入力 1，2，3 をそれぞれ次に示す場合，出力は，TRUE（BOOL 形）である. 入力 1：TRUE（BOOL 形）　入力 2：FALSE（BOOL 形）　入力 3：TRUE（BOOL 形）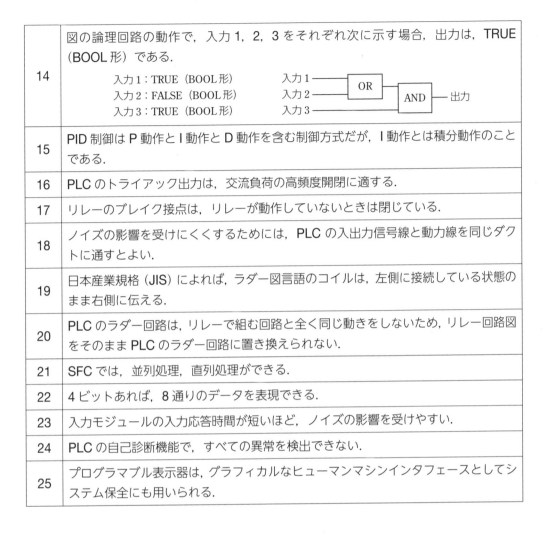
15	PID 制御は P 動作と I 動作と D 動作を含む制御方式だが，I 動作とは積分動作のことである.
16	PLC のトライアック出力は，交流負荷の高頻度開閉に適する.
17	リレーのブレイク接点は，リレーが動作していないときは閉じている.
18	ノイズの影響を受けにくくするためには，PLC の入出力信号線と動力線を同じダクトに通すとよい.
19	日本産業規格（JIS）によれば，ラダー図言語のコイルは，左側に接続している状態のまま右側に伝える.
20	PLC のラダー回路は，リレーで組む回路と全く同じ動きをしないため，リレー回路図をそのまま PLC のラダー回路に置き換えられない.
21	SFC では，並列処理，直列処理ができる.
22	4 ビットあれば，8 通りのデータを表現できる.
23	入力モジュールの入力応答時間が短いほど，ノイズの影響を受けやすい.
24	PLC の自己診断機能で，すべての異常を検出できない.
25	プログラマブル表示器は，グラフィカルなヒューマンマシンインタフェースとしてシステム保全にも用いられる.

［B 群 25 問（多肢択一法）］

次の各問について，正解と思うものを選択肢イ〜ニの中から 1 つ選びなさい.

番号	問　題
01	リフレクタ型（回帰反射型）光電スイッチの点検項目として，適切でないものはどれか. 　イ　反射板の汚れ 　ロ　センサ側面の金属物体の有無 　ハ　反射板の取り付け角度 　ニ　投受光レンズ面の汚れ
02	電気はんだごての選定ポイントとして，適切でないものはどれか. 　イ　作業に合った熱容量であること. 　ロ　こて先は，急速に加熱され熱効率や熱復帰率がよいこと. 　ハ　こて先温度は，定格温度に達した後の温度変化が大きいこと. 　ニ　握り部が熱くならないこと.

03	絶縁材料として，誤っているものはどれか． 　　イ　アスベスト（石綿） 　　ロ　マイカ（雲母） 　　ハ　クラフト紙 　　ニ　カーボン
04	ねじ山加工に使用する工具として，誤っているものはどれか． 　　イ　ドリル 　　ロ　タップ 　　ハ　センターポンチ 　　ニ　ホルソー
05	工程能力とは工程の実力のことで，この工程能力の程度に影響する 4M として，誤っているものはどれか． 　　イ　費用 　　ロ　材料 　　ハ　方法 　　ニ　人
06	4 極の三相同期電動機が 60Hz で運転されている場合の回転数として，正しいものはどれか． 　　イ　900min^{-1} 　　ロ　1800min^{-1} 　　ハ　2700min^{-1} 　　ニ　3600min^{-1}
07	下図のコンデンサ C_1，C_2，C_3，C_4 の容量が，それぞれ 100µF の場合，A–B 間の合成容量として，正しいものはどれか． 　　イ　50µF 　　ロ　100µF 　　ハ　200µF 　　ニ　400µF 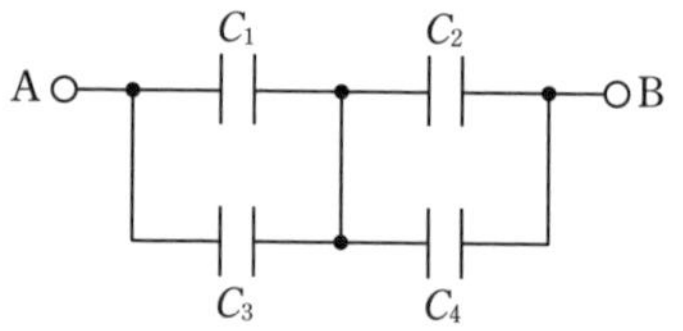
08	日本産業規格（JIS）の機械製図によれば，線の種類と用途の組合せとして，誤っているものはどれか． 　　　　　線種　　　　　　　　　　用途 　　イ　太い線　　　　　　　　　　外形線 　　ロ　細い実線　　　　　　　　　寸法線 　　ハ　細い破線または太い破線　　かくれ線 　　ニ　細い一点鎖線　　　　　　　想像線
09	ウォームねじ 1 条で，ウォームねじにかみあうウォームホイールの歯数が 40 である．ウォームねじが 200 回転したとき，ウォームホイールの回転数はいくつになるか． 　　イ　50 　　ロ　20 　　ハ　10 　　ニ　5

10	旋盤加工に用いる工具として，適切なものはどれか． イ　エンドミル ロ　バイト ハ　炭素電極 ニ　ダイヤモンドといし
11	文中（　）内に当てはまる語句として，正しいものはどれか． ステンレス鋼は，鉄に（　）を添加し，耐食性を増した材料である． イ　Zn ロ　Cr ハ　Cu ニ　Al
12	次のうち，半導体の材料はどれか． イ　リチウム ロ　エボナイト ハ　セラミック ニ　ゲルマニウム
13	シリコンウェーハに関する記述として，誤っているものはどれか． イ　シリコンの単結晶から切り出した薄板である． ロ　半導体の基板の材料として使用される． ハ　原料は，採掘された珪石を精錬，精製したものである． ニ　表面を鏡面に磨きあげた，凹凸のある円板である．
14	シーケンス制御の要素として，正しいものはどれか． イ　PID制御 ロ　フィードフォワード制御 ハ　順序制御 ニ　フィードバック制御
15	次のラダー図をブール代数で表したとき，正しいものはどれか． イ　$Y = \overline{A} \cdot \overline{B} + \overline{C} \cdot \overline{D}$ ロ　$Y = A \cdot B + C \cdot D$ ハ　$Y = (\overline{A} \cdot \overline{B}) + \overline{C} \cdot \overline{D}$ ニ　$Y = (A \cdot B) + C \cdot D$
16	アナログ入出力モジュールの仕様を表す用語として，正しいものはどれか． イ　デジタル分解能 ロ　計数速度 ハ　速度指令 ニ　通信速度

学科試験　編

255

17	次のシステム仕様において，PLC のスキャンタイムが（演算処理時間＋入出力処理時間＋PADT 接続サービス時間＋高機能モジュールサービス時間）で表されるとき，システムのスキャン時間として正しいものはどれか． ［システム仕様］ 　（1）演算処理速度：5.5ms 　（2）I/O 点数：400 点 　（3）PADT：接続あり 　（4）高機能モジュール：2 台 ただし，入出力処理時間は I/O 点数×0.05μs，PADT 接続サービス時間は接続ありで 1ms，接続なしで 0ms，高機能モジュールサービス時間は高機能モジュール数×0.5ms とする． 　　　イ　6.02ms 　　　ロ　6.52ms 　　　ハ　7.52ms 　　　ニ　7.70ms
18	シグナルフローの説明として，正しいのはどれか． 　　　イ　リレーラダー図で典型的に用いられており，電磁リレーシステムの電気の流れに相当する． 　　　ロ　ファンクションブロック図で典型的に用いられており，信号処理系間の信号の流れに相当する． 　　　ハ　SFC で典型的に用いられており，組織要素間または電気機器式シーケンスのステップ間の制御フローに相当する． 　　　ニ　IL 言語，ST 言語で典型的に用いられており，アセンブラに似た言語，演算子により命令を実行する．
19	日本産業規格（JIS）によるプログラミングツールの略称はどれか． 　　　イ　PT 　　　ロ　PDA 　　　ハ　PADT 　　　ニ　PAMT
20	日本産業規格（JIS）によれば，基本データ型の「予約語」と「説明」の組合せとして，誤っているものはどれか． 　　　　　予約語　　　　　説明 　　　イ　BYTE　　　　8 ビットのビット列 　　　ロ　WORD　　　16 ビットのビット列 　　　ハ　DWORD　　32 ビットのビット列 　　　ニ　LWORD　　48 ビットのビット列

21	日本産業規格（JIS）によれば，「16 ビット整数」データ型の予約語として正しいものはどれか. 　イ　SINT 　ロ　INT 　ハ　DINT 　ニ　UINT
22	原則として，300V 以下の低圧の機器等に施される「D 種接地工事」の接地抵抗値として適切なものはどれか. 　イ　100Ω以下 　ロ　200Ω以下 　ハ　300Ω以下 　ニ　400Ω以下
23	PLC システムのノイズ対策として，適切でないものはどれか. 　イ　誘導負荷にサージキラーを接続する. 　ロ　開閉時にアークを発生する機器と離す. 　ハ　電源線や入出力線と動力線は平行配線する. 　ニ　電源線は密にツイストして最短で引き回す.
24	PLC の故障率が λ_1（%/1000h），その他の構成機器の故障率が λ_2（%/1000h）の場合にシステム全体の故障率を表す式として，正しいものはどれか. 　イ　$\lambda_1 + \lambda_2$ 　ロ　$\lambda_1 \times \lambda_2$ 　ハ　$1/（\lambda_1 \times \lambda_2）$ 　ニ　$1/（\lambda_1 + \lambda_2）$
25	異常現象に対する推定原因の組合せとして，誤っているものはどれか. 　　　異常現象　　　　　　　　　　　　　　　　推定原因 　イ　PLC 電源回路のヒューズが頻繁に切れる　　I/O ケーブルの断線 　ロ　運転中に出力が ON しない　　　　　　　　出力モジュールの故障 　ハ　制御対象が仕様どおりに動作しない　　　　ラダー図プログラムのミス 　ニ　センサから信号が取り込めない　　　　　　入力モジュールの故障

→ 2級学科試験（練習問題Ⅳ）の解答・解説

［A 群 25 問（真偽法）］

01　×　誘導形近接スイッチは電磁誘導現象による誘導電流を利用しています. 鉄などの磁性体は動作距離が大きく，銅，アルミニウムのような非磁性体は検出距離が短くなります.

02　×　巻線用電線には，単線の丸線や平角線を使用します.

03　○　問題文のとおりです. その他に，接触式温度計として，熱電温度計，電気抵抗温度計等があります. 非接触式温度計として，放射温度計やサーモグラフィ等があります.

04　×　力率＝有効電力／皮相電力です.

05　×　鉛蓄電池は，放電により電解液が化学反応をするため，電解液の比重が下

がります.

06　×　R45は半径45mmを表します. Cが45°面取りを表します.

07　○　問題文のとおりです.

08　○　問題文のとおりです.

09　×　けがき線は, **加工前**に寸法, 穴の位置等を示すために引く線です.

10　×　ひずみとは, 物体に外力を加えたときに生じる, のび・ちぢみ・ねじれなどの変化の割合をいいます.

11　×　鋳鉄は, 炭素鋼より炭素の含有率が多く, 炭素の含有率が多いほど硬くなります.

12　○　問題文のとおりです.

13　×　作業環境における作業面の明るさは一般的な事務作業 (300ルクス以上), 付随的な事務作業 (150ルクス以上) となっています.

14　○　入力1, 2のOR (どちらか一方がTRUEのとき出力がTRUE) によりTRUEが出力されます. この値と入力3のAND (両方がTRUEのとき出力がTRUE) により, TRUEが出力されます.

15　○　問題文のとおりです.

16　○　トライアック出力は, サイリスタを2つ逆方向に並列接続した構造のため, 直流・交流負荷に使用でき, 高頻度の開閉に適しています.

17　×　リレーのブレイク接点は, リレーが動作していないときは**開いて**います.

18　×　ノイズの影響を受けにくくするため, PLCの入出力信号線と動力線は**別々のダクトへ通す**ようにします.

19　○　問題文のとおりです.

20　○　問題文のとおりです.

21　○　SFCでは, 直列処理および並列処理ができます.

22　○　4ビットあれば, $2 \times 2 \times 2 \times 2 = 16$通りのデータを表現できます.

23　○　入力モジュールの入力応答時間が短いほど, 微小時間で入力状態を判断するため, ノイズの影響を受けやすくなります.

24　○　PLCの自己診断機能で, ある程度の異常を検出できますが, すべての異常を検出できません.

25　○　プログラマブル表示器 (タッチパネル) は, 生産現場を見える化することで, システム保全に役立てられています.

[B群25問 (多肢択一法)]

01　ロ　リフレクタ型 (回帰反射型) 光電スイッチは投受光器一体形で, 投光部と反射板の間の物体の有無を確認します. センサ側面の物体の有無は確認できません.

02　ハ　こて先温度は温度変化の少ないことが求められます.

03　ニ　カーボン (炭素) は導電性の材料です.

04　ロ　ホルソーは, 円柱形の大きな穴をあけるときに使用します.

05　イ　工程能力の程度に影響する4Mは, Man (人), Machine (設備・機械), Method (方法), Material (材料) を意味します.

06　ロ　回転数 $Ns = \dfrac{120f}{p}$ (f:周波数, p:極数) $= \dfrac{120 \times 60}{4} = 3600\text{min}^{-1}$

07 ロ A-B 間のコンデンサの合成容量は，

$$\frac{(C_1 + C_3) \times (C_2 + C_4)}{(C_1 + C_3) + (C_2 + C_4)} = \frac{120 \times 200}{200 + 200} = \frac{40000}{400} = 100\mu F$$

08 ニ 線の種類と用途は次のようになります．太い実線は製品を表す外形線，細い実線は寸法線，細い一点鎖線は中心線，細い破線または太い破線は製品の見えない部分を示すかくれ線となります．可動の移動範囲等を表す想像線は細い二点鎖線で描きます．

09 ニ 回転数 $= \dfrac{ウォームねじの回転数}{ウォームホイールの歯数} = \dfrac{200}{40} = 5$ 回転

10 ロ 旋盤加工に用いる工具はバイトといいます．他の工具の使用例は，エンドミルはフライス盤，炭素電極は放電加工機，ダイヤモンドといしはグラインダの砥石成形用となります．

11 ロ ステンレス鋼には耐食性の向上を目的に，主成分の Fe（鉄）に Cr（クロム）を添加します．

12 ニ ゲルマニウムが半導体の材料として使用されます．

13 ニ シリコンウェーハは微細な凹凸を取り除いた平坦な円板です．

14 ハ シーケンス制御とはあらかじめ定められた順序または手続きに従って制御の各段階を逐次進めていく制御のことをいい，要素として，条件制御，時限制御，順序制御があります．

15 ハ 問題のラダー図をブール代数で表すと，$Y = (\overline{A} + \overline{B}) \cdot \overline{C} \cdot \overline{D}$ になります．

16 イ PLC 内部では「0」「1」のデジタル信号だけを処理しています．そのため，アナログ入出力モジュールに合わせて，デジタル信号への変換するための「デジタル分解能」が必要です．

17 ハ スキャンタイム＝演算処理時間＋入出力処理時間＋ PADT 接続サービス時間＋高機能モジュールサービス時間＝ 5.5ms ＋ 400 × 0.05μs ＋ 1ms ＋ 2 × 0.5ms ＝ 5.5 ＋ 0.02 ＋ 1 ＋ 1 ＝ 7.52ms

18 ロ ファンクションブロック図で用いられ，信号処理系間の信号の流れに相当します．

19 ハ PADT はプログラミングツールの略称で，機能として，PLC へのプログラムの書き込み／読み出しの他，プログラム作成，動作確認等を持っています．

20 ニ LWORD は 64 ビットのビット列です．

21 ニ SINT は 8 ビット整数，DINT は 32 ビット整数，LINT は 64 ビット整数，UINT は符号なし整数（16 ビット）の予約語です．

22 イ 300V 以下の低圧の機器等に施される「D 種接地工事」の接地抵抗値は 100V 以下になります．ただし，漏電遮断器（0.5 秒以内動作するもの）を電路に施設する場合は 500Ω 以下にできます．

23 ハ 入出力機器の制御線は，動力線からのノイズの影響を小さくするため，並行配線を避け，近接しないよう距離を取ります．

24 イ システム全体の故障式を表す式は，$\lambda_1 + \lambda_2$ になります．

25 イ PLC の電源回路のビーズが切れるのは，電源に異常電圧等が発生したことにより発生します．I/O ケーブルが断線すると入出力信号が送受信できなくなります．

1 級学科試験

[試験時間：1時間40分，問題数：50問（A群25問，B群25問)]

　1級学科試験はA群（真偽法）とB群（多肢択一法）とに分かれています．A群の問題（真偽法）は，一つ一つの問題の内容が正しいか誤っているかを判断し解答します．B群の問題（多肢択一法）は正解と思うものを一つだけ選んで解答します．いずれもマークシート方式です．

3-01 ▷ 1 級学科試験（練習問題Ⅰ）

【A 群 25 問（真偽法)】

　次の各問について，正しいか誤っているかを判断し答えなさい．

番号	問　題
01	熱電対温度センサは，ペルチェ効果を利用した温度センサである．
02	圧着工具は，圧着する端子の種類や大きさによって，端子台に合うダイスを使用しなければならない．
03	計数値とは長さ，重さ，時間，温度などのように連続した値をとるものをいう．
04	静電容量が 3μF のコンデンサに，100V の直流電圧を加えた場合，コンデンサには，3×10^{-4}C の電荷がたまる．
05	消費電力 120kW，力率 80％の負荷の無効電力は，90kvar である．
06	日本産業規格（JIS）によれば，図は，投影法で第三角法を表す記号である． （図）
07	一般に，すべり軸受は，転がり軸受にくらべ，高負荷を支えるのに使われる．
08	旋盤による加工では，一般に材料を回転させて静止工具を使用して削る．
09	捨てけがきは，仕上がり部分を直接示すけがきである．
10	材料力学では，一般に，衝撃荷重よりも繰返し荷重のほうが安全率を大きくとる．
11	熱可塑性樹脂は，再加熱すると軟化する．
12	電気用品安全法の目的は，電気用品の製造，販売等を規制するとともに，安全性の確保につき民間事業者の自主的な活動を促進することにより，電気用品による危険および障害の発生を防止することである．

13	労働安全衛生関係法令によれば，屋内に設ける通路については，通路面からの高さ2.4m以内に障害物を置かないことと規定されている．
14	排他的論理和を表すブール代数式として，次のものは正しい． $$X = \overline{A \cdot B} + A \cdot B$$
15	オンディレイタイマの出力を反転すると，オフディレイタイマとして使える．
16	通信プロトコルとはデータ通信をするときに必要なPINコードのことである．
17	RAS機能のRASは，Reliability，Autmatic，Systemの略語である．
18	図の回路は，オンディレイの出力機能をもっている． 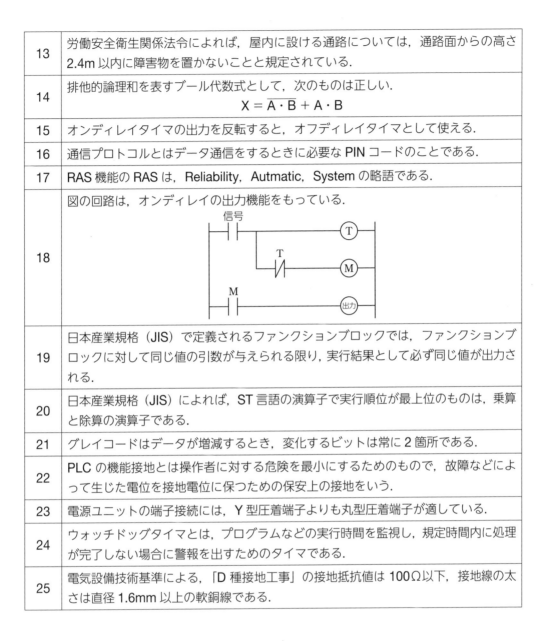
19	日本産業規格（JIS）で定義されるファンクションブロックでは，ファンクションブロックに対して同じ値の引数が与えられる限り，実行結果として必ず同じ値が出力される．
20	日本産業規格（JIS）によれば，ST言語の演算子で実行順位が最上位のものは，乗算と除算の演算子である．
21	グレイコードはデータが増減するとき，変化するビットは常に2箇所である．
22	PLCの機能接地とは操作者に対する危険を最小にするためのもので，故障などによって生じた電位を接地電位に保つための保安上の接地をいう．
23	電源ユニットの端子接続には，Y型圧着端子よりも丸型圧着端子が適している．
24	ウォッチドッグタイマとは，プログラムなどの実行時間を監視し，規定時間内に処理が完了しない場合に警報を出すためのタイマである．
25	電気設備技術基準による，「D種接地工事」の接地抵抗値は100Ω以下，接地線の太さは直径1.6mm以上の軟銅線である．

学科試験編

[B群25問（多肢択一法）]

　次の各問について，正解と思うものを選択肢イ～ニの中から1つ選びなさい．

番号	問　題
01	圧着端子への性能において，日本産業規格（JIS）に規定されていないものはどれか． 　　イ　圧着接続性能 　　ロ　圧縮荷重 　　ハ　凍結防止機能 　　ニ　電気抵抗

02	変圧器の型巻構造として，誤っているものはどれか. イ　くま取りコイル ロ　円板コイル ハ　円筒コイル ニ　ヘリカルコイル
03	固体（有機物）の絶縁材料に関する記述として正しいものはどれか イ　クラフト紙は，木綿，麻が原料で，変圧器やコイルの絶縁に使用する. ロ　ロジンは，パルプが原料で，絶縁ワニスを含浸して，コンデンサに使用する. ハ　プレスボードは，さくら，かえで，かしなど油煮して絶縁支持物やくさびに使用する. ニ　布は，ワニスを含浸して，ワニスクロスとして使用する.
04	やすり作業において，やすり目の選び方の組合せとして，誤っているものはどれか. イ　単目……鉛，すず，アルミニウムなど軟質金属の仕上げ，薄板の縁の仕上げなどに適している. ロ　複目……鋼・鋳鉄など特に硬い材料に適している. ハ　鬼目……木，皮，ファイバなど非金属，軽金属の荒削り用に適している. ニ　波目……鋼，鋳鉄などの硬質金属の荒削り用に適している.
05	変流器（CT）を使用して電動機の電流を測定しているとき，変流器の二次側の電流計を取り外す方法として，正しいものはどれか. イ　二次側を短絡してから，電流計を外す. ロ　二次側を接地してから，電流計を外す. ハ　電流計を外してから，直ちに二次側を外す. ニ　電流計を外し，そのままにする.
06	フレミングの右手の法則で，親指の示す方向として，正しいものはどれか. イ　電流の方向 ロ　磁束の方向 ハ　起電力の方向 ニ　運動の方向
07	下図に示す抵抗とコンデンサの直列回路で，S を閉じたときの回路電流の変化として，正しいものはどれか. ただし，縦軸：回路電流，横軸：時間とする. 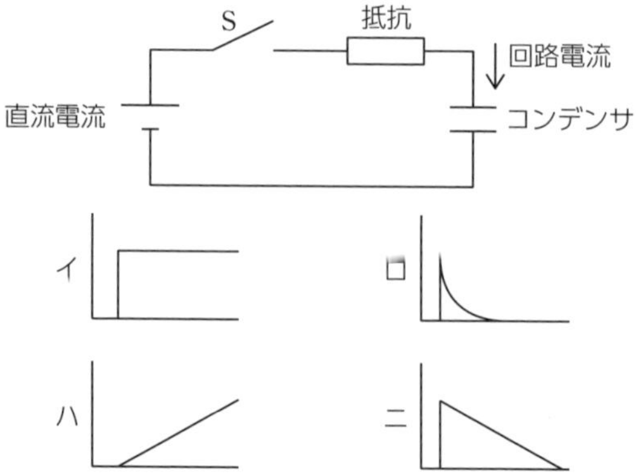

08	日本産業規格（JIS）によれば，材料における種類記号 S45C が示す意味として，正しいものはどれか. 　　イ　マンガン含有量約 4.5% 　　ロ　クロム含有量約 0.45% 　　ハ　炭素含有量約 0.45% 　　ニ　イオウ含有量約 4.5%
09	本尺の 1 目盛りが 1mm，副尺の 1 目盛りが 19mm を 20 等分してあるノギスの最小読取り単位として，正しいものはどれか. 　　イ　0.005mm 　　ロ　0.01mm 　　ハ　0.02mm 　　ニ　0.05mm
10	文中の（　）内に当てはまる語句の組合せとして，正しいものはどれか. 穴加工には，ドリルを用いて工作物に穴をあける（　A　），めねじを切る（　B　）などがある. 　　　　A　　　　　　　　B 　　イ　穴あけ　　　　　リーマ加工 　　ロ　穴あけ　　　　　タップ立て 　　ハ　リーマ加工　　　タップ立て 　　ニ　リーマ加工　　　穴あけ
11	長さ 210cm の鋼棒が許容限度の引張荷重を受けて 1mm 伸びたとする．鋼棒の弾性係数を 2.1×10^6kg/cm^2，基準強さ 4500kg/cm^2 とした場合，次のうち適切な安全率はどれか. 　　イ　3.5 　　ロ　4.5 　　ハ　5.5 　　ニ　6.5
12	常温において，熱伝導率の大きい順に並んでいるものとして，正しいものはどれか. 　　イ　アルミニウ＞銅＞鉄 　　ロ　アルミニウム＞鉄＞銅 　　ハ　銅＞アルミニウム＞鉄 　　ニ　鉄＞アルミニウム＞銅
13	電気材料に関する記述として，誤っているものはどれか. 　　イ　金と銀は導電材料に適している. 　　ロ　雲母（マイカ）は絶縁材料に適している. 　　ハ　シリコンは，導電材料に適している. 　　ニ　陶磁器類は，絶縁材料に適している.

14	図の回路をブール代数式で記述した場合，正しいものはどれか. 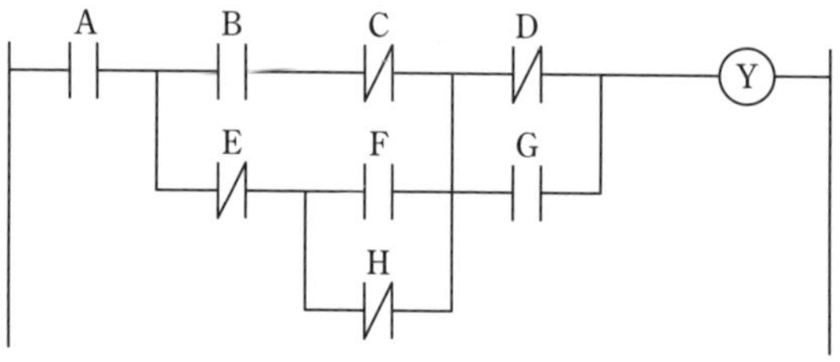 イ　$Y = A \cdot (B \cdot \overline{C} + \overline{E} \cdot F + \overline{H}) \cdot \overline{D} + G$ ロ　$Y = A \cdot (B \cdot \overline{C} + \overline{E} + F \cdot \overline{H}) \cdot \overline{D} + G$ ハ　$Y = A \cdot \{B \cdot \overline{C} + \overline{E} + (F \cdot \overline{H})\} \cdot (\overline{D} + G)$ ニ　$Y = A \cdot (B \cdot \overline{C} \cdot \overline{E} + F \cdot \overline{H}) \cdot (\overline{D} + G)$
15	PID制御は，P動作，I動作およびD動作を含む制御方式であるが，D動作の説明として正しいものはどれか. 　　イ　入力に比例する大きさの出力を出す制御動作 　　ロ　入力の時間積分値に比例する大きさの出力を出す制御動作 　　ハ　入力の時間微分値に比例する大きさの出力を出す制御動作 　　ニ　あらかじめ定められた順序または手続きに従って制御の段階を逐次進めていく制御動作
16	下図のうち，トランジスタ（ソース出力）タイプのものはどれか（L：負荷）. 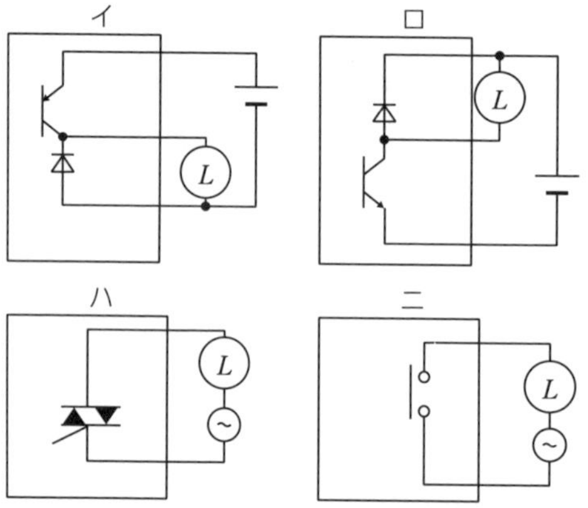
17	RFIDに関する記述のうち，適切でないものはどれか. 　　イ　タグに登録した情報を非接触で読み書きができる. 　　ロ　交通系ICカードに応用されている. 　　ハ　電磁誘導式は電波式に比べ通信距離が短い. 　　ニ　高温，多湿等，耐環境性に優れている.
18	制御動作を表現するものとして，適切でないものはどれか. 　　イ　フローチャート 　　ロ　タイムチャート 　　ハ　ガントチャート 　　ニ　シーケンシャル・ファンクション・チャート

19	下図の回路の機能を示す名称として，正しいものはどれか．

イ　オン・ディレイタイマ
ロ　オフ・ディレイタイマ
ハ　ワンショット
ニ　スキャンパルス

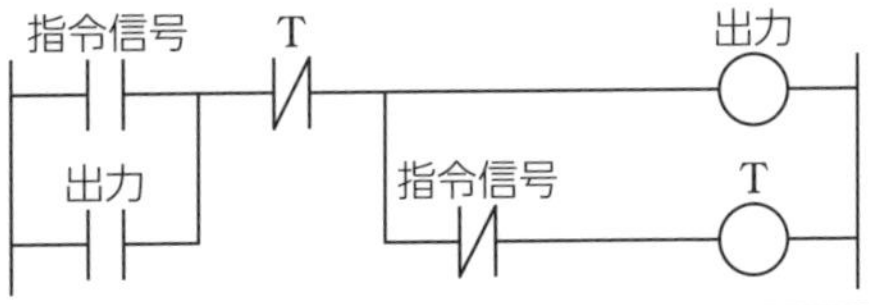

20	SFC のアクションクオリファイアの記号とその説明の組合せとして，誤っているものはどれか．

	記号	説明
イ	N	非保持
ロ	S	セット（保持）
ハ	R	優先リセット
ニ	T	時間設定

21	RS-232C に関する記述として，誤っているものはどれか．

イ　通信速度が規定されている．
ロ　シールドケーブルで配線したほうがよい．
ハ　長距離間で高速に通信する用途に適している．
ニ　シリアル通信である．

22	PLC の機能接地に関する記述として，誤っているものはどれか．

イ　他の機器の接地とは分離した専用接地とした．
ロ　接地工事は，電気設備技術基準の D 種接地工事とした．
ハ　感電防止が目的でつながれた電動機接地との共用接地は避けた．
ニ　接地極は，PLC からできるだけ離し，接地線を長くした．

23	PLC による制御システムに使用する電源ラインフィルタの機能として，正しいものはどれか．

イ　電源ラインの短絡電流を遮断する．
ロ　PLC の電源モジュールから発生する電磁波ノイズを抑制する．
ハ　電源ラインから侵入するノイズを抑制する．
ニ　停電による PLC の誤動作を防止する．

24	PLC の稼働率が A_1，PLC で制御されるインバータの稼働率が A_2 のとき，この駆動システム全体の稼働率を表す式として，適切なものはどれか．

イ　$A_1 \times A_2$
ロ　$A_1 + A_2$
ハ　$1 / (A_1 \times A_2)$
ニ　$1 / (A_1 + A_2)$

学科試験編

| 25 | PLC の DC 入力モジュールに LED 付きスイッチを接続したところ漏れ電流が 4mA あり，入力信号が OFF しない．そこで下図のように抵抗 R を接続する場合の抵抗値として適切なものは次のうちどれか．
ただし，入力モジュールの OFF 電流は 1.5mA 以下，入力インピーダンスは 2.4kΩ とする．
　イ　1kΩ
　ロ　2kΩ
　ハ　4kΩ
　ニ　6kΩ |  |

→ 1 級学科試験（練習問題 I ）

【A 群 25 問（真偽法）】

01　×　熱電対温度センサは，2 種類の異なる金属導体の両端を接続して閉回路を作り，一端を加熱するなどして，両端に温度差を生じる**ゼーベック効果**を利用した温度センサです．

02　○　問題文のとおりです．圧着工具は，圧着する端子の種類や大きさによって，端子台に合うダイスを使用しなければなりません．

03　×　計数値とは不良品の個数のように 1 個，2 個……と数えられる値です．長さ，重さ，時間，温度などのように連続した値は**計量値**といいます．

04　○　$Q = CV$（Q：電荷〔C〕，C：静電容量〔F〕，V：電圧〔V〕）より，
　　　　$Q = 3 \times 10^{-6} \times 100 = 3 \times 10^{-4}$

05　○　力率 $= \dfrac{消費電力}{皮相電力}$ より，皮相電力 $= \dfrac{120}{0.8} = 150\mathrm{kVA}$
　　　　また，$1 = (力率)^2 + (無効率)^2$ より，
　　　　無効率 $= \sqrt{1 - (力率)^2} = \sqrt{1 - 0.64} = \sqrt{0.36} = 0.6$
　　　　無効率 $= \dfrac{無効電力}{皮相電力}$ より，無効電力 $= 0.6 \times 150 = 90\mathrm{kvar}$

06　○　問題文のとおりです．

07　○　すべり軸受は高速回転・衝撃荷重に対する耐性に優れており高負荷に使用されます．転がり軸受は荷重，回転速度，耐久寿命などの使用条件が中程度の範囲で使用します．

08　○　問題文のとおりです．フライス盤は定位置で工具を回転させ，テーブルに取り付けた材料を動かして切削します．

09　×　捨てけがきは，仕上がり後にけがき線が残らない部分に目印を付けることをいいます．

10　×　安全率は，圧縮や曲げ，ねじりやせん断の静荷重による破壊応力，疲労など繰り返し荷重による破壊応力を考慮して決めます．**繰返し荷重よりも衝撃荷重の安全率を大きく**とります．

11　○　熱可塑性樹脂は温度によって液状と固体の状態変化を繰り返すことができます．熱硬化性樹脂は一度生成されたものは再び熱しても軟化することはありません．

12 ○　問題文のとおりです.

13 ×　屋内に設ける通路については, 通路面からの高さ **1.8m 以内**に障害物を置かないことと規定されています.

14 ×　排他的論理和を表すブール代数式は, $X = \overline{A} \cdot B + A \cdot \overline{B}$ となります.

15 ×　オンディレイタイマは, オン動作条件が成立してから, オン出力するまでの時間遅れをもったタイマです. オンディレイタイマの出力を反転してもオフディレイタイマとしては使えません.

16 ×　通信プロトコルとは, コンピューター同士が通信を行うための規格のことをいいます.

17 ×　RAS は, リライアビリティ（Reliability：信頼性）, アベイラビリティ（Availability：可用性）, サービスアビリティ（Serviceability：保守性）の3つの要素を表しています.

18 ×　信号がオンしてから一定時間後に出力がオフする回路のため, オンディレイの出力機能をもっていません.

19 ×　ファンクションブロックでは, 入力値を基に演算を行い, 結果を出力します. さまざまな種類の演算処理をできるため, 入力値が同じでも演算結果が同じになるとは限りません.

20 ×　日本産業規格（JIS）によれば, ST 言語の演算子で実行順位が最上位のものは, 括弧になります.

21 ×　グレイコードはデータが増減するとき, 変化するビットは常に **1 箇所**（1ビット）です.

22 ×　問題文の説明は**保安接地**の説明です. PLC の機能接地は, 電気機器等を使用する場合に電源の電位を安定させることを目的としています.

23 ○　電源ユニットの端子接続には, ねじのゆるみによる抜け止めを目的として, 丸型圧着端子が適しています.

24 ○　問題文のとおりです.

25 ○　問題文のとおりです.

[B群 25問（多肢択一法）]

01 ロ　圧着端子への性能について, 使用時に圧着端子に荷重等がかからないように配線するため, 圧縮荷重の規定はありません.

02 イ　くま取りコイルは単相誘導電動機の回転磁界を得るために使用します.

03 ニ　クラフト紙は, パルプが原料になります. ロジンは, 松科の樹液を原料とします. プレスボードは変圧器の絶縁に使用します.

04 ニ　波目やすりは, 塗料剥がしや, 銅・アルミ素材などの軽金属, 硬質ゴム・プラスチック・木等柔らかい素材を削るのに適しています.

05 イ　変流器の二次側の電流計を取り外すときは, 二次側を短絡してから, 電流計を外します.

06 ニ　フレミングの右手の法則で, 親指は運動の方向, 人差指は磁界の方向, 中指は電流の流れる方向を示します.

07 ロ　コンデンサに直流電源を加えると, 充電されるまで急激に電流が流れ, 電源電圧と同じになると電流が流れなくなります. そのため, ロが正しいです.

08　ハ　材料における種類記号 S45C は炭素含有量約 0.45％ を意味しています.

09　ニ　ノギスの最小読取り単位は, 本尺目盛 1mm に対して, 副尺 19mm を 20 等分してあるため, $1 - \dfrac{19}{20} = 0.05\text{mm}$ となります.

10　ロ　ドリルを用いて工作物に穴をあけることを「穴あけ」, めねじを切ることを「タップ立て」, 穴を指定寸法に仕上げることを「リーマ加工」といいます.

11　ロ　許容応力＝弾性係数×伸び＝$2.1 \times 10^5 \times \dfrac{1}{2100} \fallingdotseq 1000\text{kg/cm}^2$

　　　　安全率＝$\dfrac{\text{基準強さ}}{\text{許容応力}} = \dfrac{4500}{1000} = 4.5$

12　ハ　常温における熱伝導率は大きい順に, 銀＞銅＞金＞アルミニウム＞鉄になります.

13　ハ　シリコンは半導体の材料です.

14　ハ　問題の図の回路をブール代数式で記述した場合は,
　　　　$Y = A \cdot \{B \cdot \overline{C} + \overline{E} \cdot (F + \overline{H})\} \cdot (\overline{D} + G)$ になります.

15　ハ　PID 制御は, P 動作（比例制御）, I 動作（積分制御）および D 動作（微分制御）を含む制御方式です. D 動作の説明はハです. イは P 動作, ロは I 動作の説明です. ニはシーケンス制御の説明になります.

16　イ　トランジスタ（ソース出力）タイプはイになります. ロはトランジスタ（シンク出力）, ハはトライアック出力, ニはリレー出力です.

17　ニ　RFID とは, 電波を用いて ID 情報を埋め込んだ RF タグのデータを非接触で読み書きするシステムのことです. 汚れには強いですが, 高温, 多湿等, 耐環境性に劣ります.

18　ハ　ガントチャートは工事の進捗状況を管理するときに使用します. 縦軸に作業名を横軸に期間を記入し, 各作業と所要時間を帯状のグラフで表します.

19　ロ　入力信号がオンになった後に, 「オフ」にすると, タイマが時間を計測し, 自己保持回路を切ります. この回路のタイマは, オフ・ディレイタイマとして働きます.

20　ニ　SFC のアクションクオリファイアの記号には「T」はありません. 時間遅延として「D」があります.

21　ハ　RS-232C はシリアル通信方式でデータを 1 ビットずつ連続的に送受信します. 通信速度が規定されており, 低速で長距離間の通信に適しています.

22　ニ　PLC の機能接地として, 接地極は PLC からできるだけ近く, 接地線は短くすることが求められます.

23　ハ　電源ラインフィルタは, 電源から制御機器へ侵入するノイズ抑制を目的にしています.

24　イ　駆動システム全体の稼働率を表す式は, $A_1 \times A_2$ になります.

25　イ　入力モジュール OFF 時に流れる電流を 1.5mA 以下にするために, 入力インピーダンスに並列に抵抗 R を接続します.

　　　　$4 \times \dfrac{R}{2.4 + R} < 1.5$ より, $R < 1.44\text{k}\Omega$. よって, イが正しい選択肢です.

3-02 ▶ 1級学科試験（練習問題Ⅱ）

［A群 25問（真偽法）］

次の各問について，正しいか誤っているかを判断し答えなさい．

番号	問　　題
01	ステッピングモータのステップ角とは，1パルス当たりの回転角である．
02	日本産業規格（JIS）によれば，一般用鉄工やすりは，目の粗さによって5種類に区分されている．
03	正規分布するデータは，統計的平均値±3σ（σは標準偏差）の範囲内に全体の100％のデータが含まれる．
04	クーロンの法則では，2つの磁極に働く力の大きさは，各磁極の強さの積に比例し，距離の2乗に反比例する．
05	力率とは，皮相電力に対する有効電力の比である．
06	日本産業規格（JIS）によれば，下図の図記号は，熱動継電器を表す． 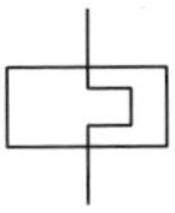
07	バックラッシとは，一対の歯車をかみ合わせたときの歯面と歯面の隙間をいう．
08	増径タップは，一番タップのほうが二番タップよりも外径が大きい．
09	日本産業規格（JIS）によれば，スポット溶接とは，「重ね合わせた母材を，先端を適正に整形した電極の先端で挟み，比較的小さい部分に電流および加圧力を集中して局部的に加熱し，同時に電極で加圧して行う抵抗溶接.」と定義されている．
10	荷重方向のひずみは，縦ひずみである．
11	熱可塑性樹脂は，加熱により網状構造をつくって硬化する性質を持つ合成樹脂である．
12	電気用品とは，「電気事業法にいう一般的電気工作物の部分となり，またはこれに接続して用いられる機械，器具または材料」等であって政令で定めるものである．
13	労働安全衛生関係法令によれば，紙，布，ワイヤロープ等の巻取りロール，コイル巻等で労働者に危険が及ぶおそれのあるものには，囲い等を設けなければならない．
14	ST言語は，演算，条件分岐など，処理表現しやすい記号を命令語としてプログラミングする方式である．
15	PID制御のPIDは，Process，Information，Datalogging の略である．
16	通信プロトコルとは，PLC間やPLCとパソコン間でデータをやりとりするときに必要な伝送媒体である．
17	透過型の光電スイッチは，光路上の被検出物を透過した光を検出するものである．
18	日本産業規格（JIS）によれば，ST言語の記述で演算の優先順位の上位のものを左から並べたものとして，以下は正しい． （上位）乗算，加算，比較，論理積，論理和（下位）

19	SFC プログラミングのトランジションには，活性（ACTIVE）と不活性（INACTIVE）との2つの状態がある．
20	日本産業規格（JIS）によれば，LD 等の図式言語は，SFC の各要素との併用使用は認められていない．
21	ニーモニック方式とは，回路の論理状態を想定しやすいように簡略化した単語や記号を命令語としてプログラミングする方式である．
22	金属製の電線管を用いて交流の電源線を配線するときは，1回線の電線を1本ずつ別々の電線管に入れる．
23	保護接地とは電気機器の故障などにより生じた電位を接地電位に保つ接地である．
24	アルミ電解コンデンサの寿命は使用温度に依存し，常に，使用温度が10℃高くなると寿命が2倍延び，10℃低くなると1/2になる特性がある．
25	MTBF（Mean Time Between Failures）は，値が小さいほど信頼性が高いシステムといえる．

［B 群 25 問（多肢択一法）］

次の各問について，正解と思うものを選択肢イからニの中から1つ選びなさい．

番号	問　題
01	一般に機器内配線の直流制御回路に使われる色はどれか． 　　イ　青 　　ロ　緑 　　ハ　黒 　　ニ　水色
02	変圧器のコイルで，導体を多数並列に重ねて一巻きごとに絶縁物を入れ，らせん状に巻いたものは，次のうちどれか． 　　イ　円筒コイル 　　ロ　円板コイル 　　ハ　ヘリカルコイル 　　ニ　長方形板状コイル
03	日本産業規格（JIS）によれば，電気絶縁材料について，指定文字と耐熱クラス［℃］の組合せとして，誤っているものはどれか． 　　　　指定文字　　　耐熱クラス℃ 　　イ　A　　　　　　105 　　ロ　E　　　　　　115 　　ハ　B　　　　　　130 　　ニ　F　　　　　　155

04	本尺目盛が 1mm 単位で, 副尺は 49mm を 50 等分した目盛を持つノギスの最小読取単位 mm として正しいものはどれか. 　　イ　0.005 　　ロ　0.01 　　ハ　0.02 　　ニ　0.04
05	定格電圧が 150V で 1.5 級の電圧計を使用して電圧を測定したところ, 100V を示した. 真の電圧範囲として正しいものは. 　　イ　99.75 ～ 100.25V 　　ロ　98.50 ～ 101.50V 　　ハ　97.75 ～ 102.25V 　　ニ　97.50 ～ 102.50V
06	極数が 4, 周波数が 50Hz, すべり 2％の三相誘導電動機の回転速度 N として, 正しいものはどれか. 　　イ　1500min^{-1} 　　ロ　1470min^{-1} 　　イ　1600min^{-1} 　　イ　1800min^{-1}
07	一般低圧かご形誘導電動機の回転速度・トルク曲線はどれか. 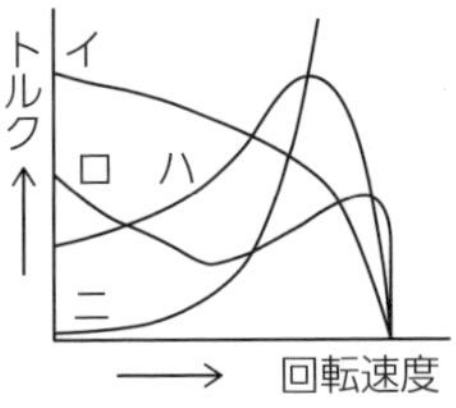
08	次の見取図を第三角法で投影した図として, 適切なものはどれか. 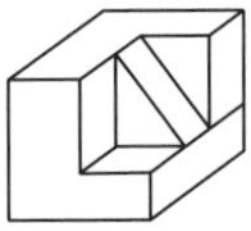 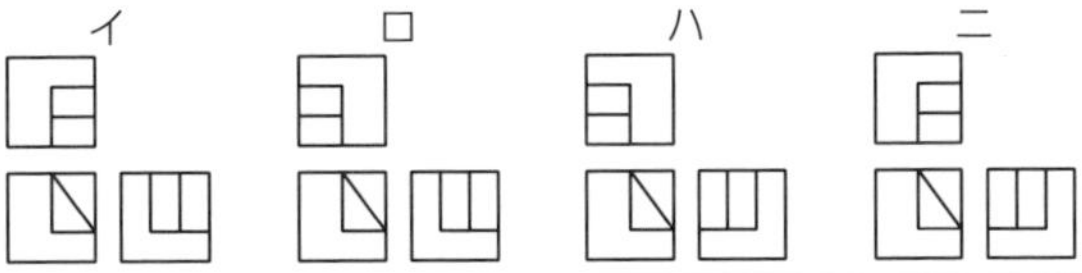
09	一般的な機械式マイクロメータの基本原理として, 適切なものはどれか. 　　イ　ねじの送り量が回転速度に比例する. 　　ロ　ねじの送り量が回転速度に反比例する. 　　ハ　ねじの送り量が回転角度に反比例する. 　　ニ　ねじの送り量が回転角度に比例する.

10	下図に示すαとβの組合せで正しいものはどれか. 　イ　α：せん断角　　β：逃げ角 　ロ　α：逃げ角　　　β：せん断角 　ハ　α：すくい角　　β：逃げ角 　ニ　α：すくい角　　β：せん断角 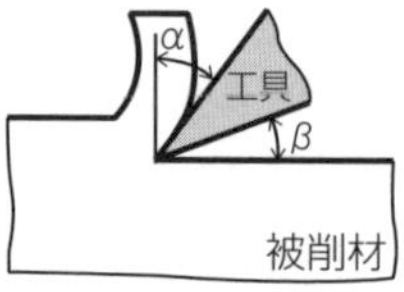
11	金属材料の残留応力に関する説明として，適切なものはどれか. 　イ　材料を長い間保管できるようにあらかじめ鍛えるための応力 　ロ　材料取りで余った材料を集めて出てきた価値 　ハ　熱処理後などに材料内部に残った応力 　ニ　材料の変形が不十分なときにそれを補うために後で加える応力
12	半導体材料であるリン化インジウムの化学式として，適切なものはどれか. 　イ　GaN 　ロ　BP 　ハ　ITO 　ニ　InP
13	発光ダイオードなどの半導体材料である GaAs の元素の組合せとして，適切なものはどれか. 　イ　ガリウムとアルミニウム 　ロ　ゲルマニウムとイオウ 　ハ　ガリウムとヒ素 　ニ　ゲルマニウムとアルゴン
14	PID 制御において，プロセス変量を示す略語として，正しいものはどれか. 　イ　MV 　ロ　SP 　ハ　PV 　ニ　CV
15	次のうち，ブール代数式と等価のプログラムとして正しいものはどれか. $$Y = \overline{(A + B) \cdot (C + D)}$$ 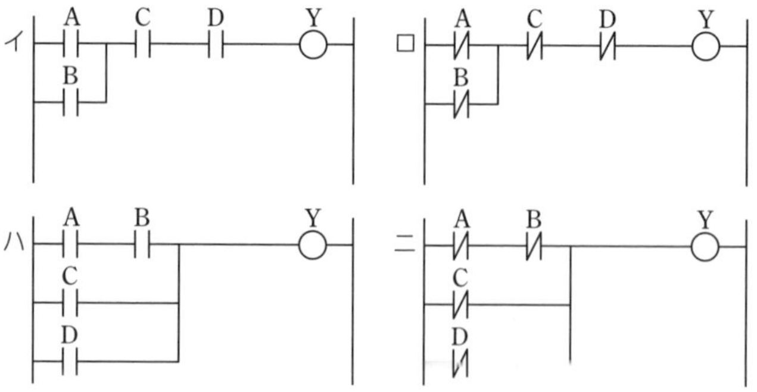

16	出力部の選定・使用に関する記述として，誤っているものはどれか. イ CR 式サージ吸収器付接点出力を使用し，交流の微小負荷を駆動させた. ロ 出力機器側にダミー抵抗をつけ，漏れ電流対策を施した. ハ トランジスタ出力は，過大な突入電流により破壊されることがある. ニ トライアック出力を使用し，交流の誘導負荷を接続した.
17	$90°$ 位相差の 2 相パルスのロータリエンコーダで，「逓倍」処理ができないものはどれか. 　　イ 基本 　　ロ 2 逓倍 　　ハ 3 逓倍 　　ニ 4 逓倍
18	日本産業規格（JIS）によれば，LD 言語でコイル記号と意味の組合せとして，規定されていないものはどれか. 　　　　記号　　　　　　　意味 　　イ　---（　）---　　コイル 　　ロ　---（ P ）---　　立上り検出コイル 　　ハ　---（ N ）---　　立下り検出コイル 　　ニ　---（ M ）---　　転送命令コイル
19	FB（Function Block）に関する説明として，誤っているものはどれか. 　　イ FB は，内部状態の情報を持たない. 　　ロ FB は，Instance と呼ばれるコピーを作ることができる. 　　ハ FB は，入力パラメータや出力パラメータを持つことができる. 　　ニ FB は，ラダー図言語を使用できる.
20	下図の回路の機能として，適切なものはどれか. 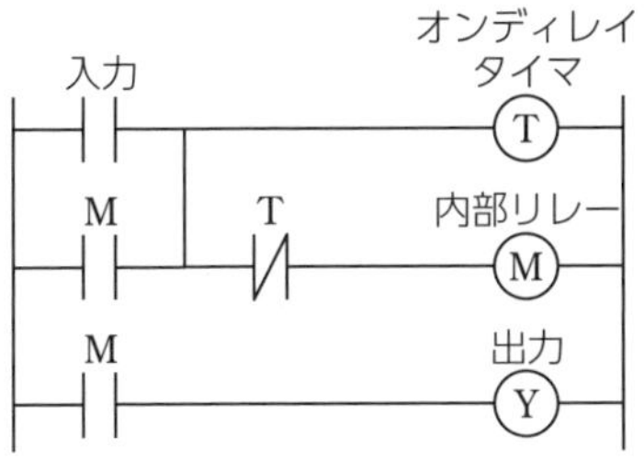 イ オンディレイタイマ ロ オフディレイタイマ ハ モノステーブル ニ スキャンパルス
21	PLC システムのノイズ対策として，適切でないものはどれか. 　　イ 誘導負荷にサージキラーを接続する. 　　ロ 開閉時にアークを発生する機器とは離す. 　　ハ 電源線や入出力線は，動力線と並行配線する. 　　ニ 電源線は，密にツイストし最短で引き回す.

学科試験編

273

22	ネットワーク用のケーブルとして，次のうち電気的ノイズの影響をもっとも受けにくいものはどれか． 　　イ　同軸ケーブル 　　ロ　光ファイバケーブル 　　ハ　ツイストペアケーブル 　　ニ　シールドケーブル
23	PLC の設置に関する記述として，適切でないものはどれか． 　　イ　他の機器の接地とは分離した専用接地とした． 　　ロ　接地工事は電気設備基準の D 種接地とした． 　　ハ　感電防止を目的とする多くの機器がつながれた接地極への接地は避けた． 　　ニ　接地点は PLC からできるだけ離し接地線を長くした．
24	E_{max} を脈動電圧の最大値，E_{min} を脈動電圧の最小値，E_{mean} を脈動電圧の平均値とした場合，脈動する直流電圧のリップル率（%）は，どのようにして求めるのか． 　　イ　$\{(E_{max} - E_{min}) \div E_{mean}\} \times 100$ 　　ロ　$\{(E_{max} - E_{mean}) \div E_{min}\} \times 100$ 　　ハ　$\{(E_{min} - E_{mean}) \div E_{max}\} \times 100$ 　　ニ　$\{(E_{mean} - E_{min}) \div E_{max}\} \times 100$
25	瞬時停電の要因として，適切でないものはどれか． 　　イ　外部機器 DC 電源のリップル率増加 　　ロ　落雷の影響 　　ハ　電源モジュールの寿命 　　ニ　一時的な過負荷

1 級学科試験（練習問題 II）の解答・解説

［A 群 25 問（真偽法）］

01　○　ステッピングモータは，入力パルスに応じてモータが回転します．ステップ角とは，1 パルス当たりの回転角を意味します．

02　×　日本産業規格（JIS）によれば，一般用鉄工やすりは，目の粗さによって**4 種類**に区分されています．

03　×　正規分布するデータは，統計的平均値 $\pm 3\sigma$（σ は標準偏差）の範囲内に全体の **99.7%** のデータが含まれます．

04　○　クーロンの法則は，$F = k\dfrac{q_1 \times q_2}{r^2}$（$F$：働く力，$q_1$，$q_2$：各磁極の強さ，$r$：距離）となります．

05　○　問題文のとおりです．

06　○　問題文のとおりです．

07　○　問題文のとおりです．

08　×　増径タップは 3 本 1 組となっており，外径が 1 番，2 番，3 番の順に大きくなります．3 番タップで正規のねじ径に仕上げるため，1 番タップは 2 番タップより外径が小さいです．

09　○　問題文のとおりです．

10 ○ 荷重方向のひずみを縦ひずみ，荷重方向に対して垂直方向のひずみを横ひずみといいます．

11 × 熱可塑性樹脂は温度によって液状と固体の状態変化を繰り返すことができます．熱硬化性樹脂は一度生成されたものは再び熱しても軟化することはありません．

12 ○ 問題文のとおりです．

13 ○ 問題文のとおりです．

14 ○ ST 言語は，テキスト形式のプログラム言語で演算，条件分岐など，記号を使用してプログラミングします．

15 × PID 制御の PID は，Proportional（比例），Integral（積分），Differential（微分）の略です．

16 × 以前は PLC 間や PC-PLC 間の通信は専用の通信ボードを使用していましたが，近年は Ethernet 通信が主流です．通信プロトコルとは，PC 間で通信を行うための規格のことです．

17 × 透過型の光電スイッチは，対向する投光・受光器間の光軸を検出物体が遮ることで検出します．

18 ○ 問題文のとおりです．

19 × SFC プログラミングのトランジションは，ブール型変数を使用するため，真（TRUE）と偽（FALSE）の 2 つの状態で構成されます．

20 × LD 等の図式言語は，SFC の各要素との併用使用できます．

21 ○ 問題文のとおりです．

22 × 金属製の電線管を用いて交流の電源線を配線するときは，電磁的不平衡を起こさせないように 1 回路の電線全てを**同一管内**にいれます．

23 ○ 問題文のとおりです．

24 × アルミ電解コンデンサの寿命は使用温度に依存し，使用温度が 10℃高くなると寿命が $\frac{1}{2}$ 倍と短くなり，10℃低くなると 2 倍に延びる特性があります．

25 × MTBF（平均故障間隔）は，ある設備が故障するまでの動作時間の平均値を表し，値が大きいほど信頼性が高いシステムといえます．

〖B 群 25 問（多肢択一法）〗

01 イ 一般に機器内に交流と直流の機器が混在している場合，配線を色によって識別するため，直流制御回路には青色の電線，交流制御回路には赤色の電線を使用します．

02 ハ コイルの形状について，円筒コイルは円筒状，円板コイルはドーナツ型板状，長方形板状コイルは長方形板状のものをいいます．

03 ロ 電気絶縁材料における耐熱クラスの指定文字と最高連続使用温度は次のようになります．Y：90℃，A：105℃，E：120℃，B：130℃，F：155℃，H：180℃

04 ハ ノギスの最小読取り単位は，本尺目盛 1mm に対して，副尺 49mm を 50 等分してあるため，$1 - \frac{49}{50} = 0.02$mm となります．

05 ハ 150V で 1.5 級の電圧計の誤差は，

150（最大目盛）× ± 0.015（1.5%）= ± 2.25V

真の電圧範囲は 100V ± 2.25V より，97.75 ～ 102.25V になります．

06　ロ　回転数 $Ns = \dfrac{120f}{p}$（f：周波数，p：極数）$= \dfrac{120 \times 50}{4} = 1500\text{min}^{-1}$

回転速度 $N = (1 - S)\,Ns = (1 - 0.02) \times 1500 = 1470\text{min}^{-1}$（$S$：滑り）

07　ハ　一般低圧かご形誘導電動機の回転速度・トルク曲線はハのようになります．

08　ニ　投影した図はニになります．

09　ニ　機械式マイクロメータは，ねじの送り量が回転角度に比例することを利用して，最小読取り量 0.01mm 以下の精密な長さを測定できます．

10　ハ　すくい角が大きくなると切屑せん断角が小さくなり，切屑厚みも薄くなります．逃げ角を大きくすると切刃強度が低下し，機械的衝撃に弱くなります．

11　ハ　残留応力は，熱処理後などに材料内部に残った応力のことをいいます．

12　ニ　GaN は窒化ガリウム，BP はリン化ホウ素，ITO は酸化インジウムスズです．

13　ハ　GaAs はヒ化ガリウムのことで，ガリウムとヒ素を組み合わせたものです．

14　ハ　PID 制御は，目標値（SV）と現在値（PV）の差を小さくなるよう，比例・積分・微分動作により制御します．プロセス変量を示す略語は「PV」になります．

15　ニ　$\overline{(A + B) \cdot (C \cdot D)} = \overline{(A + B)} + \overline{(C \cdot D)} = (\overline{A} \cdot \overline{B}) + (\overline{C} + \overline{D})$ となります．よって，ニが正しいです．

16　イ　CR 式サージ吸収器付接点出力は，接点オフ時のサージをコンデンサにより抑制し，接点オン時の突入電流を抵抗により制限します．CR を通じて微小電流が流れ，微小負荷を誤動作するおそれがあります．

17　ハ　ロータリエンコーダは，× 1，× 2，× 4 の「逓倍」処理ができます．

18　ニ　転送コイルの規定はありません．

19　イ　FB は入力パラメータに与えられた値をもとに演算を行い，結果を出力パラメータに出力します．FB はタイマやフィルタなど内部状態の情報を持つことができます．

20　ハ　モノステーブルとは短い信号をワンショットで送る機能になります．入力がオンになると一定時間のみ Y に出力されます．

21　ハ　入出力機器の制御線は，動力線からのノイズの影響を小さくするため，並行配線を避け，近接しないよう距離をとります．

22　ロ　光ファイバケーブルは，通信用伝送媒体として使用され，光信号を送るため，電気的ノイズの影響を受けにくい配線方法です．

23　ニ　PLC の機能接地として，接地極（接地点）は PLC からできるだけ近く，接地線は短くすることが求められます．

24　イ　脈動する直流電圧のリップル率（%）は，$\{(E_{\max} - E_{\min}) \div E_{\text{mean}}\} \times 100$ により求めます．

25　イ　外部機器 DC 電源のリップル率が増加すると，電圧が大きく変化したり，うなりが発生するなど不都合を生じますが，瞬時停電の原因にはなりません．

［A 群 25 問（真偽法）］

次の各問について，正しいか誤っているかを判断し答えなさい．

番号	問　題
01	熱電対温度センサは，ゼーベック効果を利用した温度センサである．
02	圧着工具とは，電線と圧着する端子を圧縮接合するための工具である．
03	計量値とは長さ，重さ，時間，温度などのように連続した値をとるものをいう．
04	消費電力 120kW，力率 60%の負荷の無効電力は，90kVar である．
05	抵抗 30Ω とリアクタンス 40Ω とを並列に接続した回路に交流 120V の電圧を加えた場合，全電流は 5A になる．
06	日本産業規格（JIS）によれば，図面の寸法数値に付記される寸法補助記号で C は 45° の面取りを表している．
07	歯車のバックラッシが大きいと，振動や騒音の原因となる．
08	フライス盤による加工では，一般に，材料を回転させて工具を送って削っている．
09	捨てけがきは，仕上がり後にけがき線が残らない部分に示すけがきである．
10	材料の切欠き部には，応力集中が起きやすい．
11	半導体の材料であるシリコンの単結晶構造は，共有結合からなっている．
12	消防法では，危険物をその性質に応じて，第 1 類から第 6 類に分類している．
13	設備の電源投入の順序はメインスイッチから端末へ行い，切るときは逆に端末からメインスイッチへ行う．
14	制御の種類をシーケンス制御とフィードバック制御に区分したとき，PID 制御はフィードバック制御に含まれる．
15	次の真理値表を表すブール式は，$X = \overline{A} \cdot B + A \cdot \overline{B}$ である． <table><tr><td>A</td><td>B</td><td>X</td></tr><tr><td>0</td><td>0</td><td>0</td></tr><tr><td>0</td><td>1</td><td>1</td></tr><tr><td>1</td><td>0</td><td>1</td></tr><tr><td>1</td><td>1</td><td>0</td></tr></table>
16	近接スイッチには，高周波を利用して物体の有無を検出するものがある．
17	ノードが，トークン取得時ごとに指定されたコモンメモリエリアに格納されているデータを一斉同報通信で全ノードへ送信する周期的な伝送方式を一般的にサイクリック伝送という．
18	PADT は，PLC システムの故障時のトラブルシューティングに有効である．
19	日本産業規格（JIS）によれば，ST 言語の記述で演算の優先順位は，次のとおりである．①乗算　②比較　③論理積（AND）　④論理和（OR）　⑤加算
20	グレイコードはデータが増減するときに，変化するビットは常に 1 箇所である．

21	日本産業規格（JIS）によれば，変数宣言の予約語として，Ver_INPUT がある.
22	誘導負荷を駆動するとき，ノイズ対策として，AC 回路にはダイオードを，DC 回路にはサージキラーを接続した.
23	日本産業規格（JIS）によれば，PLC システムを正常に動作させるには，盤内温度を 0℃から 70℃の範囲で運転する.
24	MTBF は Mean Time Between Failures の略で，システムの安定性の指標として用いられ，値が小さいほど故障頻度が少なく，安定したシステムといえる.
25	電源モジュールに使用されるアルミ電解コンデンサの寿命は，使用周囲温度が 10℃高くなると寿命は 2 倍に延びる.

〔B 群 25 問（多肢択一法）〕

次の各問について，正しいと思うものを選択肢イ〜ニの中から 1 つ選びなさい.

番号	問　題
01	日本産業規格（JIS）における直流 3 線式の非接触形検出用スイッチから出ている 3 本のリード線の使い方と色（茶・青・黒）の組合せとして，正しいものはどれか. 　　　　　電源＋側　　　　電源−側　　　出力 　イ　茶　　　　　　　黒　　　　　　　青 　ロ　青　　　　　　　黒　　　　　　　茶 　ハ　茶　　　　　　　青　　　　　　　黒 　ニ　青　　　　　　　茶　　　　　　　黒
02	単相誘導電動機の始動方法として，正しいものはどれか. 　イ　くま取りコイル 　ロ　円板コイル 　ハ　円筒コイル 　ニ　ヘリカルコイル
03	電気設備基準によれば，高圧計器用変成器の二次側の接地工事の種別として，正しいものはどれか. 　イ　A種 　ロ　B種 　ハ　C種 　ニ　D種
04	モンキレンチの寸法（「呼び」）として，日本産業規格（JIS）で規定されているものはどれか. 　イ　75 　ロ　175 　ハ　275 　ニ　375

05	電気測定器に関する記述として，適切なものはどれか． イ アナログテスタの交流レンジで，正弦波交流以外の波形をもつ電圧や電流を測定した場合，正弦波交流を測定した場合と誤差は変わらない． ロ デジタルマルチメータで高抵抗測定をする場合，誘導に対する影響を考慮しなければならない． ハ 0.5 級の電流計は，測定値± 5%の最大許容誤差を有する． ニ 直流電圧を測定する場合，1.0 級の電圧計のほうが，0.5 級よりも精度がよい．
06	下図に示す抵抗とコイルの直列回路で，S を閉じたときの回路電流の変化として正しいものはどれか．ただし，縦軸：回路電流，横軸：時間とする． 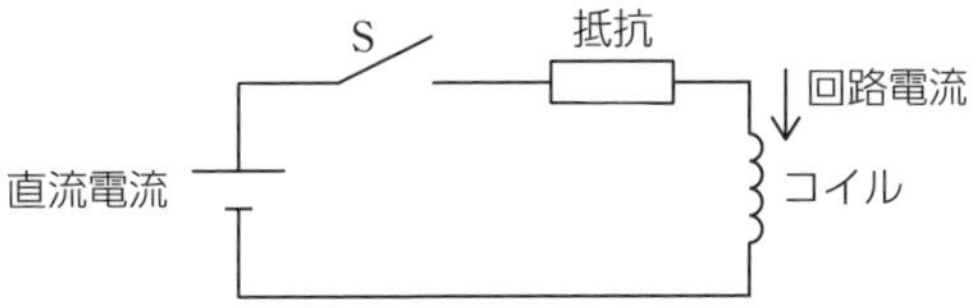 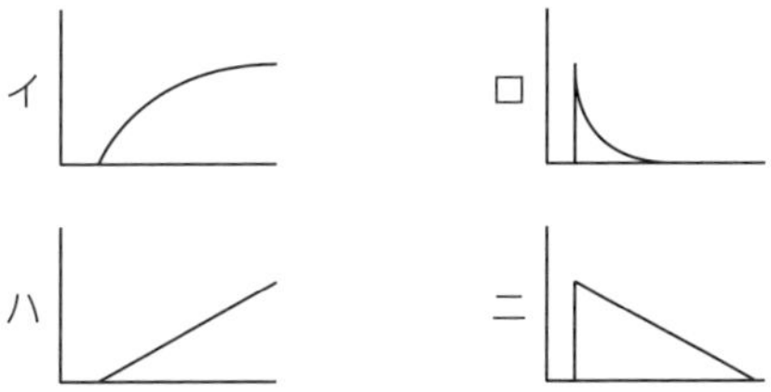 イ ロ ハ ニ
07	フレミングの左手の法則で，人差し指の方向が示すものはどれか． イ 電磁力の方向 ロ 磁界の方向 ハ 電流の方向 ニ 運動の方向
08	ビニル絶縁電線の文字記号とそれぞれの定格の組合せとして，正しいものはどれか． KIV HKIV イ 600V，60℃ 600V，75℃ ロ 550V，60℃ 600V，60℃ ハ 600V，65℃ 600V，55℃ ニ 550V，65℃ 600V，55℃
09	本尺目盛が 1mm，副尺の 1 メモリが 9mm を 10 等分してあるノギスの最小読取単位として，正しいものはどれか． イ 0.01 ロ 0.02 ハ 0.05 ニ 0.1
10	旋盤加工における「送り量」についての説明として，適切なものはどれか． イ 主軸一回転あたりの刃物の進む量 ロ 材料を回転させる速度 ハ 材料を回転軸に垂直方向に切り込む量 ニ 単位時間に同一部品を生産できる量

学科試験編

279

11	材料力学では，同じ大きさの荷重でも，加わり方によって安全率を変えて設計計算しなければならない．それぞれの安全率の大きさを表す不等式として，正しいものはどれか． イ　静荷重　　　＞　繰返し荷重　＞　衝撃荷重 ロ　繰返し作業　＞　衝撃荷重　　＞　静荷重 ハ　繰返し作業　＞　静荷重　　　＞　衝撃荷重 ニ　衝撃荷重　　＞　繰返し作業　＞　静荷重
12	常温において，電気抵抗率の大きい順に並んでいるものはどれか． イ　アルミニウム　＞　銅　＞　鉄 ロ　アルミニウム　＞　鉄　＞　銅 ハ　銅　＞　アルミニウム　＞　鉄 ニ　鉄　＞　アルミニウム　＞　銅
13	次のうち，絶縁体として適切でないものはどれか． イ　雲母 ロ　シリコン樹脂 ハ　四ふっ化エチレン樹脂 ニ　亜酸化銅
14	制御対象の動作順序に従って，PLC の実行プログラムを記述する方法として，次のうち最も適しているものはどれか． イ　IL 言語 ロ　LD 言語 ハ　FBD 言語 ニ　SFC 言語
15	図の FBD 回路の動作で入力1，2，3をそれぞれ次に示す場合，正しい出力データはどれか．ただし，数値表現は 16 進表記とする． 入力1：16#00CD　　入力2：16#0034　　入力3：16#5678 入力1 ── AND ┐ 入力2 ── │── OR ── 出力 入力3 ──────┘ イ　16#567C ロ　16#5678 ハ　16#0034 ニ　16#007D
16	PLC のモジュール配置および配線について，適切でないものはどれか． イ　CPU モジュールと隣接して AC 入出力モジュールの配置を避ける． ロ　DC 入出力モジュールと AC 入出力モジュールの混在配置を避ける． ハ　電磁接触器やリレー類は PLC から離して配置する． ニ　PLC 電源は単巻トランスから引き込む．
17	通信モジュールの仕様を表す用語として，適切でないものはどれか． イ　通信ボーレート ロ　パリティビット ハ　RS232C ニ　分解能

18	下図の回路の機能を示す名称として，正しいものはどれか． 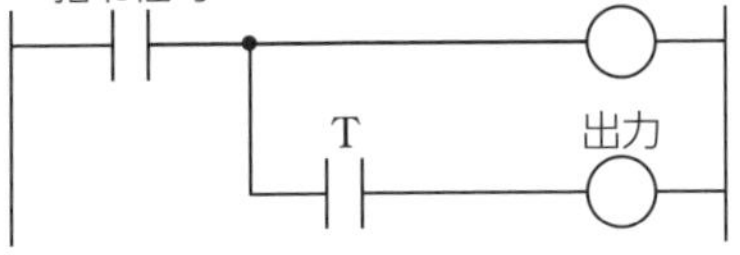 　　　　　指令信号　　　　　　　　　　T 　　　　　　　　　T　　　　　出力 　　イ　オン・ディレイタイマ 　　ロ　オフ・ディレイタイマ 　　ハ　ワンショット 　　ニ　スキャンパルス
19	日本産業規格（JIS）によれば，数値リテラルの項目として，誤っているものはどれか． 　　イ　2進リテラル 　　ロ　4進リテラル 　　ハ　8進リテラル 　　ニ　16進リテラル
20	日本産業規格（JIS）によれば，LD言語のコイル記号と意味の組合せとして，規定されていないものはどれか． 　　　　　記号　　　　　　　　意味 　　イ　--- ( ) ---　　　　コイル 　　ロ　--- (S) ---　　　　セット（ラッチ）コイル 　　ハ　--- (R) ---　　　　リセット（ラッチ解除）コイル 　　ニ　--- (M) ---　　　　転送命令コイル
21	原則として，300V以下の低圧の機器等に施される「D種接地工事」の接地抵抗値として適切なものはどれか． 　　イ　10Ω以下 　　ロ　50Ω以下 　　ハ　100Ω以下 　　ニ　200Ω以下
22	PLCによる制御システムに使用する電源ライフフィルタの機能として，正しいものはどれか． 　　イ　電源ラインの短絡電流を遮断する． 　　ロ　PLCの電源モジュールから発生する電磁波ノイズを抑制する． 　　ハ　電源ラインから侵入するノイズを抑制する． 　　ニ　停電によるPLCの誤作動を防止する．
23	試運転中のプログラム変更（修正）において注意しなければならない事項として，適切でないものはどれか． 　　イ　シーケンス図などの設計図面の反映 　　ロ　変更前のプログラムのバックアップ 　　ハ　誤出力を想定した安全の確認 　　ニ　接地の取り方と配線

学科試験編

24	日本産業規格（JIS）によれば，PLC への外部供給電源の電圧許容範囲として正しいものはどれか．
	イ　DC は定格の − 10%〜＋ 10%，AC は定格の − 10%〜＋ 10%
	ロ　DC は定格の − 15%〜＋ 15%，AC は定格の − 15%〜＋ 15%
	ハ　DC は定格の − 15%〜＋ 20%，AC は定格の − 15%〜＋ 10%
	ニ　DC は定格の − 15%〜＋ 20%，AC は定格の − 15%〜＋ 15%
25	日本産業規格（JIS）によれば，通常状態および単一交渉状態において，安全超低電圧（SELV）回路は，回路の電圧が実効値で AC 何 V 以下か．
	イ　AC24V 以下
	ロ　AC30V 以下
	ハ　AC42V 以下
	ニ　AC48V 以下

→ 1 級学科試験（練習問題Ⅲ）の解答・解説

［A 群 25 問（真偽法）］

01　○　熱電対温度センサは，2 種類の異なる金属導体の両端を接続して閉回路を作り，一端を加熱するなどして，両端に温度差を生じるゼーベック効果を利用した温度センサです．

02　○　問題文のとおりです．

03　○　問題文のとおりです．

04　×　力率 $= \dfrac{消費電力}{皮相電力}$ より，皮相電力 $= \dfrac{200}{0.6} = 200\text{kVA}$

また，$1 = (力率)^2 + (無効率)^2$ より，

無効率 $= \sqrt{1 - (力率)^2} = \sqrt{1 - 0.36} = \sqrt{0.64} = 0.8$

無効率 $= \dfrac{無効電力}{皮相電力}$ より，無効電力 $= 0.8 \times 200 = 160\text{kvar}$

05　○　抵抗に流れる電流は，$\dfrac{120}{30} = 4\text{A}$，リアクタンスに流れる電流は $\dfrac{120}{40} = 3\text{A}$ となります．

回路全体に流れる電流は，$\sqrt{4^2 + 3^2} = \sqrt{25} = 5\text{A}$ となります．

06　○　問題文のとおりです．

07　○　バックラッシとは，一対の歯車が互いに噛み合って運動する際に，運動方向に意図して設けられた隙間のことです．歯車のバックラッシが大きいと振動や騒音の原因になります．

08　×　問題文は旋盤の説明になります．フライス盤は定位置で工具を回転させ，テーブルに取り付けた材料を動かして切削します．

09　○　問題文のとおりです．

10　○　問題文のとおりです．

11　○　半導体の材料であるシリコンには単結晶シリコンと多結晶シリコンがあります．単結晶構造は共有結合からなり，多結晶の構造は定まらない単結晶シリコンを多数集合して結合しています．

12　○　問題文のとおりです．

13 ○ 大電流の遮断および投入を避けるため，設備の電源投入の順序は主回路から順に端末へ行い，切るときは逆に端末から主回路へ順に行います．

14 ○ 問題文のとおりです．シーケンス制御はあらかじめ定められた順序または手続きに従って制御の各段階を逐次進めていく制御をいいます．

15 ○ 排他的論理和（A と B の値が不一致のとき真となる）を示す，真理値表を表すブール式は，$X = \overline{A} \cdot B + A \cdot \overline{B}$ となります．

16 ○ 近接スイッチには，非磁性金属を近づけると高周波発振の周波数が変化する特性を利用して物体の有無を検出するものがあります．

17 ○ 伝送方式には「メッセージ伝送」と「サイクリック伝送」との 2 種類があります．メッセージ伝送は任意のタイミングで任意の要求を指定相手ノードへ送信する伝送方式です．

18 ○ PADT は Programming And Debugging Tool の略で，プログラム作成，試験，保守を行えるため，不具合があった際のトラブルシューティングに有効です．

19 × 日本産業規格（JIS）によれば，ST 言語の記述で演算の優先順位は，次のとおりです．
（上位）　乗算　加算　比較　論理積（AND）　論理和（OR）　（下位）

20 ○ グレイコードはデータが増減するとき，変化するビットは常に 1 箇所（1 ビット）です．

21 ○ 変数宣言の予約語として，Ver_INPUT のほか，VAR_OUTPUT，VAR_IN_OUT，VAR_GLOBAL などがあります．

22 × 誘導負荷の**ノイズ対策**として**電磁シールド**や**受信部のフィルタ**などがあります．**サージキラー**として **AC 回路には抵抗とコンデンサ（CR 方式）**を，**DC 回路にはダイオード**を接続します．

23 × 日本産業規格（JIS）によれば，PLC システムを正常に動作させるには，盤内温度を，5℃から 40℃の範囲で運転します．

24 × MTBF はある設備が故障するまでの動作時間の平均値を表します．値が**大きい**ほど故障頻度が少なく，安定したシステムといえます．

25 × アルミ電解コンデンサの寿命は使用温度に依存し，使用温度が 10℃高くなると寿命が $\frac{1}{2}$ 倍と短くなり，10℃低くなると 2 倍に延びる特性があります．

［B 群 25 問（多肢択一法）］

01 ハ 直流 3 線式の非接触形検出用スイッチから出ている 3 本のリード線の使い方と色の組合せは電源＋側：茶，電源−側：青，出力：黒になります．

02 イ くま取りコイルは単相誘導電動機の回転磁界を得るために使用します．

03 ニ 電気設備基準によれば，**高圧計器用変成器の二次側**および**高圧計器用変圧器**の接地工事は D 種接地工事を施設します．

04 ニ モンキレンチの寸法（呼び）は，100, 150, 200, 250, 300, 375mm となります．

05 ロ アナログテスタの交流レンジでは，正弦波交流以外において誤差が大きくなります．0.5 級の電流計は，測定値± 0.5%の最大許容誤差を有し，1.0 級の電圧計は 0.5 級より精度が劣ります．

06　イ　抵抗とコイルの直列回路に電流を加えると，コイルのインダクタンスにより逆起動が発生し，電流の流れを妨げるが，少しずつ電流は増加します．

07　ロ　フレミングの左手の法則で，人差し指の方向は磁界の方向，親指は力の方向，中指は電流の方向を示します．

08　イ　低圧（600V 以下）で使用する一般的な絶縁電線（IV，KIV 等）の許容温度は 60℃で，難燃性絶縁電線（HIV，HKIV 等）の許容温度は 75℃となります．

09　ニ　ノギスの最小読取り単位は，本尺目盛 1mm に対して，副尺 9mm を 10 等分してあるため，$1 - \dfrac{9}{10} = 0.1$mm となります．

10　イ　旋盤加工における送り量は，主軸一回転あたりの刃物の進む量をいいます．

11　ニ　材料力学では，荷重条件が厳しいほど安全率を大きくします．そのため，安全率の大きさの関係は，衝撃荷重＞繰返し作業＞静荷重になります．

12　ニ　常温において，電気抵抗率は大きい順に，鉄＞アルミニウム＞金＞銅＞銀になります．

13　ニ　亜酸化銅は半導体で，光から電気に変化する太陽電池として使用されています．

14　ニ　SFC 言語は，処理を実行する順序をフローチャートのような図で表すため，制御対象の動作順序に従って，PLC の実行プログラムを記述することに適しています．

15　イ　入力 1（0000｜0000｜1100｜1101）AND 入力 2（0000｜0000｜1100｜1101）の演算結果
（0000｜0000｜0000｜0100）OR 入力 3（0101｜0110｜0111｜1000）により（0101｜0110｜0111｜1100）が出力されます．

16　ニ　単巻トランスは一次巻線と二次巻線の一部を共有しており，電圧を少し変化させたい場合に使用し，複巻トランスは一次巻線と二次巻線が別々に巻かれており，電源用として使用します．

17　ニ　アナログ入出力モジュールに合わせて，デジタル信号への変換することを「デジタル分解能」といいます．通信モジュールの仕様を表す用語ではありません．

18　イ　入力信号がオンになると，タイマが時間を計測し，出力します．この回路のタイマは，オン・ディレイタイマとして働きます．

19　ロ　数値リテラルはプログラムのソースコード中に直に書かれる数値や文字，文字列の値のことをいいます．10 進，2 進，8 進，16 進の数値を扱います．

20　ニ　転送コイルの規定はありません．

21　ハ　300V 以下の低圧の機器等に施される「D 種接地工事」の接地抵抗値は 100V 以下になります．ただし，漏電遮断器（0.5 秒以内動作するもの）を電路に施設する場合は 500Ω以下にできます．

22　ハ　電源ラインフィルタは，電源から制御機器へ侵入するノイズ抑制を目的にしています．

23　ニ　試運転中のプログラム変更（修正）はソフト面（プログラム等）に対する

作業になります．ハード面の作業（接地線の取扱い，入出力機器への配
線）は伴いません．

24　ハ　PLCへの外部供給電源の電圧許容範囲は，「DCは定格の−15%〜＋20%」，
「ACは定格の−15%〜＋10%」となります．

25　ロ　安全超低電圧回路は，正常状態および単一故障状態で任意の2本の導体
間，または任意の1本の導体とアース間の電圧が危険電圧以下（実効値で
AC30V以下，DC60V以下）になるよう保護します．

3-04 ▷ 1級学科試験（練習問題Ⅳ）

［A群25問（真偽法）］

次の各問について，正しいか誤っているかを判断し答えなさい．

番号	問　題
01	ステッピングモータは構造によって，2相，3相，5相に分類されるが，ステップ角はすべて同じである．
02	日本産業規格（JIS）によれば，M6のねじを適切に締め付けることができる十字ねじ回しの予備番号は3番である．
03	正規分布するデータは，統計的平均値±3σ（σは標準偏差）の範囲内に全体の97%のデータが含まれる．
04	誘導電動機のスターデルタ始動法の始動トルクは，デルタ結線で全電圧始動した場合の1/3になる．
05	静電容量が4μFのコンデンサに，100Vの直流電圧を加えた場合，コンデンサには，4×10^{-4}の電荷がたまる．
06	日本産業規格（JIS）によれば，鉄鋼材料記号でSKSは，ステンレス鋼を示している．
07	ボールベアリングは，すべり軸受の一種である．
08	ダイカストとは，金型鋳造法の一つで，金型に溶融した金属を圧入することにより，高い精度の鋳物を短時間に大量に生産する鋳造方式のことである．
09	マシニングセンタは，フライス加工やドリル加工ができる工作機械である．
10	材料力学では，一般に繰返し荷重よりも衝撃荷重のほうが安全率を大きくとる．
11	熱硬化性樹脂は，加熱により網状構造をつくって硬化する性質を持つ合成樹脂である．
12	電気用品安全法によれば，「電気事業法にいう一般電気工作物の部分となり，またはこれに接続して用いられる機械，器具または材料」等であって政令で定めるものを電気用品という．
13	労働安全衛生関係法令によれば，屋内に設ける通路については，通路面から高さ1.8以内に障害物を置かないことと規定されている．
14	危険や異常動作を防止するため，ある動作に対して異常を生じる他の動作が起こらないようにする手段をインターロックという．

15	排他的論理和を表すブール代数式として，次のものは正しい． $$X = \overline{A} \cdot B + A \cdot \overline{B}$$
16	PLC 出力部の CR 式サージキラーでは，負荷電源に AC 電源を使用する場合，漏れ電流が流れて出力機器が誤動作することがある．
17	透過型の光電スイッチは，対向する投光・受光器間の光軸を検出物体が遮ることで検出する．
18	日本産業規格（JIS）によれば，トランジションとは，SFC を表現する要素の一つで，有向接続線に沿って，一つ以上の前置ステップから一つ以上の後置ステップへ制御を展開させる条件と規定されている．
19	日本産業規格（JIS）によれば，ST 言語は，SFC の各要素との併用使用は認められていない．
20	一括リフレッシュ I/O 方式 PLC における最大入出力応答時間は，以下の式で表される． 最大入出力時間＝入力モジュール応答時間＋1 スキャン時間＋出力モジュール応答時間
21	図の回路は，オンディレイの出力機能をもっている．
22	電源ユニットの端子接続には，丸型圧着端子よりも Y 型圧着端子が適している．
23	機能接地とは，電気機器の故障などにより生じた電位を接地電位に保つ接地である．
24	ウォッチドッグタイマとは，プログラムのあらかじめ決められた実行時間を監視し，規定時間内に処理が完了した場合に警報を出すためのタイマである．
25	電気設備技術基準によれば，「D 種接地工事」の接地抵抗値は，10Ω 以下である．

[B 群 25 問（多肢択一法）]

次の各問について，正解と思うものを選択肢イ～ニの中から 1 つ選びなさい．

番号	問　題
01	ダクト配線方式の特徴として，適切でないものはどれか． 　　イ　外部からの電線損傷の危険性が少ない． 　　ロ　作業が容易である． 　　ハ　保守，点検に便利である． 　　ニ　配線スペースが狭い場所に有効である．
02	亀甲形コイルに関する記述として，誤っているものはどれか． 　　イ　上下コイルが一体となっている． 　　ロ　絶縁皮膜された素線（導体）を使用している． 　　ハ　結線後は波巻きとなる． 　　ニ　コイル入れ時は揚げコイルを決めて行う．

03	日本産業規格（JIS）によれば，電気絶縁材料の耐熱クラスとその指定文字の組合せとして，誤っているものはどれか. 　　イ　120℃　　　E 　　ロ　130℃　　　B 　　ハ　155℃　　　F 　　ニ　170℃　　　H
04	文中の下線に示す語句等の中で，正しいものはどれか. 　モンキレンチには頭部の角度によって，15度形とイ23度形があり，この両方にそれぞれロ特殊級と普通級とがあり，さらに呼び寸法はハ75，150，200，250，300，ニ350の6種類がある.
05	定格電圧が250Vで1.0級の電圧計を使用して電圧を測定したところ，200Vを示した．真の電圧範囲として，ただしいものはどれか. 　　イ　198.5〜201.5V 　　ロ　198.0〜202.0V 　　ハ　197.5〜202.5V 　　ニ　197.0〜203.0V
06	下図の回路において，抵抗 R に流れる電流が12Aであった．回路に流れる電流 I（A）の値として正しいものはどれか. 　　イ　13 　　ロ　17 　　ハ　24 　　ニ　30 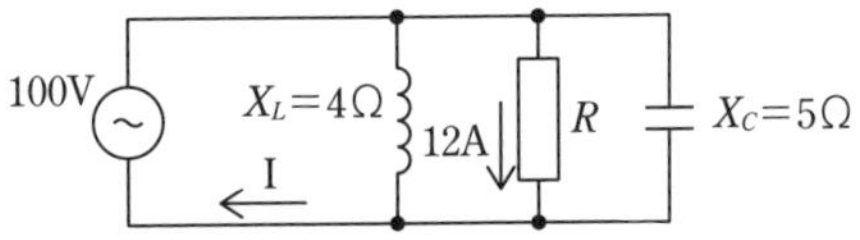 100V　$X_L=4\Omega$　12A　R　$X_C=5\Omega$　I
07	電気用図記号とその意味の組合せのうち，適切でないものはどれか. 　イ 　E—\　押しボタンスイッチ　　　ハ 　　　リミットスイッチ 　ロ 　F—\　ひねりスイッチ　　　ニ 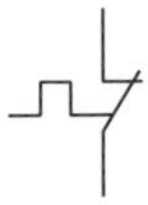　　　フロートスイッチ
08	日本産業規格（JIS）における図記号と意味の組合せとして，誤っているものはどれか. 　　図記号　　意味 　イ 　　　接地 　ロ 　　　保護接地 　ハ 　　　機能等電位結合 　ニ 　　　無雑音接地

学科試験 編

09	下図に示す軟鋼の「応力－ひずみ線図」に関する記述のうち，誤っているものはどれか． 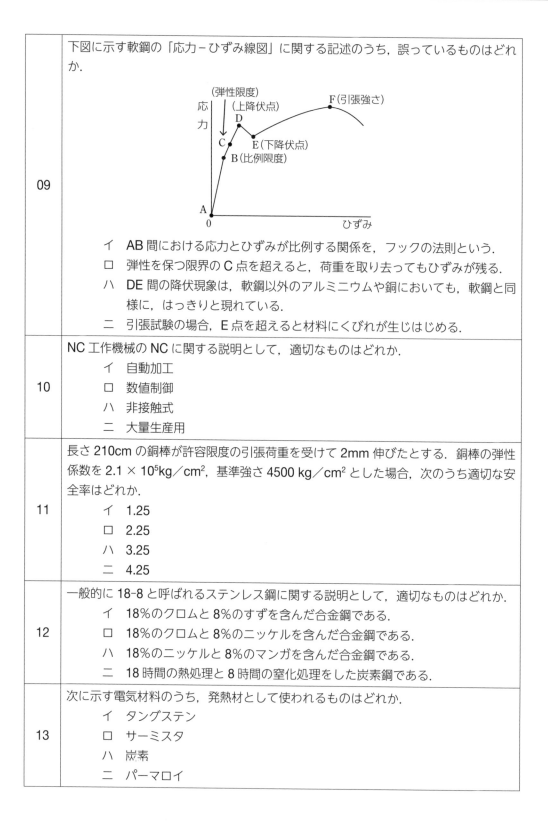 イ　AB 間における応力とひずみが比例する関係を，フックの法則という． ロ　弾性を保つ限界の C 点を超えると，荷重を取り去ってもひずみが残る． ハ　DE 間の降伏現象は，軟鋼以外のアルミニウムや銅においても，軟鋼と同様に，はっきりと現れている． ニ　引張試験の場合，E 点を超えると材料にくびれが生じはじめる．
10	NC 工作機械の NC に関する説明として，適切なものはどれか． イ　自動加工 ロ　数値制御 ハ　非接触式 ニ　大量生産用
11	長さ 210cm の銅棒が許容限度の引張荷重を受けて 2mm 伸びたとする．銅棒の弾性係数を 2.1×10^5kg／cm^2，基準強さ 4500 kg／cm^2 とした場合，次のうち適切な安全率はどれか． イ　1.25 ロ　2.25 ハ　3.25 ニ　4.25
12	一般的に 18-8 と呼ばれるステンレス鋼に関する説明として，適切なものはどれか． イ　18％のクロムと 8％のすずを含んだ合金鋼である． ロ　18％のクロムと 8％のニッケルを含んだ合金鋼である． ハ　18％のニッケルと 8％のマンガを含んだ合金鋼である． ニ　18 時間の熱処理と 8 時間の窒化処理をした炭素鋼である．
13	次に示す電気材料のうち，発熱材として使われるものはどれか． イ　タングステン ロ　サーミスタ ハ　炭素 ニ　パーマロイ

14	図の回路をブール代数式で表したものはどれか.
	イ $Y = A \cdot (B \cdot \overline{C} + \overline{E} \cdot F + \overline{G}) \cdot \overline{D}$
	ロ $Y = A \cdot (B \cdot \overline{C} + \overline{E} \cdot (F + \overline{G})) \cdot \overline{D}$
	ハ $Y = A \cdot (B \cdot \overline{C} + \overline{E} + F \cdot \overline{G}) \cdot \overline{D}$
	ニ $Y = A \cdot (B \cdot \overline{C} \cdot \overline{E} + F \cdot \overline{G}) \cdot \overline{D}$

15	PID 制御は，P 動作，I 動作および D 動作を含む制御式であるが，I 動作の説明として正しいものはどれか.
	イ 入力に比例する大きさの出力を出す制御動作
	ロ 入力の時間積分値に比例する大きさの出力を出す制御動作
	ハ 入力の時間微分値に比例する大きさの出力を出す制御動作
	ニ あらかじめ定められた順序または手続きに従って制御の各段階を逐次進めていく制御動作

16	GPIB に関する記述のうち，誤っているものはどれか.
	イ ケーブルの長さは，1 システム合計で 300m 以内である.
	ロ IEEE-488 標準デジタルインタフェース規格である.
	ハ パラレル通信である.
	ニ 1 システムに接続できる機器は，15 以内である.

17	イーサネットに関する記述として，適切でないものはどれか.
	イ 接続形態には，バス型とスター型がある.
	ロ 10BASE-2 は，同軸ケーブルを使用する.
	ハ 10BASE-5 は，光ファイバケーブルを使用する.
	ニ 10BASE-T は，撚り対線を使用する.

18	日本産業規格（JIS）によれば，数値文字の表現として，誤っているものはどれか.
	イ 2 進文字
	ロ 4 進文字
	ハ 8 進文字
	ニ 16 進文字

19	微分回路の説明として，正しいものはどれか.
	イ 1 スキャンのみ入力が ON されても，それを保持して複数スキャン連続で ON する.
	ロ 連続入力が入っても，1 スキャンのみ ON する.
	ハ 連続入力信号が入ったとき，1 スキャンのみ ON することを立ち下がり微分という.
	ニ ある入力条件が入るたびに出力状態（ON か OFF か）が変化する.

学科試験編

20	日本産業規格（JIS）によれば，基本データ型として，誤っているものはどれか． 　　イ　SINT 　　ロ　INT 　　ハ　WINT 　　ニ　DINT
21	PLC システムのノイズ対策として，適切なものはどれか． 　　イ　ノイズフィルタを装置から極力離した箇所に取り付ける． 　　ロ　ノイズフィルタを入出力線と近づけて配線する． 　　ハ　電源線や入出力線と動力線は並行配線する． 　　ニ　電源線は密にツイストし最短で引き回す．
22	試運転中のプログラム変更（修正）において注意しなければならない項目として，適切なものはどれか． 　　イ　変更箇所のみの動作確認 　　ロ　変更前のプログラムの消去 　　ハ　誤出力を想定した安全の確認 　　ニ　接地の取り方と配線
23	文中の（　）内に入る値として，適切なものはどれか． 日本産業規格（JIS）によれば，PLC および関連周辺装置は，装置電源の定格電圧が AC（　）V または 1500V を超えない低電圧で使用されることを前提としている． 　　イ　1200 　　ロ　1000 　　ハ　600 　　ニ　240
24	接点の使い方として，正しいものはどれか． 　　イ　遮断性を上げるには 2 つの接点を直列にし，接触信頼性を上げるには並列にする． 　　ロ　遮断性を上げるには 2 つの接点を並列にし，接触信頼性を上げるには直列にする． 　　ハ　遮断性を上げるにも接触信頼性を上げるにも，2 つの接点を並列にする． 　　ニ　遮断性を上げるにも接触信頼性を上げるにも，2 つの接点を直列にする．
25	日本産業規格（JIS）における，安全超低電圧（SELV）に含まれるものはどれか． 　　イ　AC50V 　　ロ　AC100V 　　ハ　DC60V 　　ニ　DC110V

→ 1 級学科試験（練習問題Ⅳ）の解答・解説

【A 群 25 問（真偽法）】

01　×　ステップ角は 2 相で 1.8°，3 相で 1.2°，5 相で 0.72°となります．

02　○　1 番は〜 2.9mm，2 番は 3 〜 5mm，3 番は 5.5 〜 7mm のねじに適合してい

ます.

03 × 正規分布するデータは，統計的平均値±3σ（σは標準偏差）の範囲内に全体の **99.7%** のデータが含まれます.

04 ○ 誘導電動機のスターデルタ始動法では，始動トルクは，デルタ結線で全電圧始動した場合の $\frac{1}{3}$ になり，始動電圧は $\frac{1}{\sqrt{3}}$ になります.

05 ○ $Q = CV$（Q：電荷〔C〕，C：静電容量〔F〕，V：電圧〔V〕）より，$Q = 4 \times 10^{-6} \times 100 = 4 \times 10^{-4}$ C

06 × SKS 材は合金工具鋼で，SK 材（炭素工具鋼）にクロム，モリブデン等を添加したもので，耐摩耗性，耐衝撃性，不変形性，耐熱性にすぐれ，切削工具に使用されています. SUS がステンレス鋼を示します.

07 × ボールベアリングは **転がり軸受** の一種で，回転軸の回転に合わせて複数個の転動体（球体）が回転します.

08 ○ 問題文のとおりです.

09 ○ マシニングセンタは，数値制御によりフライス加工やドリル加工ができる工作機械です. 自動工具交換機能を備え，複数の工具を使用した加工工程を自動で切削できます.

10 ○ 安全率は，圧縮や曲げ，ねじりやせん断の静荷重による破壊応力，疲労など繰り返し荷重による破壊応力を考慮して決めます. 繰返し荷重よりも衝撃荷重の安全率を大きくとります.

11 ○ 問題文のとおりです.

12 ○ 問題文のとおりです.

13 ○ 問題文のとおりです.

14 ○ 問題文のとおりです.

15 ○ 排他的論理和（A と B の値が不一致のとき真となる）を表すブール式は，$X = \overline{A} \cdot B + A \cdot \overline{B}$ となります.

16 ○ CR 式サージキラーは直列に接続した抵抗とコンデンサを負荷に対して並列に接続します. コンデンサによる漏れ電流が流れて出力機器が誤動作することがあります.

17 ○ 問題文のとおりです.

18 ○ 問題文のとおりです.

19 × ST 言語は，SFC の各要素との併用使用できます.

20 × 一括リフレッシュ I/O 方式 PLC における最大入出力応答時間は，以下の式で表されます.
最大入出力時間＝入力モジュール応答時間＋1 スキャン時間＋演算処理時間＋出力モジュール応答時間

21 ○ 図の回路は，入力信号がオンすると出力が ON し，一定時間後に出力はオンします. そのため，オンディレイの出力機能をもっています.

22 × 電源ユニットの端子接続には，ねじのゆるみによる抜け止めを目的として，**丸型圧着端子** が適しています.

23 × **保護接地** が，電気機器の故障などにより生じた電位を接地電位に保つ接地で，漏電による感電の防止，火災の防止を目的とした接地です. 機能接地

は，電源の出力を安定させるために行います．

24　×　ウォッチドッグタイマとは，プログラムなどの実行時間を監視し，規定時間内に処理が完了しない場合に警報を出すためのタイマである．

25　×　電気設備技術基準によれば，「D種接地工事」の接地抵抗値は，**100Ω以下**です．

[B群25問（多肢択一法）]

01　ニ　ダクト配線方式は，配線，保守，点検するうえで便利です．しかし，ダクトを設置するスペースが必要となるため，キャビネット等の電線収容スペースが大きくなります．

02　ハ　亀甲形コイルの巻き方は，重ね巻になります．

03　ニ　電気絶縁材料における耐熱クラスの指定文字と最高連続使用温度は次のようになります．Y：90℃，A：105℃，E：120℃，B：130℃，F：155℃，H：180℃

04　イ　モンキーレンチには頭部の角度により，15度形，23度形があり，それぞれに強力級と普通級があります．呼び寸法は，100，150，200，250，300，375の6種類があります．

05　ハ　250Vで1.0級の電圧計の誤差は，
250（最大目盛）× ± 0.01（1.0%）= ± 2.5V
真の電圧範囲は200V ± 2.5V より，197.5 〜 202.5V になります．

06　イ　図の回路において，X_L に流れる電流は $\dfrac{100}{4}$ = 25A，X_C に流れる電流は $\dfrac{100}{5}$ = 20A になります．
電流 $I = \sqrt{12^2 + (25 - 20)^2} = \sqrt{12^2 + 5^2} = 13\Omega$

07　ニ　ニは温度スイッチの記号です．フロートスイッチの記号は F-\ です．

08　ニ　⏚ は，回路の電位の基準となる接地（グランド）を意味します．

09　ハ　アルミニウムや銅は明確な降伏点が存在せず，なだらかに塑性していきます．

10　ロ　NC工作機械のNCは numerical control の略で，数値制御を意味します．

11　ロ　許容応力 = 弾性係数×伸び = $2.1 \times 10^5 \times \dfrac{2}{2100}$ ≒ 2000kg/cm²
安全率 = $\dfrac{基準強さ}{許容応力} = \dfrac{4500}{2000}$ = 2.25

12　ロ　18-8と呼ばれるステンレス鋼は，鉄（Fe）を主成分として，「18%のクロム（Cr）」と「8%のニッケル（Ni）」を含んだ合金鋼です．

13　イ　発熱材は物体に電気を流した際，発熱することを利用します．電気抵抗値が比較的高いタングステン，ニッケルなどが使用されています．

14　ロ　回路をブール代数式で表すと，$Y = A \cdot (B \cdot \overline{C} + \overline{E} \cdot (F + \overline{G})) \cdot \overline{D}$ になります．

15　ロ　PID制御は，P動作（比例制御），I動作（積分制御）およびD動作（微分制御）を含む制御方式です．D動作の説明はハ，P動作はイ，I動作はロになります．ニはシーケンス制御の説明になります．

16　イ　GPIB（General Purpose Interface Bus）は，主にパソコンと計測器を接続す

るために用いられています．ケーブルの長さは 20m 以内となります．

17　ハ　イーサネットは LAN や WAN を構成する有線ローカルエリアネットワークの通信規格で，同軸ケーブルに 10BASE-2，10BASE-5 等，光ファイバケーブルに 100BASE-FX 等があります．

18　ロ　数値文字の表現として 4 進文字はありません．

19　イ　微分回路とは連続して入力信号が入ったとき，1 スキャンのみ ON/OFF する回路です．1 スキャンのみ ON することを立上り微分，1 スキャンのみ OFF することを立下り微分といいます．

20　ハ　SINT は 8 ビット整数，INT は 16 ビット整数，DINT は 32 ビット整数，LINT は 64 ビット整数，UINT は符号なし整数（16 ビット）のデータの型です．WINT はありません．

21　ニ　ノイズ対策として，ノイズフィルタは装置の近くへ取り付け，入出力線から離します．また，入出力線と動作線は並行配線とならないようにします．

22　ハ　プログラム変更後に誤出力等による安全確認をする必要があります．

23　ロ　PLC および関連周辺装置は，装置電源の定格電圧が AC1000V または DC1500V を超えない低電圧で使用されることを前提としています．

24　イ　接点の使い方として，遮断性を上げるには同時に動作する 2 つの接点を直列にし，接触信頼性を上げるには並列にします．

25　ハ　安全超低電圧回路は，正常状態および単一故障状態で任意の 2 本の導体間，または任意の 1 本の導体とアース間の電圧が危険電圧以下（実効値で AC30V 以下，DC60V 以下）になるよう保護します．

学科試験

編

技能検定　電気機器組立て　シーケンス制御作業
学科・実技　合格テキスト
―1〜3級対応―

2022年10月25日　　　第1版第1刷発行

編　　集　オーム社
発 行 者　村上和夫
発 行 所　株式会社 オーム社
　　　　　郵便番号　101-8460
　　　　　東京都千代田区神田錦町3-1
　　　　　電話　03(3233)0641(代表)
　　　　　URL https://www.ohmsha.co.jp/

© オーム社 2022

印刷・製本　壮光舎印刷
ISBN978-4-274-22908-4　Printed in Japan

本書の感想募集 https://www.ohmsha.co.jp/kansou/
本書をお読みになった感想を上記サイトまでお寄せください．
お寄せいただいた方には，抽選でプレゼントを差し上げます．